JN056168

日本農業市場学会研究叢書——㉑

アグリビジネスと現代社会

冬木勝仁・岩佐和幸・関根佳恵【編】

筑波書房

目 次

序 章

アグリビジネスと現代社会

冬木　勝仁・岩佐　和幸・関根　佳恵

1．問題の所在

（1）アグリビジネスと現代社会

　21世紀になり情報技術や人工知能（AI）がいかに進化しても，私たちは日々の食生活のうえに生命をつないでいる。現代社会では，短時間で手軽に食事をとることができるサービスにあふれ，地球の裏側から食料を調達することが日常となった。しかし，その背後には経済的，社会的，環境的に持続可能とは呼べない食と農のシステムが横たわっている。農場と食卓の距離が遠くなり，その間がますますブラックボックス化するなかで，問題の実態や要因を看破することは容易ではなく，ゆえにそのことが解決策の提案を難しくしている。

　本書は，私たちの日々の暮らしに影響を与え，ひいては社会のあり方にも深く関わっている主体としてアグリビジネス（Agribusiness）の存在にフォーカスし，その活動実態と矛盾を21世紀の今日的局面において明らかにする必要があるとの問題意識にたつ。アグリビジネスの多様な事業形態と戦略，国家との関係，農業生産者や地域コミュニティ，労働者，消費者，環境等への影響を把握し，またその事業展開に異議を唱える人びとの主張と新たな代替案（オルタナティブ）の実態を明らかにすることは，持続可能な食と農のシステムへの移行を考える手がかりとなるだろう。

（2）アグリビジネスとは

　一般に，アグリビジネスは農業関連産業と呼ばれており，農業生産（穀物，畜産，野菜，果実等）だけでなく，川上の農業用資材（種子，農薬，肥料，飼料，マルチ，農業機械，温室等）の製造や流通，川中の農産物の貯蔵，加工にかかわるあらゆる企業やその活動をさすことが多い［駒井ら 1998］。さらに，川下の流通として卸売業者だけでなくスーパーマーケットやコンビニエンスストア等の小売店，外食産業や中食産業も含めた概念として，アグリフードビジネス（農業・食料関連産業）と表記する場合もある。

　それに対して，本書では，川上から川下にいたる農業・食料関連産業全体にかかわる企業（資本）とその事業に力点を置き，それらをアグリビジネスと呼ぶこととする。また，本書で明らかにされるように，現代社会においては伝統的にアグリビジネスを担ってきた企業だけでなく，他産業（製造業，サービス業）から農業・食料関連産業への参入が広範にみられるようになっている。そこで，こうした動きも，非アグリビジネスのアグリビジネス化と捉えて分析対象にしている（第13章）。一方，歴史的には，植物油のように非食用の農産物が企業の戦略によって食用に代替され，軍需産業や工業がアグリビジネス化する事例もあり，そのようなケースも視野に含めている（第11章）。なお，次節で記すように，家族農業経営をアグリビジネスに含める議論もあるが，本書ではアグリビジネスを農と食に関わりを持ちながら利潤を追求する企業（資本）に限定し，家族農業経営や農業・食料関連企業の被雇用者とは明確に区別して議論を展開している。

2．分析視角と本書の課題

（1）日本におけるアグリビジネス研究の展開

　具体的な内容に入る前に，ここでアグリビジネスに関するこれまでの研究動向を振り返っておこう。1960年代以降の貿易自由化の流れの中で，米国系

アグリビジネスが国際的に事業を展開し，次第に多国籍企業化するように
なったが，それと軌を一にする形で，主にアメリカの学界でアグリビジネス
に関する研究が発展した。その研究の系譜は，産業組織論や経営学からのア
プローチと，政治経済学や農村社会学からのアプローチに大別できる。

　こうしたアメリカの研究動向の影響を受けて，日本においても1980年代頃
からアグリビジネス研究が緒に就いた。駒井ら［1998］が産業組織論のアプ
ローチによるアグリビジネス研究を日本に紹介したのに対して，中野の研究
グループ「現代農政研究会」は政治経済学のアプローチによるアグリビジネ
ス研究を翻訳・紹介した［Burbach and Flynn 1980（中野・村田監訳 1987），
Glover and Kusterer 1990（中野監訳 1992），Kneen 1995（中野監訳 1997）］。
その後，こうした成果を受けて，欧米や日本を含むアジア，アフリカにおけ
るアグリビジネスの活動に関する研究成果が誕生した［松原 1996，中野
1998，磯田 2001，大江 2002，久野 2002，冬木 2003，大塚・松原 2004，岩
佐 2005，大塚 2005］。1990年代になるとフードシステム学会が設立され，
産業組織論を基礎とするアグリビジネス研究が広まることとなった［斎藤
1999，新山 2001］。

　さらに，2000年前後から，日本国内で農地法の規制緩和や特区制度，農外
企業の参入を促す政策等が矢継ぎ早に導入されたことを受けて，国内外の企
業が日本でアグリビジネスを展開するようになった。こうした新たな局面の
調査研究が展開するとともに［関根 2006，後藤 2013，北原・安藤 2016］，
農業を成長の最後のフロンティアととらえて進出する企業のためのアグリビ
ジネス指南書も急増した［トーマツ 2017，本書第13章参照］。同時に，衰退
する中小家族経営の農業や過疎化と高齢化のなかにある中山間地域の農業を
活性化するための農業協同組合や地域の中小食品企業による農業関連事業も
アグリビジネスとして位置づけられるようになり［第8章参照］，さらには
家族農業経営も含めてアグリビジネスと位置づける議論も登場している［稲
本ら 2006，河合・堀内 2014］。このように，今日，アグリビジネスの意味
合いと研究は多様化している。

（2）アグリビジネス研究の分析視角と本書の課題
── 政治経済学アプローチ ──

　以上の先行研究に対して，本書では，人間と自然との物質代謝関係や人間
同士の社会関係といった前節で示した問題意識に基づき，アグリビジネスと
農業生産者や労働者，消費者，地域社会，環境との関係や，規制／支援主体
である国家との関係について，構造的，歴史的，批判的に分析する政治経済
学の視座からアプローチする。具体的な分析視角と課題は，以下の5点の通
りである。

　第1に，食と農のグローバル化がどのようにアグリビジネスによって推進
されてきたのかという点である。アグリビジネスの活動実態は秘匿性が高い
とはいえ，グローバル化の推進主体としてのアグリビジネスの事業活動は多
くの研究者が研究対象としてきた［Kneen 1995（中野監訳 1997），Bonanno
et al. 1994（上野・杉山共訳 1999），島田ら 2006］。また，コーヒーやトマ
ト等の特定の農産物・食品に着目して，その生産から加工，流通，販売，消
費にいたるコモディティ・チェーンを分析対象とし，そこに関わるアグリビ
ジネスを調査した成果も少なくない［Daviron and Ponte 2005, Lawrence
2004（矢野訳 2005），Malet 2017（田中訳 2018）］。本書では，日本におけ
るグローバルな食料調達を可能にしている立役者としてのアグリビジネスに
注目し，特に第Ⅱ部では穀物や野菜，飲料，食肉，食用油等の具体的なコモ
ディティに焦点を当てて，その事業実態を明らかにすることを課題とする。

　第2に，アグリビジネスが農業生産から食料消費に不可欠な資源としての
土地や水，労働力にどのような影響を与えているかという点である。第14章
で取り上げるアグリビジネスや国家による「農地収奪」（ランドグラブ）は，
新植民地主義として国際的に批判が高まっている［Liberti 2013］。日本の政
府や企業がいかに農地収奪に関与しているのかを明らかにすることは喫緊の
課題である。また，農業生産の現場から食品小売，および外食サービスの場
にいたるまで，日本では技能実習生等の外国人労働力への依存度を高めてい

4

る（第2章，第15章）。アグリビジネスが農業生産者のプロレタリア化を促したり，農業労働者を搾取したりているという実態がこれまでにも報告されてきた [Burbach and Flynn 1980（中野・村田監訳 1987），Magdoff, Foster, and Buttel 2000（中野監訳 2004），Malet 2017（田中訳 2018）]。本書では，日本の食と農の現場におけるアグリビジネスと労働者の関わりと矛盾を描くことを課題とする。

　第3に，アグリビジネスが時代とともに進化する最先端の技術をどのように利用して，事業展開をしているのか，そこに生起する新たな諸課題とは何かという点である。アメリカでは2010年代以降，食肉大手アグリビジネスが新技術を用いて製造した，食肉と味や食感がほとんど変わらない植物素材を原料とする「植物肉」が人気を博しているが，環境負荷の低減を謳うアグリビジネスの主張に反して，アグリビジネスと農業生産者，労働者，および消費者の力関係は変わらない [Bonanno 2020]。遺伝子組み換え技術やゲノム編集等の生命工学（第12章），グリフォサート等の化学農薬（第7章，第12章），農産物を含むコモディティを対象とした新たな金融商品（第3章），情報技術や人工知能の開発（第8章，第13章）等によって，アグリビジネスはどのような力を手に入れ，社会にどのような影響を及ぼすのか。本書を通じて明らかにしたい。

　第4に，アグリビジネスが国家とどのような関係を取り結びながら操業しているのか，それによってどのような経済的，社会的，環境的諸矛盾が起きているのかという点である。資本と国家の関係は，植民地時代，戦時体制の時代，第2次大戦後の福祉国家＝国家独占資本主義の時代，そして1980年代以降の新自由主義の時代を通じて，後者が前者の活動を規制や課税によって制限することもあるが，むしろ前者が後者の積極的支援を巧みに引き出して，自らの活動に適合的な事業環境を創出してきた。特に新自由主義の下では，国家が資本を積極的に擁護し，その活動を促進してきたが，それはアグリビジネスも例外ではない [Sekine and Bonanno 2016]。しかし，それはしばしば民主主義を犯し，国家の正当性に疑義が生じる事態にもなっている

［Liberti 2013, Wolf and Bonanno 2014］。本書では，日本の政府および企業が食と農に関わる事業でどのような関係を築きながら，またどのような矛盾を引き起こしているのかを明らかにする。

第5に，アグリビジネスや国家による戦略により健康や生命，財産，生活を脅かされた農業生産者や労働者，消費者，およびその団体がどのように抵抗し，オルタナティブを構築しようとしているかという点である。アグリビジネスや国家とこれらの主体の間には，権力や資本力，情報収集・統制能力等において大きな格差が存在する。それにもかかわらず，これらの主体は問題の所在に気づき，入手可能な手段によってさまざまな抵抗運動を展開している［White and Middendorf 2007, Constance and Bonanno 2008, Magdoff and Tokar 2010, Sekine and Bonanno 2016, Bonanno and Wolf 2018, Bonanno 2020］。さらに，抵抗運動は既存の食の公正性や倫理，民主主義を求める運動，持続可能な食と農のシステムの構築に連なっており，そうした動向に関する研究が行われている［Zollitsch et al. 2007, Gottlieb and Joshi 2010］。本書では，第1章，第5章，第7章をはじめとする章で，日本においても展開しているアグリビジネスの活動に起因する矛盾の深まりとオルタナティブな取り組みについて明らかにしていきたい。

3．本書の構成

以上の課題に迫るために，本書は序章，第Ⅰ～Ⅲ部の15章，および終章で構成される。現代社会の食と農のシステムの全体像を俯瞰するために，食卓から食の源流にさかのぼるかたちで包括的に捉えることを目指す。

第Ⅰ部「食卓から世界を見つめて」は，消費者に身近な川下の問題，および農産物・食品の国際的な貿易制度等に焦点を当てる。第1章「食の貧困と子どもの危機」は，日本で高まる子どもの貧困と食生活の変化を取り上げ，学校給食，食育，子ども食堂の意義と課題を評価する。第2章「フードビジネスとワーキングプア」は，外食チェーン，中食産業としてのコンビニエン

ススストア，新たな出前サービスにおける労働者やフランチャイズオーナーの
疎外の実態を明らかにし，ワーキングプアと外国人労働力の問題を分析する。
第3章「農産物市場の不安定化と国際食料消費構造の変貌」は，バイオ燃料
の原料である穀物の「金融化」が国際市場を不安定化させて食料危機を引き
起こした実態を描き，持続可能なシステムに移行するために小規模・家族農
業を基礎としたアグロエコロジーを推進することの必要性を訴える。第4章
「メガFTA/EPAと食料貿易」は，WTO交渉が膠着状態になる中で増加する
FTA/EPA，特に参加国数が多く経済規模が大きいTPP，日欧EPA等のメ
ガ協定の下で変化する食料貿易の姿を明らかにする。第5章「地産地消の空
間分析と農業・食料ネットワークの展開」は，JA横浜の直売所を事例として，
グローバルな農と食のシステムに対するオルタナティブとしての地産地消の
ネットワークが，空間的にどのように形成されているのかを可視化する。

　第Ⅱ部「農場から食卓へ——ブラックボックスを読み解く——」は，川中
の農業生産・加工・流通段階に焦点を当て，コモディティ・チェーン分析を
通じてアグリビジネスの実態とオルタナティブの形成を論じる。第6章「コ
メ・ビジネス——公共性とアグリビジネス——」は，主食であるコメを取り
上げ，本来の公共的性格が規制緩和を通じてアグリビジネス化していく過程
を解明するとともに，農協改革によって一層後退していく状況を明らかにし
ている。第7章「小麦ビジネス——農商工の連携による国産小麦の挑戦——」
は，北海道十勝の小麦生産，製粉，パン製造を地元で行う農商工連携を事例
として，輸入小麦の残留農薬の危険性を克服する可能性を検討する。第8章
「野菜ビジネス——企業の農業参入と植物工場——」は，近年増加している
植物工場について，カゴメを事例として立地戦略や地域への影響を明らかに
する。第9章「ワイン・ビジネス——南米チリの輸出農業とアグリビジネス
——」は，「新世界ワイン」の代表格であるチリワインを事例として，アグ
リビジネスによって推進される農業の輸出産業化にともなう問題を明らかに
する。第10章「食肉ビジネス——国内鶏肉産業におけるアグリビジネスの新
展開——」は，アグリビジネスによって垂直的に統合される日本の鶏肉飼養

農家の実態と動物福祉の問題を取り上げ，オルタナティブとしての銘柄鶏や地鶏の生産の可能性と限界を指摘する。第11章「植物油ビジネス——油脂を食生活に浸透させた政治経済動向——」は，戦前から戦中期の「満洲」における大豆生産と政商の関係，戦後の油脂産業による消費増進キャンペーン，および現代における総合商社の戦略を紐解く。

　第Ⅲ部「食べ物の源流を追って」は，川上の農業資材，土地，および労働力に焦点を当てる。第12章「植物遺伝資源と種子ビジネス」は，アグリビジネスによる種子市場の支配とそれによって脅かされる農家の自家採種等の問題を明らかにし，日本における主要農作物種子法廃止の意味と懸念される影響について言及する。第13章「スマート農業——農業関連資材産業の新展開——」は，日本政府が推進するスマート農業を国際的議論の中に位置づけた上で，異業種参入の増加の実態をデンソーを事例として明らかにし，スマート農業導入による課題を検討する。第14章「多国籍アグリビジネスと海外農業投資——土地投資を中心に——」は，モザンビークにおける日本政府のODA（政府開発援助）を梃子にしたFDI（海外直接投資），およびラオスにおける周辺国との土地取引の実態を明らかにし，アグリビジネスと国家による土地収奪の問題に切り込む。第15章「農業労働力のグローバル化——食料輸入大国の新展開——」は，日本の農業生産現場における外国人労働力（技能実習生・特定技能在留資格者）への依存拡大の実態と深まる構造的問題に光を当てる。

　最後に，終章は本書の各章の分析を通じて明らかになった点を，序章で示した本書の課題に照らして整理する。

参考文献

磯田宏［2001］『アメリカのアグリフードビジネス——現代穀物産業の構造分析——』日本経済評論社.

稲本志良・桂瑛一・河合明宣［2006］『アグリビジネスと農業・農村——多様な生活への貢献——』放送大学教育振興会.

岩佐和幸［2005］『マレーシアにおける農業開発とアグリビジネス——輸出指向型

開発の光と影――』法律文化社.

大江徹男［2002］『アメリカ食肉産業と新世代農協』日本経済評論社.

大塚茂［2005］『アジアをめざす飽食ニッポン――食料輸入大国の舞台裏――』家の光協会.

大塚茂・松原豊彦編［2004］『現代の食とアグリビジネス』有斐閣.

河合明宣・堀内久太郎［2014］『アグリビジネスと日本農業』放送大学教育振興会.

北原克宣・安藤光義編［2016］『多国籍アグリビジネスと農業・食料支配』明石書店.

後藤拓也［2013］『アグリビジネスの地理学』古今書院.

駒井亨・Joseph B. Dial・山内盛弘・賀来康一［1998］『アグリビジネス論』養賢堂.

斎藤修［1999］『フードビジネスの革新と企業行動』農林統計協会.

島田克美・下渡敏治・小田勝己・清水みゆき［2006］『食と商社』日本経済評論社.

関根佳恵［2006］「多国籍アグリビジネスによる日本農業参入の新形態――ドール・ジャパンの国産野菜事業を事例として――」『歴史と経済』第193号.

トーマツ・農林水産業ビジネス推進室［2017］『アグリビジネス進化論――新たな農業経営を拓いた7人のプロフェッショナル――』プレジデント社.

中野一新編［1998］『アグリビジネス論』有斐閣.

新山陽子［2001］『牛肉のフードシステム――欧米と日本の比較分析――』日本経済評論社.

久野秀二［2002］『アグリビジネスと遺伝子組み換え作物――政治経済学アプローチ――』日本経済評論社.

冬木勝仁［2003］『グローバリゼーション下のコメ・ビジネス――流通の再編方向を探る――』日本経済評論社.

松原豊彦［1996］『カナダ農業とアグリビジネス』法律文化社.

Burbach, R. and Flynn, P.［1980］*Agribusiness in the Americas.* New York: Monthly Review Press（中野一新・村田武監訳［1987］『アグリビジネス――アメリカの食糧戦略と多国籍企業――』大月書店）.

Bonanno, A.［2020］"Resistance to Corporate Agri-food: The Case of Plant-based Meat" *Estudos de Sociologia*, Recife, Vol.1, No.26.

Bonanno, A. and Wolf, S. A.［Eds.］［2018］*Resistance to the Neoliberal Agri-Food Regime: A Critical Analysis.* New York: Routledge.

Bonanno, A. et al,［Eds.］［1994］*From Columbus to ConAgra : the Globalization of Agriculture and Food.* University Press of Kansas（上野重義・杉山道雄共訳［1999］『農業と食料のグローバル化――コロンブスからコナグラへ――』筑波書房）.

Constance, D. H. and Bonanno, A.［Eds.］［2008］*Stories of Globalization: Transnational Corporations, Resistance, and the State.* PS: The Pennsylvania

State University Press.

Daviron, B. and Ponte, S. [2005] *The Coffee Paradox: Global Markets, Commodity Trade, and the Elusive Promise of Development.* London and New York: Zed Books.

Glover, D. and Kusterer, K. [1990] *Small Farmers, Big Business: Contract Farming and Rural Development,* London: Macmillan Press（中野一新監訳 [1992]『アグリビジネスと契約農業』大月書店).

Gottlieb, R. and Joshi, A. [2010] *Food Justice.* Cambridge: Massachusetts Institute of Technology Press.

Kneen, B. [1995] *Invisible Giant: Cargill and Its Transnational Strategies.* London: Pluto Press（中野一新監訳 [1997]『カーギル——アグリビジネスの世界戦略——』大月書店).

Lawrence, F. [2004] *Not on the Label : What Really Goes into the Food on Your Plate.* Penguin（矢野真千子訳 [2005]『危ない食卓——スーパーマーケットはお好き？——』河出書房新社).

Liberti, S. [2013] *Land Grabbing: Journeys in the New Colonialism.* London and New York: Verso.

Magdoff, F., Foster, J. B. and Buttel, F. H. [Eds.] [2000] *Hungry for Profit: the Agribusiness Threat to Farmers, Food, and the Environment.* New York: Monthly Review Press（中野一新監訳 [2004]『利潤への渇望——アグリビジネスは農民・食料・環境を脅かす——』大月書店).

Magdoff, F. and Tokar, B. [Eds.] [2010] *Agriculture and Food in Crisis: Conflict, Resistance, and Renewal.* New York: Monthly Review Press.

Malet, J. B. [2017] *L'empire de l'or rouge : enquête mondiale sur la tomate d'industrie.* Fayard（田中裕子訳 [2018]『トマト缶の黒い真実』太田出版).

Sekine, K. and Bonanno, A. [2016] *The Contradictions of Neoliberal Agri-Food: Corporations, Resistance, and Disasters in Japan.* WV: West Virginia University Press.

White, W. and Middendorf, G. [2007] *The Fight Over Food: Producers, Consumers, and Activists Challenge the Global Food System.* PS: The Pennsylvania State University Press.

Wolf, S. A. and Bonanno, A. [Eds.] [2014] *The Neoliberal Regime in the Agri-Food Sector: Crisis, Resilience, and Restructuring.* New York: Routledge.

Zollitsch, W., Winckler, C., Waiblinger, S. and Haslberger, A. [Eds.] [2007] *Sustainable Food Production and Ethics.* Wageningen Academic Publisher.

第Ⅰ部
食卓から社会を見つめて

第1章

食の貧困と子どもの危機

村上　良一

はじめに

　21世紀に入り，日本では貧困問題が再びクローズアップされている。厚生労働省『国民生活基礎調査の概況（2016年度）』によると，相対的貧困率は2000年の14.6％から2015年の15.7％と増加傾向にある。このような中，貧困と大きく関わるものが，食の問題である。食料は人間の生活に必要な基礎的生活手段であるがゆえに，貧困がダイレクトに食のあり方に影響を及ぼすと考えられる。しかも，そうした状況が最も鋭く表れるのが，発達段階にある子どもたちである。

　そこで，本章では，経済大国・日本における食の貧困と子どもの危機について考察を加えたい。その際，何をもって「食の貧困」と定義するのかが重要となる。筆者は，資本による労働者階級への支配が深化し，労働者世帯が困窮化する状況を「貧困化」と捉えた上で[1]，それが基礎的生活手段としての食に表れる現象を「食の貧困」と社会経済学的に定義することにしたい。そのため，経済的貧困に伴う食料消費や健康への影響，ならびにそれを促進するアグリビジネス資本による食生活への支配拡大に注目することになる。

1）金子ハルオは「資本に対して従属しているという状態そのものが労働者の『窮乏』なのであり，このような資本との関係における労働者の状態の拡大再生産過程が労働者の『窮乏化』なのである」と記している［金子 1963：234］。

　したがって，本章では，以下の順に食の貧困化を分析していく。まず最初に，食の貧困を，食へのアクセスの難易という量的側面と，食の外部化に伴う調理過程や食習慣，健康悪化という質的側面の双方から検討する。次に，食の貧困の中でも，現在極めて深刻な問題となっている「貧困の世代間継承」，すなわち子どもの食の貧困化の実態を明らかにする。その上で，子どもの食の貧困に対して，現場では脱却に向けた取り組みが拡がっている状況に視線を向け，活発な取り組みで評価されている学校給食，食育，子ども食堂の意義と課題を評価する。以上を踏まえ，最後に「食の貧困」から真に脱却するための方向性を示したい。

1. 格差拡大社会と食の量的・質的貧困

(1) エンゲル係数の再上昇と食へのアクセスの困難

　最初に，食へのアクセスの観点から，食の貧困の全体像を確認しておこう。

　食の貧困を考える際，一般に用いられる指標が，エンゲル係数である。エンゲル係数は，所得に占める食費の比率を示すもので，現代日本においても貧困の指標として一定の有効性を持っている。実は，このエンゲル係数が，近年再び上昇していることが話題になっている。

　実際，エンゲル係数の推移をたどってみると，家計調査が開始された1963年には38.7％であったが[2]，2005年には22.9％まで低下した。ところが，2005年を底にその後は上昇基調となり，2016年には25.7％，2017年はやや下落したものの25.6％と高止まりしている［総務省 2018］。

　それでは，エンゲル係数の近年の再上昇には，何が影響しているのだろうか。同じく総務省［2018］による所得区分別のエンゲル係数を見てみると，10分位別所得区分で最上層（平均1,441万円）は2017年には21.4％である一方，最下層（平均209万円）は31.2％となっていた。つまり，所得階層が低いほ

2）これ以前は，5万人以上の市の平均で係数が算出されていた。

どエンゲル係数が高くなっており，そのことが近年の上昇に関係していると考えられる。低所得者の増加は，グローバル化と構造改革に伴う非正規雇用の増加が影響しており，そのことが実質賃金の低下にも表れている。実際，非正規雇用者の比率は1995年には20.9％であったのが2016年には37.3％となる一方［総務省 2017］，実質賃金は1997年から低下傾向を示し始め，指数でみると1997年を100とするとリーマンショック時に90.5となり，いまだ2009年のリーマンショック時水準にすら回復しておらず［厚生労働省 2017］，このこともエンゲル係数の上昇に影響を及ぼしているとみられる。

　加えて，エンゲル係数の上昇には，高齢化も大きく影響している。有職者・無職者別で見ると，無職者世帯は28.4％と[3]，勤労者世帯の24.2％，個人営業などの世帯の26.9％を上回っていた（いずれも2016年）。この無職者世帯には現役世帯の失業者等世帯も含まれるだろうが，全世帯に占める高齢者世帯の割合が26.6％である一方，労働力人口に占める高齢者比率は11.8％にとどまり，無職の高齢者世帯の比重の増加がエンゲル係数の上昇に「寄与」していると推察できる[4]。年金収入に多くを頼らざるを得ない高齢者の家計実態からすれば，エンゲル係数の高さは食の量的側面での貧困を示すものである。今後もしばらくは高齢者世帯比率の上昇が続くことは確実であり，エンゲル係数上昇傾向は長期に渡って続くと予想される。

　一方，エンゲル係数上昇には，家計状況に加えて，食料品価格の上昇も無視できない。農林水産省［2018］（以下農水省と略）の調べでは，2018年の食料品価格指数は2015年比で102.4であり，上昇基調にある。アメリカ政府のエネルギー政策誘導を受けて，多国籍アグリビジネスがバイオ燃料事業に積極的に参入した結果，世界的な食料品価格の上昇を構造的に招いている［小泉 2018：25-62］。食料輸入大国日本では，今後も輸入食料品価格の上昇が家計を圧迫し，エンゲル係数の上昇に寄与することが予想される。

3）エンゲル係数上昇の高齢世帯増加への着目については，櫨［2017］を参照。
4）高齢者世帯の比率等については，厚生労働省［2017］を参照。

（2）所得格差から健康格差へ

　一方，食の貧困は，食へのアクセス面にとどまらず，食事内容の質的変化とも大きく関わっており，そのことが食事の結果としての人間の健康にも影響を及ぼしている。

　まず，2014年の総務省『全国消費実態調査』を素材に，食の外部化状況を見てみよう［総務省 2014］。有業者人数別で勤労者世帯を比較すると，年収300万円以上層では有業者2人世帯の方が1人世帯よりも食料費支出に占める外食・調理食品の比率が高い。ちなみに，全世帯平均では，有業者1人世帯の外食・調理食品比率が31.9％であるのに対して，2人世帯では34.7％であった。有業者2人世帯を共働き世帯と見なすと，外食[5]と中食（調理食品）を内容とする食の外部化は，共働き世帯で進んでいるといえる。

　加えて，所得階層別に食の外部化状況を検討しよう。食費のうち中食への支出の比率が最も高いのは所得最下層の264万円未満層で12.5％（絶対額では最小ではある），逆にこの層は外食への支出の比率が最低で10.5％と最上層の22.1％の半分以下しかない。食の外部化は所得階層が高いほど進行しているが，中食への依存という点では所得最下層が最も高いという結果が出た。所得最下層では食費の支出額を抑えるためにあえて中食化への依存を強めていることがうかがえる。これは経験的にも素材から調理するよりも，むしろスーパーの総菜を購入するほうが安価である場合があることから「合理的な選択」であると推察される。

　このように，所得を稼ぐために通勤時間を含む就労時間を増大させるのとは対照的に，家庭での調理時間を短縮している傾向がうかがえる。これは，世帯員における調理労働過程での熟練衰退や食事という消費過程への無関心をもたらすという意味で，「食の貧困」が質的に進んできたと見なすことができる。

5）中食（調理食品）の伸びに比すれば，その伸びは鈍く景気動向に左右される。

表 1-1　所得と食生活・体型・食品選択との関連性

			世帯所得 200万円未満	世帯所得 200万円以上~ 600万円未満	世帯所得 600万円以上
			平均摂取量 または割合	平均摂取量 または割合	平均摂取量 または割合
食生活	穀類摂取量	（男性）	535.1g	520.9g	494.1g
		（女性）	372.5g	359.4g	352.8g
	野菜摂取量	（男性）	253.6g	288.5g	322.3g
		（女性）	271.8g	284.8g	313.6g
	肉類摂取量	（男性）	101.7g	111.0g	122.0g
		（女性）	74.1g	78.0g	83.9g
体型	肥満者 の割合	（男性）	38.8%	27.7%	25.6%
		（女性）	26.9%	20.4%	22.3%
食品を選択 する際に 重視する点	価格	（男性）	44.6%	50.8%	47.7%
		（女性）	67.4%	72.3%	64.1%
	簡便性	（男性）	8.6%	10.6%	12.0%
		（女性）	13.4%	16.3%	17.4%
	特になし	（男性）	8.8%	7.6%	3.1%
		（女性）	3.9%	2.2%	2.3%

資料：厚生労働省［2014］『国民健康・栄養調査』より作成。

　しかも，調理過程や消費過程における食の質的低下にとどまらず，消費過程の結果として，健康に影響を及ぼしている面も無視できない[6]。

　表1-1は，2014年の厚生労働省『国民健康・栄養調査』を世帯所得階層別に加工したものである。まず，所得階層と食品を選択する際に重視する点の相関をみると，意外なことに「価格」の比率が最も多いのは中位層200万円以上~600万円未満層であった。食の外部化と関連性がある「簡便性」では，所得増加に比例して重視する比率が高くなっている。一方，「特になし」の項目では，逆に所得増加に反比例して最下層ほど高くなっている。これは，食への無関心だけでなく，選択の余地すらない状況をうかがわせる。

　次に，摂取品目別動向に注目しよう。ここで特徴的なのは，野菜や肉類の摂取量が所得増加に比例して増える一方，穀類摂取量は逆に減少している点である。これは，低所得層ほど肉類だけでなく野菜類の購入が少なく，炭水化物中心の食生活になっていることが推察される。

　さらに，肥満者の割合についても見てみよう。同表より，低所得層ほど肥

6) 医学者の立場から経済格差拡大が健康格差拡大に影響を与えていることに警鐘をならし，その改善を主張しているものとして，近藤［2017］がある。

満率は上昇しており，所得と肥満の逆相関関係は明らかである。特に最下層200万円未満層の男性では38.8％と，肥満の人が約4割近い高率になっているのが注目される。

　以上のデータより，所得格差が食の格差にとどまらず，健康格差にもつながっていることが容易にわかる。とりわけ，経済的に食の選択が狭められ，食に対する十分な関心・意識を持つことが困難な低所得層ほど野菜摂取量が少なく，肥満の比率が高くなっている。懸念されるのは，そうした状況が次世代へ再生産されていることだ。貧困問題の研究者や社会運動家が指摘するように，こうした食に見られる貧困が意識の面でも改善意欲の低下をも生み出し，生活・健康悪化へ向かう悪循環に陥っていることがうかがえよう。

　しかも，健康問題への不安が拡がる中，こうした状況を後押しする動きが進められている。その一例として，健康食品ブームが挙げられる。健康食品には，「特定保健用食品」（以下トクホと略），「栄養機能食品」（2001年創設），「機能性表示食品」（2015年創設）の3つがあり，食品表示法で「保健機能食品」と規定されている[7]。このうちトクホは，公益財団法人日本健康・栄養食品協会［2018］によると2016年には過去2番目に大きい6,463億円という市場規模を記録したほか，機能性表示食品も1,364億円に及んでいる[8]。実は，トクホのみが国による審査があるものの，後の2つは審査がない。「栄養機能食品」は届け出すら不要で，機能性表示食品も届け出は必要ではあるものの，消費者庁［2015］は「事業者の責任において健康の維持及び増進に役立つことを表示するものです」と事業者任せである。その背景には，企業側からトクホ認定審査に伴うコストが高いとの声があったとされている[9]。

　このように，食の貧困としての健康問題を背景に，健康志向をビジネス

7）「特定保健用食品」「栄養機能食品」「機能性表示食品」の違いについては，山田ほか［2017：91-99］を参照。
8）『日本経済新聞（電子版）』2018年3月7日付，同2018年12月8日付を参照。
9）トクホでは「事業者が申請して表示許可を取得するまでに時間と費用がかかり」という「苦情があった」［山田ほか 2017：95］。

チャンスと捉えるアグリビジネスの新展開が読み取れる。同時に，新自由主義イデオロギーの下で健康に対する自己責任を強調する政策が行われ，食の貧困ビジネスとともに食の安全・安心を保障する社会保障政策の後退が進行している状況にあるといえよう。

2．食に見られる子どもの貧困

（1）子どもの欠食のクローズアップ

　このように，現代日本では，食の貧困が量的にも質的にも進行していることが浮かび上がってきた。このような中，最も深刻な影響を受けているのが，成長途上の子どもである。本節では，子どもの食の量的・質的貧困について検証する。

　子どもの貧困問題は，前掲の『国民生活基礎調査の概況（2016年）』の子どもの貧困率でまず確認してみたい［厚生労働省 2017］。最新の調査ではそれは13.9％（2015年）である。前回調査（2012年）よりは改善がみられるものの，1980年代中葉（1985年）は11％弱であったことと比較すると，依然深刻な状況にある。

　このような子どもの貧困が，食の面でも顕在化している。まず注目すべきは，かつての貧しさの象徴の一つであった欠食児童問題が再び顕在化していることである。例えば，東京都［2017］『子供の生活実態調査報告書』によると，約1割の保護者が「まれにあった」も含めて「食料を買えなかった経験がある」と回答している。さらに困窮層においては，その比率が約7割にのぼる［東京都 2017：13-14］。

　貧困が児童の欠食に及ぼす実態についてさらに詳しい別の調査結果をみると，学校のある日に「朝食を毎日食べる」と回答した比率は低収入世帯では85.7％，これに対して低収入以外の世帯（以下それ以外世帯と略）では92.4％と7ポイントの差がある。逆に，食べない日があることを意味する「週に4〜5日以下」という回答では低収入世帯が14.6％とそれ以外世帯の

7.6％に対して約2倍の比率を示している。「学校のない日も朝食を必ず食べる」という比率はともに下がるものの，世帯群別間でその差は拡大し，低収入世帯では72.8％，その他世帯では83.2％と10ポイント以上の差がついている［硲野ほか 2017：19-28］[10)]。

　このように，21世紀の現在において，食へのアクセスが脆弱な子どもが再び出現しているのである。

（2）食の格差から発達格差へ

　前節では，所得格差が栄養バランス格差をもたらし，肥満に帰結する問題を明らかにしたが，そのことは子どもの食格差という形でも表れている。例えば，前述の東京都調査によれば，困窮層[11)]の子どもほど学校給食以外に野菜を食べる頻度が低いことが明らかになっている。例えば，小学校5年生では一般層では76.7％が毎日食べると回答しているのに対して，困窮層ではそれが55.6％と半分程度に過ぎなかった。同様に，中学校2年生でも，一般層では79.2％であるのに対して，困窮層では61.8％にとどまっていた。つまり，育ち盛りの時期であるにもかかわらず，栄養摂取面で深刻な格差が生じている点は，食の貧困の次世代連鎖をもたらしているといえる。

　貧困が健康格差（肥満の例）につながることは第1節の**表1-1**ですでに確認したことだが，子ども時代の食生活はその後のライフコースに影響を与えるがゆえに一層深刻である。近藤［2017］では，小児期の栄養状態が悪かった人ほど高齢期の高次生活機能に障害が多く見られたという事例や，生活習慣病の因子も成人期の生活習慣からのみでなく，妊娠期まで遡って因子は存

10）この調査における低収入世帯の群分けは，世帯員の1人当たり収入が100万円未満の世帯。対象は，東日本4県6市村の小学5年生である。

11）この調査では，困窮層を①等価世帯所得135万円未満，②家計の逼迫（公共料金や家賃の滞納等7項目のうち，1つ以上該当），③子どもの体験や所有物の欠如（子どもの体験や所有物等の15項目のうち，経済的な理由で欠如している項目が3つ以上該当），以上の①～③のうち2つ以上に該当する層とし，①～③のいずれにも該当しない層を一般層としている。

在することが紹介されている。

3．子どもの危機脱却をめぐる実践と課題

（1）食育の性格

　貧困が子どもにまで拡がる中，子どもの貧困が社会的な注目を集め，国も「子どもの貧困対策の推進に関する法律」（2014年施行）をはじめとする対策をとるようになり，地域の現場でも多様な取り組みが拡がっている。ここでは，子どもの食の貧困を打開する取り組みとその課題について検討しよう。

　まず，取り上げるのは，食育である。食育とは農水省によると「生きる上での基本であって，知育・徳育・体育の基礎となるものであり，様々な経験を通じて『食』に関する知識と『食』を選択する力を習得し，健全な食生活を実現することができる人間を育てることです」とされている。食育を通じて，食に対する理解や食選択における主体性を育むことが期待されている。

　地域に根ざした多様な食や食習慣に関わる知恵を伝えていくという営みは，文化の多様性という観点から基本的には肯定されるべきものである。同時に，生産力の低さに余儀なく規定された非合理的な旧弊にとらわれた食習慣等は，伝統の名のもとに固執されるべきではない。科学技術の発展により，風土病や栄養欠乏状態が食料へのアクセスの改善ならびに合理的な食習慣・調理法の確立によって克服されていくことは歓迎されるべきものである。個人が食選択において科学の成果を援用しながら主体的に決定できる力を育むことを食育と規定するならば，それは積極的な意味がある。

　一方，食育推進という点では，国によって食育基本法が制定され，「上からの食育」が進められている点も無視できない。ここでは，食育基本法が進める食育についての懸念を指摘しておこう[12]。第1に，個人の選択に国家が介入することへの懸念である。第2に，伝統食を引き合いに出しながら，

12）食育基本法による食育の批判については，池上［2008］を参照。

あるべき家庭教育像を国家が示し，画一的復古主義的教育強化に傾く危険性である[13]。例えば，長時間労働下で簡便食を与えざるを得ない自分は努力が足りない悪い親であるとの負い目を感じさせてしまう等，子育てに悩む親をさらに追い込むおそれがある。第3に，アグリビジネスが食育を通じて子どもへ接近し，学校教育を広告の場として利用する懸念である。例えば，2016年の農水省による食育推進事業において，7件の事業実施主体のひとつにイオンが名を連ねている。開催場所も教室ではなく，自社店舗や自社系列農場である。社会見学・体験行事ともみなせるが，学校主体ではなく実施者はイオンである。これらは，たとえ内容が栄養学的には正しく，社会貢献の一環であるとしても，社名を掲げて登場する限り，自ずとそういった効果を生んでしまう［櫻井ほか 2013：135-141］[14]。

（2）学校給食の再評価と困難

　第2に，食の貧困が進み，欠食問題がクローズアップされる中，セーフティネットとしての学校給食の役割が再評価されている。

　政府による公的な欠食児童対策としては，1932年の「学校給食臨時施設方法」に基づく学校給食への国庫補助制度が嚆矢である。その意味で，学校給食は欠食や栄養改善対策としての役割を担ってきた。戦後に入ると，占領期に連合国軍最高司令官総司令部（GHQ）主導の下，米国の官民の支援を受け緊急措置的な形で学校給食が進められ，その後学校給食法成立（1954年）によって急速に普及が拡大していくこととなった。現在の学校給食実施率（児童・生徒数比率）は，小学校で99.2％，中学校では84.1％となっている。ただし注意すべきは，完全給食実施率でみると小学校は98.9％と全体の実施率との乖離はほぼ見られないが，中学校では78.0％となり顕著な乖離が見ら

13）農水省は，バランスの取れた日本型食生活の実現は1980年としていたが，今回の和食の定義では，年中行事と結びついた伝統食とともにバランスの取れた食生活を入れている。古くからある伝統食と約40年前に達成されたとする食生活が，同一の枠組の中で両立するはずがない（農水省［2013］を参照）。
14）これによれば，調査対象58社のうち14社の資料に，企業名が明記されていた。

れる点である。中学校給食は小学校と比して実施率と内容の双方でより課題
を抱えていることは鮮明である。

　確かに，戦後の学校給食は，パンと牛乳に象徴されるように，米国食料援
助戦略に伴う欧米型食生活への変革と米国系アグリビジネスの市場拡大の側
面が否定できない。とはいえ，欠食児童対策としての社会政策的性格をも有
していることは看過すべきではない。現在では食育や地産地消とも結びつき
ながら質的な改善も進められている。むしろ，給食をめぐる課題としては，
食格差拡大が健康格差に帰結することを想起すれば，給食実施における小・
中格差と地域格差が大きい点と，給食調理業務の民間委託による質的悪化が
重要である。その意味で，完全給食の100％実施を目指していくこと，安易
な民間委託でなく公共部門が子どもの安全・安心な食を保障していくことが
求められている。

　もう1つの課題は，貧困拡大に伴う給食費未納問題である。それと関連し
て，督促業務等による教職員への負担と未納児童・生徒へのいわれなきス
ティグマ（汚名の烙印）を生み，教育現場に更なる混乱を引き起こしている
点も無視できない。この点で学校給食の無償化の動きが自治体レベルでは進
んできており，こうした取り組みを全国的に拡大していくことも必要である。

（3）「子ども食堂」の意義と課題

　第3に，貧困拡大に伴う食の貧困をカバーする自生的な食育の場として，
また貧困対策の場として，子ども食堂が急速な広がりを見せている。支援団
体「こども食堂安心・安全向上委員会」による調べ（2018年1～3月実施）
では，子ども食堂は2,286ヵ所に上った[15]。2016年に朝日新聞が調査した
319ヵ所と比較すると，わずか2年弱で7倍に急増している[16]。

15) 『朝日新聞（電子版）』2018年4月4日付（https://www.asahi.com/articles/
　　ASL43573TL43UTFK010.html，2018年12月8日参照）。
16) 『朝日新聞（電子版）』2016年7月1日付（https://www.asahi.com/articles/
　　ASJ6G0PCCJ6FPTFC036.html，2019年2月11日参照）。

　子ども食堂の積極的意義としては，下記の３点があげられよう。第１に，子ども食堂というかたちで子どもの貧困を可視化させ，解決の重要性を人々に気づかせたこと，第２に，地域で孤立しがちな人々を結び付ける居場所としての役割を提供したこと，第３に，栄養バランスを考えた献立を用意し，困窮家庭で軽視されがちな食習慣の確立に向けてのきっかけとなったことである。

　ただし，子ども食堂は，単なる貧困対策にとどまらず，多様な拡がりを見せている。支援団体代表の湯浅誠は，子ども食堂をターゲット限定（貧困対策型）⇔ターゲット非限定（ユニバーサル）（共生型）軸と，地域づくり型（コミュニティ指向）⇔ケースワーク型（個別対応指向）軸で，４つに区分・整理している［湯浅 2017］[17]。そして，大多数の子ども食堂は，「地域づくり型（コミュニティ指向）」「ターゲット非限定（ユニバーサル）（共生型）」の「共生食堂」と，「ケースワーク型（個別対応指向）」「ターゲット限定（貧困対策型）」の「ケア付き食堂」に属するとしている。このように，理念的にも現実面でも，貧困家庭の子どもに限定される取り組みではない。例えば，東京都港区の取り組みも，広報担当者自身が「来られる方たちも大半は困窮家庭ではありません」と語り，「孤食防止とコミュニケーション」を強調している。

　このように，子ども食堂は子どもの貧困対策だけではない多様性を持つがゆえに，その評価も過度の礼賛だけでなく，限界性も指摘されている。特に指摘される点は，取り組みの多くは月数回から週数回程度の実施にとどまり，困窮家庭の食事を代替する場とはならないということである［NPO法人豊島子どもWAKUWAKUネットワーク 2016］。その意味で，民間任せでの子ども食堂にはどうしても活動に限界があり，こうした役割を社会的に拡げていくための公的支援策が必要になっている。

---

17) 東京都港区の事例紹介も，同書による。

おわりに：「食の貧困」克服への道

　以上「食の貧困」を量的・質的側面から検討し，格差拡大社会の下で健康
格差に至るとともに，そうした状況が子どもに影を落としていることを浮き
彫りにしてきた。このような中，食育や学校給食，子ども食堂が子どもの食
の貧困解決に一定の役割と限界を持つことも明らかにした。特に子ども食堂
等の社会運動は「子どもの貧困」を可視化させ，2017年度版『食育白書』で
紹介されるように，子どもの貧困対策を政府も掲げざるを得なくなった意義
は大きい。しかし，現在の政府は財政支出による貧困対策の面では不十分で
あり，問題を善意の民間の活動や新自由主義的手法によって「解決」しよう
とする方向が垣間見える。

　「食の貧困」解決に向けて地域での実践は重要ではあるが，問題を完全に
解決しうるかのような過度の評価は，政策充実に向けた運動の重要性を看過
する誤りを生む。地域での地道な活動の条件を広げるうえでも，政策の充実
は不可欠であり，ナショナルミニマムに基づく公的保障が不可欠である。学
校給食を例に挙げれば，子どもの食格差の是正にはポピュレーション対策[18]
としてそれは有効ではあるが，有償であるがゆえに効果が低減される。それ
が十全な効果を発揮するためには，給食費無償化という政策変更が行われね
ばならない。

　さらに，食の貧困脱却には，食の分野だけでなく，社会の貧困化を生み出
す雇用・就業構造にもメスを入れる必要がある。労働基準法があってもブ
ラック企業がなくならないのと同様に，社会構造に起因する「食の貧困」か
らの脱却も，行政や企業活動に対する絶えざる監視や働きかけが問題解決の
根底に据えられねばならない。

18）ポピュレーション対策とは，特定ハイリスク層だけでなく全体への改善を図
　　ることで，全体のリスクを軽減していく手法のことである。給食が子どもの
　　栄養改善に対するポピュレーション対策として有効であるということについ
　　ては，村山伸子［2018］を参照。

参考文献

池上甲一［2008］「安全安心社会における食育の布置」池上甲一・岩崎正弥・原山浩介・藤原辰史『食の共同体』ナカニシヤ出版.

NPO法人豊島子どもWAKUWAKUネットワーク編［2016］『子ども食堂をつくろう！』明石書店.

金子ハルオ［1963］「現段階での窮乏化法則」宇佐美誠次郎・宇高基輔・島恭彦編『マルクス経済学講座2』有斐閣.

小泉達治［2018］「バイオ燃料が世界の食料需給及びフードセキュリティに与える影響」『農林水産政策研究』第28号.

厚生労働省［2017］『2016年国民生活基礎調査の概況』厚生労働省.

厚生労働省［2017］『毎月勤労統計調査』厚生労働省.

公益財団法人日本健康・栄養食品協会［2018］「2017（平成29）年4月3日プレスリリース」日本健康・栄養食品協会ウェブサイト（http://www.jhnfa.org/tokuho2016.pdf，2018年12月8日参照）.

近藤克則［2017］『健康格差社会への処方箋』医学書院.

櫻井誠ほか［2013］「企業の食育イメージと食教育教材の分析」『三重大学教育学部研究紀要（教育科学）』第64巻.

消費者庁［2015］「機能性表示食品制度が始まります」消費者庁ウェブサイト（http:// www.caa.go.jp/policies/policy/food_labeling/about_foods_with_function_ claims/pdf/150810_2.pdf，2018年12月8日参照）.

総務省［2014］『全国消費実態調査』総務省.

総務省［2017］『労働力調査』総務省.

総務省［2018］『統計Today』No.129（https://www.stat.go.jp/info/today/129. html，2018年12月8日参照）.

東京都［2017］『子供の生活実態調査報告書』東京都.

農林水産省［2018］「我が国における生鮮食品を除く食料の消費者物価指数の推移」農林水産省ウェブサイト（http://www.maff.go.jp/j/zyukyu/anpo/kouri/attach/pdf/index-78.pdf，2018年12月8日参照）.

硲野佐也香ほか［2017］「世帯の経済状況と子どもの食生活との関連に関する研究」『栄養学雑誌』第75巻第1号.

櫨浩一［2017］「エンゲル係数の上昇を考える」ニッセイ基礎研究所『基礎研REPORT』2017年5月号（https://www.nli-research.co.jp/report/detail/id=55609?site=nli，2018年12月8日参照）.

村山伸子［2018］「子どもの食格差と栄養」阿部彩・村山伸子・可知悠子・鳫咲子編『子どもの貧困と食格差』大月書店.

山田和彦ほか［2017］「保健機能食品の課題と展望」『日本栄養・食糧学会誌』第70巻第3号.

湯浅誠［2017］『「なんとかする」子どもの貧困』角川書店.

第2章

フードビジネスとワーキングプア

岩佐　和幸

はじめに

　ファストフードにファミリーレストラン，カフェ，居酒屋，さらにはコンビニ弁当や宅配等，私たちは多種多様な食のサービスに接しながら暮らしている。外食産業が日本で本格登場するのは半世紀前の1970年代であり，第2次資本自由化（1969年）と大阪万博（1970年）を機に米国資本の「上陸」とチェーン展開が一躍ブームとなった［岩淵 1996，茂木 1997］。1980年代以降は，店内で食べる「外食」に加えて，弁当・惣菜を持ち帰って食べる「中食」市場が拡大した。最近は宅配や通販，移動販売も登場し，産業としての飲食は進化を遂げてきた。フードビジネスは現代の食生活を映し出す鏡であり，多くの研究者や業界関係者が，サプライチェーンや消費者行動，食材調達等に大きな関心を寄せてきた［日本惣菜協会 2014，日本フードサービス学会 2015，木立 2017，清原 2018］。

　その一方，フードビジネスは，産業の盛衰や消費トレンド以外でも，最近注目されるようになっている。それが，業界で働く人々の「働き方」である。飲食サービス業は，雇用の大きな受け皿であり，2016年の従業者数は全産業の8％，468万人に及ぶ［総務省統計局 2018］。実際，厨房や接客に携わる多くの担い手が，このビジネスの実現に本質的な役割を果たしている。しかしその反面，現場では長時間労働や低賃金，過剰なノルマ等のブラックな働

き方が話題となり［安田・斎藤 2007，大内・今野 2017］，近年では深刻な人手不足にも直面している。そこで本章では，アグリビジネスの中でも食の現場に最も近いフードビジネスの事業展開を取り上げ，現場で働く人々の視座からその内実に迫ってみたい。

　その際，第1に，フードビジネスをめぐる労働の特質を踏まえながら議論を進めていく。フードビジネスは，調理機能を家庭の台所の外に移し，市場として包摂する「食の外部化」を基本とするが，そこではイノベーションに基づく店舗運営の徹底的な合理化・画一化と，本部の統制に基づく多店舗展開を原動力としている。このシステムでは，店舗毎で行われていた調理はセントラルキッチンや委託工場で集中処理され，店内での最終仕上げも機械化・コンピュータ制御で単純化される。したがって，店舗運営は「料理人のいない厨房」とマニュアル化された接客サービスさえあれば十分であり，職人技を備えた料理人の代わりに未熟練のパート・アルバイトが動員されるのである［大塚 2004，村上 2004］。

　実は，こうした特質を捉える上で示唆を与えてくれるのが，ハリー・ブレイヴァマンの議論である。彼は，都市化に伴う生活様式の変化として家事労働を含む人間の諸活動が商品化されていく過程に着目し，主婦がパートとして労働市場に押し出される普遍的市場の構成要素として小売・サービス業を位置づけた。そして，技能の単純化・合理化による熟練の解体と，それに起因する低賃金ならびに人員・職能の代替可能性の例として厨房・接客労働を挙げていたのである［Braverman 1974（富沢訳 1978：391-407）］。そこで本章では，資本による構想と実行の分離ならびに労働過程の統制／疎外の観点から，業界内部の労働に迫ることにしたい。

　第2に，分析対象を，直接的な雇用関係以外にも視野を拡げて検討する。実は，フードビジネスの担い手は，パート・アルバイトだけに限らない。後述するように，少数の正社員店長や，フランチャイズ（以下FC）のオーナー，個人事業主等，様々な階層が関わっている。しかし，そこでの労働は，雇用関係あるいは事業者同士の契約関係を問わず，自己決定が制約されている点

で共通している。そこで，構想と実行の分離や労働過程の統制／疎外の問題
を雇用関係以外にも広げることで，フードビジネスの重層構造を浮き彫りに
したい。

　以下では，外食，コンビニを中心とする中食，出前食の順に取り上げ，業
界構造に基づく労働実態を分析する。その上で全体像を総括し，今後の展望
を示す予定である。

1．外食の労働現場：チェーン店を支えるパート・アルバイトの大量動員と正社員の過重労働

　まず，外食産業から検討しよう。図2-1は，過去半世紀にわたる食の外部
化の推移を示したものである。外食市場は，1975年の9兆円から1997年の29
兆円へ拡大したが，その後は減少・停滞しているのが分かる。一方，外食に
代わって成長しているのが中食であり，料理品小売業の規模はこの20年余で

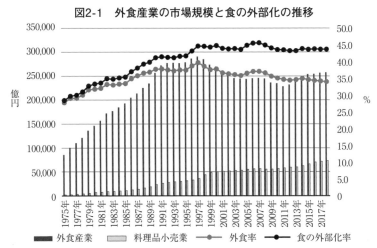

図2-1　外食産業の市場規模と食の外部化の推移

注：料理品小売業には，弁当給食ならびにコンビニ，スーパー，百貨店等の惣菜・弁当等は含ん
　　でいない。
資料：食の安全・安心財団「統計資料」より作成（http://www.anan-zaidan.or.jp/data/，2020年
　　4月30日参照）。

29

表 2-1　外食産業の事業所・従業者動向

単位：万事業所，万人，％

		実数（2016 年）			構成比（2016 年）			増減率（2009〜16 年）		
		計	個人	法人	計	個人	法人	計	個人	法人
事業所数	全産業	534.1	200.7	330.5	100.0	37.6	61.9	▲9.3	▲18.6	▲2.5
	飲食店	59.1	39.0	20.0	100.0	66.0	33.9	▲12.3	▲18.3	2.5
	持ち帰り・配達飲食サービス業	5.6	1.0	4.6	100.0	17.5	82.4	25.8	▲6.7	36.0
従業者数	全産業	5,687.3	571.9	5,103.2	100.0	10.1	89.7	▲2.7	▲19.1	▲0.4
	飲食店	412.0	122.5	289.2	100.0	29.7	70.2	▲6.8	▲18.6	▲0.7
	持ち帰り・配達飲食サービス業	55.7	4.1	51.5	100.0	7.4	92.4	8.5	▲16.5	11.3

注：民営事業所が対象であり，全産業は公務を除く。
資料：総務省統計局『経済センサス』各年版より作成。

倍増を遂げた。その結果，外食率は1975年の28％から97年の40％をピークに下降線を辿り，2018年には34％となる一方，中食を含む食の外部化率は1975年の28％から2018年には44％へ上昇が続いている。

　このように，外食市場は，1990年代末より転機を迎えている。その背景には，少子高齢化に伴う需要縮小や，格差拡大・所得低下による節約・低価格指向[1]，中食等のライバルの台頭が指摘できる。確かに2013年以降は増加に転じているが，世界的な食料価格高騰に伴う輸入食材コストの上昇や人手不足による人件費増の影響によるものであり，業界環境は一層厳しさを増している。

　それに伴い，業界構造も変容を遂げてきた。**表2-1**は，事業所ベースで近年の動向を示したものである。飲食店の減少率は全産業と比べて大きいものの，すべての飲食店が落ち込んでいるわけではない。減少は主に個人経営で起きており，代わりに法人経営は大量出店で規模拡大を図ってきたため，事業所数の3分の1，従業者数の7割まで比重を高めている。つまり，家族経営の「生業」に代わり，資本が組織する「産業」の影響力が強まってきたの

---

1 ）1990年代以降のリストラ・規制緩和を背景に，正規雇用の絶対減と非正規雇用の拡大が進み，非正規比率が4割に迫るようになった．その結果，月間現金給与総額が1997〜2014年で37.2万円から31.7万円まで下落している［岩佐2016：107-110］。

である。一方，持ち帰り・配達飲食サービス業は事業所数で25％も伸びており，大半が法人経営であるのが注目される。

　次に，**表2-2**を素材に，業界トップの姿を確認しよう。多彩な業態が並んでいるが，マクドナルドを筆頭に，大半が年商1,000億円以上・店舗数1,000店以上の巨大組織であるという点で共通している。そして，それを統括するのが，東京等に拠点を置く本社である。つまり，各社は直営あるいはFCの形で画一的な店舗を全国出店し，地元飲食店を駆逐して得た収益を大都市のある本社へ吸い上げるシステムを築いているのである。

　その一方，業界の勢力図が，近年様変わりしているのも注目される。2000〜18年の順位変動に着目すると，スシローが93位から6位へ，くら寿司は圏外から8位へ大躍進を遂げている。ゼンショー（はま寿司）やコロワイド（かっぱ寿司）を加味すれば，回転寿司が新たな成長株であることがまず読み取れる。もう1つの特徴は，日本KFCやモスフードサービス，ダスキン（ミスタードーナツ）が順位を落とす一方，ゼンショー（77位→2位），コロワイド（67位→4位）等の業態横断的な企業グループが急上昇している点である。ゼンショーは，元々「すき家」を軸に牛丼チェーンを展開し，2008年に吉野家を抜いて業界トップに浮上したが，2000年代以降はココスジャパンやなか卯をはじめ，18社の買収を通じて巨大グループを形成してきた。使用食材の一括仕入れ・加工に基づく「マス・マーチャンダイジング・システム」を軸に，既存の製造ラインへの買収店舗の包摂を通じてコスト圧縮を図ってきたのが，同社の特徴である［ゼンショー 2020］。コロワイドも，居酒屋「甘太郎」を起点に株式上場後，2002年の平成フードサービス買収を皮切りに，レックス（牛角）やカッパ・クリエイト（かっぱ寿司）等のM&Aを17回繰り返してきた［コロワイド 2020］。2020年には，大戸屋に対する外食業界初の敵対的TOB（株式公開買付）でも話題になった[2]。

　つまり，外食業界では，大量出店による規模拡大とともに，競争激化を背

2）「コロワイド，大戸屋HDへの敵対的TOB成立」『日本経済新聞』2020年9月8日付。

表2-2　外食産業の店舗売上高上位20社（2018年度）

単位：店、％、億円

順位 2000年度	順位 2018年度	社名	主要店名	業態	本社	店舗数 計	直営比率	FC比率	売上高
1	1	日本マクドナルドホールディングス	マクドナルド	ファストフード	東京	2,899	31.4	68.6	5,242
77	2	ゼンショーホールディングス	すき家、なか卯、ココス、はま寿司	多業態	東京	4,487	－	－	4,721
2	3	すかいらーくホールディングス	ガスト、バーミヤン、ジョナサン、夢庵	ファミレス	東京	3,143	98.0	2.0	3,659
67	4	コロワイド	牛角、温野菜、かっぱ寿司、フレッシュネスバーガー	多業態	神奈川	2,710	55.6	44.4	3,200
-	5	プレナス	ほっともっと、やよい軒	持ち帰り・料理品小売	福岡	3,125	44.7	55.3	1,872
93	6	スシローグローバルホールディングス	スシロー	回転寿司	大阪	509	100.0	0.0	1,729
16	7	ドトール日レスホールディングス	ドトール	カフェ等	東京	2,021	49.6	50.4	1,272
-	8	くら寿司	無添くら寿司	回転寿司	大阪	422	100.0	0.0	1,219
5	9	日本KFCホールディングス	ケンタッキーフライドチキン	ファストフード	神奈川	1,132	27.0	73.0	1,198
32	10	サイゼリヤ	サイゼリヤ	ファミレス	埼玉	1,085	100.0	0.0	1,194
-	11	クリエイト・レストランツ・ホールディングス	香港蒸籠、しゃぶ菜、はーべすと、鎌倉	多業態	東京	891	－	－	1,160
7	12	モンテローザ	白木屋、魚民、笑笑、山内農場、目利きの銀次	パブ・居酒屋・バー・料亭	東京	1,679	100.0	0.0	1,073
-	13	トリドールホールディングス	丸亀製麺、とりどーる、豚屋とん一	うどん・焼鳥等	兵庫	1,005	100.0	0.0	1,048
12	14	吉野家ホールディングス	吉野家、京樽、はなまる	牛丼、うどん	東京	1,211	93.7	6.3	1,041
9	15	モスフードサービス	モスバーガー	ファストフード	東京	1,326	4.6	95.4	974
21	16	王将フードサービス	餃子の王将、GYOZA OHSHO	中華	京都	727	70.7	29.3	963
37	17	松屋フーズホールディングス	松屋	牛丼	東京	1,169	99.5	0.5	957
30	18	壱番屋	カレーハウスCoCo壱番屋	カレー	愛知	1,305	14.3	85.7	874
-	19	物語コーポレーション	焼き肉きんぐ、丸源ラーメン、ゆず庵	多業態	愛知	455	55.4	44.6	793
4	20	ダスキン	ミスタードーナツ	ファストフード	大阪	1,005	1.2	98.8	740

注：集団給食を除く。順位は、100位以下について（は）ハイフン（－）を付けている。
資料：『日経MJ』2019年5月22日付、『日経流通新聞』2001年5月3日付より作成。

表2-3　外食産業における労働条件（2019年度）

| | 女性比率（％） | パート比率（％） | 総実労働時間（月間） | | | | 現金給与総額（月間） | | | | 離職率 | |
			一般（時間）	（指数）	パート（時間）	（指数）	一般（千円）	（指数）	パート（千円）	（指数）	一般（％）	パート（％）
産業計	44.5	31.5	164.8	100.0	83.1	100.0	425.2	100.0	99.8	100.0	1.5	3.4
飲食サービス業等	62.4	78.2	180.0	109.2	72.4	87.1	299.7	70.5	76.5	76.6	2.5	4.8

	有効求人数（万人）	（順位）	有効求人倍率（倍）	（順位）
職業計	2,874.2	-	1.45	-
飲食物調理	175.7	4位	3.34	16位
接客・給仕	139.2	6位	3.95	10位

注：有効求人数・倍率は2019年度計。順位は，57職種のうち人数・倍率の高い順。
資料：総務省統計局［2020］『労働力調査』，厚生労働省［2020］『毎月勤労統計調査—令和元年度分結果確報』，同［2020］『一般職業紹介状況』より作成。

　景に既存企業同士のM&Aが活発化し，業態を跨ぐ再編劇が進行してきたのである。その過程で，米国系ベインキャピタルによるすかいらーく買収（2011〜17年），アドバンテッジパートナーズによるレックス買収（2006〜12年），ユニゾン・キャピタル（2009〜12年）と欧州系ペルミラ（2012〜17年）によるスシロー買収のように，投資ファンドによる転売も繰り返されてきた［週刊東洋経済 2012］。金融資本の触手と経済的果実の略奪も，見逃せないポイントである。

　では，外食業界で働く従業員は，どのような働き方をしているのだろうか。表2-3は，外食業界の労働条件を示したものである。まず目に付くのが，女性比率と非正規率の高さである。女性は全体の6割強を占め，パート比率は産業平均の2.5倍に当たる78％に及ぶ。関連して，非正規依存度の高い上場企業リストから外食企業を抽出した表2-4によると，外食企業は上位100社の実に4分の1を占めているのが一目瞭然である。中でもゼンショー5万人，すかいらーく4万人を筆頭に，スキル不要の非正規労働力を大量動員する雇用戦略がうかがえる。

　もう1つは，正社員の劣悪な労働条件である。一般労働者の総実労働時間は産業平均よりも約1割長い月180時間に及ぶ反面，給与総額は産業平均より3割も少ない。そのため，定着率が低く，深刻な人手不足に陥っている。

表2-4　外食企業における非正規依存度上位企業

単位：人，％

外食企業順位	上場企業順位	社名	正社員数	非正社員数	非正社員比率
1	5	小僧寿し	50	592	92.2
2	6	ココスジャパン	487	5,671	92.1
3	8	スシローホールディングス	1,632	17,523	91.5
4	11	カッパ・クリエイト	917	8,329	90.1
5	15	サンマルク	814	7,130	89.8
6	19	元気寿司	486	3,856	88.8
7	20	リンガーハット	617	4,869	88.8
8	23	くらコーポレーション	1,690	12,922	88.4
9	29	銀座ルノアール	241	1,617	87.0
10	32	すかいらーくホールディングス	6,187	40,903	86.9
11	39	ジョリーパスタ	280	1,666	85.6
12	42	日本マクドナルドホールディングス	2,194	12,877	85.4
13	46	安楽亭	303	1,670	84.6
14	47	松屋フーズ	1,510	8,275	84.6
15	51	ジョイフル	1,433	7,610	84.2
16	53	梅の花	696	3,626	83.9
17	56	あみやき亭	538	2,776	83.8
18	57	フジオフードシステム	542	2,771	83.6
19	64	ゼンショーホールディングス	10,877	50,837	82.4
20	71	鳥貴族	827	3,691	81.7
21	78	プレナス	1,555	6,776	81.3
22	83	ありがとうサービス	200	852	81.0
23	88	DDホールディングス	1,631	6,735	80.5
24	95	コロワイド	4,978	20,025	80.1

注：上場企業で臨時従業員比が1割以上の企業のランキング。
資料：東洋経済オンライン［2019］より作成。

　飲食サービス業の離職率は一般・パートいずれも産業平均以上であり，有効求人数は飲食物調理が57職種中4位，接客・給仕も6位と最も高い部類に入るとともに，有効求人倍率も産業平均の倍以上に及ぶ。
　このように，外食業界は，膨大なパート・アルバイトの低賃金と少数の正社員の過重労働に支えられている。各社は生き残りをかけて規模拡大や低価格化，24時間サービス化を進める一方，非正規化を通じて人件費を抑制した結果，少数の正社員に多大な負担がかかるようになったのである。その過程で，マクドナルドの正社員店長のように，管理職扱いにされて残業手当が支払われず，限界的労働の末に訴訟に至る「名ばかり管理職」問題が浮上し，

トラブルが頻発するようになった［NHK「名ばかり管理職」取材班 2008］。近年では競争激化と人手不足で過酷さを増す中，外食業界は労働者を使い潰すブラック企業の典型業種と酷評され，軌道修正を迫られている。例えば，業界最大手に上り詰めたゼンショーは，24時間営業の「すき家」を大量出店し，深夜に1人勤務態勢（ワンオペ）を敷く低コスト戦略をとってきた。ところが，この戦略は，月400～500時間に上る長時間労働やサービス残業が前提であり，深夜の強盗事件の多発や求人難を背景に，2014年には深夜営業の休止へと追い込まれたのである［週刊東洋経済 2014］。

　さらに，こうした過重労働のもたらす究極の疎外が，過労死である。特に注目されるのが，中高年の脳・心臓疾患に加えて，ワタミや大庄庄やの若手従業員のように過労うつから自殺に追い込まれるケースが相次いだことである［森岡 2013：241-248］。このような事態に厚生労働省も無視できなくなり，過労死が多発する重点業種の1つとして外食産業の実態調査を行っている。それによると，時間外労働が最も長い正規雇用者の時間外労働が月45時間超の企業が30％，過労死ラインの80時間超が7％に及んだ。所定外労働の主な発生理由は人員不足であり（5割強），疲労蓄積度が「高い」正規雇用者が2割を占めていた。特に店長の場合，売上・業績等（55％）や仕事の精神的なストレス（38％）が悩みの原因であるとの回答が出され，過重労働防止策が喫緊の課題であるとの結果が示された［みずほ情報総研 2017］。

　にもかかわらず，その後も状況が改善されたとはいいがたい。2020年版『過労死等防止対策白書』から過労死関連の労災支給決定件数の上位職種を抽出すると，過労死等では飲食物調理従事者が3番目，接客給仕職業従事者は9番目に多く，過労自殺等でも接客・給仕職業従事者が4位，飲食物調理従事者が10位と上位に入っている［厚生労働省 2020］。市場飽和と人手不足が深まる中，大量出店による規模拡大はもはや限界であり，労働者の犠牲に成り立つ業界構造の変革が求められている。

2．中食の労働現場：FC契約とコンビニオーナーの危機

　以上のような外食業界に代わって食の外部化を牽引しているのが，中食業界である。**図2-2**は，惣菜市場の推移を示したものである[3]。単身・共働き世帯増に伴う家事の省力化指向や，消費増税による外食抑制といったライフスタイルの変化にあわせて市場拡大が進んでおり，街中のワンコイン弁当や激安惣菜が人気を博する等，トータル10兆円超に伸びてきた。中でも好調なのがコンビニであり，ベンダーが供給するおにぎりや弁当，調理パンの他，店内調理のフライ物やおでん，コーヒー等を繰り出し，消費者の欲求を刺激してきた［岩佐 2021］。その結果，コンビニの売上高は2015年に専門店を追い越し，中食市場の中では32％までシェアを拡大してきた。以下では，コンビニに焦点を絞って検討してみよう。

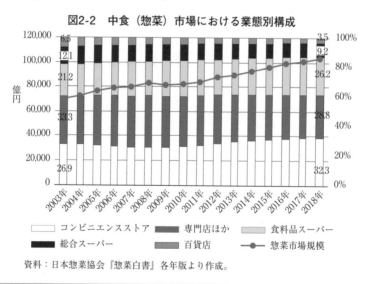

図2-2　中食（惣菜）市場における業態別構成

資料：日本惣菜協会『惣菜白書』各年版より作成。

3）**図2-2**のデータは，**図2-1**で紹介した料理品小売業以外に，小売店の弁当・惣菜の売上高も含んでおり，日持ちのしない持ち帰り調理済食品という中食の実相により近いデータであるといえる。

　米国発祥であるコンビニが日本に本格「上陸」したのは，1970年代である。当時はスーパー全盛期であり，大規模小売店舗法（大店法）制定を通じた出店規制と中小小売業近代化政策を背景に，食品問屋・メーカーと大手スーパーが続々と参入するようになった。これを機に，コンビニは年中無休の「眠らない店舗」として，全国各地に浸透するようになった。出店の基本パターンはFC契約であり，本部が加盟店オーナーに商標・サービスの使用権や経営ノウハウを提供する一方，オーナーは対価＝ロイヤルティを支払う形が取られる。本部は少額投資やリスク分散というFCのメリットを活かして「ドミナント（高密度集中出店）戦略」を駆使しながら店舗網を拡げ，加盟店の利益を還流させる形で規模拡大を図るビジネスモデルを構築してきた。

　とはいえ，コンビニ業界も，最近は出店過剰の影響から競争激化に直面し，大きな転機を迎えている。表2-5は，2000年代以降の大手3社の動向を示したものである。各社の拡大路線に加えて，総合商社の介入や大手同士での合併，ローカルチェーンの包摂を背景に，わずか3社で9割のシェアを占めるまでになった，つまり，現在のコンビニ業界は，大手3社の寡占化と東京一

表2-5　コンビニ・チェーン上位3社の推移

店名	系列	本部所在地	2018年度				2000〜18年度推移			
			店舗数	売上高	FC比率	本部の総売上高営業利益率	伸び率（倍）		市場シェア（%）	
			(万店)	(兆円)	(%)	(%)	店舗数	売上高	店舗数	売上高
セブン・イレブン	セブン＆アイ・ホールディングス	東京	2.1	4.9	98.1	28.1	2.4	2.4	20.9→35.6	28.3→41.6
ファミリーマート	ユニー・ファミリーマートホールディングス（伊藤忠商事）	東京	1.6	3.2	97.9	10.2	2.8	3.3	14.0→28.0	13.3→27.0
ローソン	三菱商事	東京	1.5	2.7	−	8.7	1.9	2.1	18.6→25.0	17.7→23.3
上位3社計			5.2	10.8			2.3	2.5	53.6→88.7	59.3→91.8
コンビニ・チェーン計			5.9	11.8			1.4	1.6	100.0→100.0	100.0→100.0

注：日経新聞調査における有効回答の集計データで，国内店舗が対象。年間売上高は，エリアFC含む。ローソンのFC比率はデータ不詳。
資料：『日経流通新聞』2001年7月26日付，『日経MJ』2019年7月24日付，各社『フランチャイズ契約の要点と概説』最新版より作成。

極集中の形へ様変わりしたのである。

　では，現場の加盟店には，何がもたらされたのだろうか。実は，オーナーは自営業未経験の脱サラ組が主流化するとともに，表向きは事業者でも，FC契約によって経営の自由を事実上奪われてきた。第1に，オーナーの裁量は限られており，発注から廃棄に至るまで本部の指導に従わざるをえない。公正取引委員会の是正勧告を受けた「見切り販売」（売れ残り品の値引販売）ですら，監視の目があって実際に踏み切るオーナーは少数派である。また，オーナーには24時間営業の短縮や休業の権利がなく，同一チェーンが近隣出店する「ドミナント戦略」にも苦しめられてきた。第2に，粗利益の45〜76％に上る高率ロイヤルティや「ロスチャージ」（廃棄原価等にロイヤルティを課す方式），「オープンアカウント」（相殺勘定を本部が代替する会計処理）といった会計システムによって，利益配分はオーナー側に不利な構造が仕組まれている。最後に，契約更新も本部側の判断に委ねられており，非協調的なオーナーは契約を解除される。つまり，オーナーは自営業主というよりも，本部の指揮下で働く労働者に近いポジションに位置づけられているのである［岩佐 2019］。

　このように，コンビニ大手の肥大化とは対照的に，オーナーは経営疎外と財務支配の下で過重労働に見舞われてきたため，本部への不満や将来不安が高まるようになった。経産省の調査では，FC加盟に不満を持つオーナーが39％に上った他［経済産業省消費・流通政策課 2019］，2010年以降の大手3社への訴訟件数も68件に上った［岩佐 2019］。さらに，こうした矛盾が頂点に達したのが，2019年2月のセブン-イレブン時短営業事件である。これは，過重労働と人手不足で19時間営業に短縮したオーナーが，違約金1700万円と契約の強制解除を突きつけられた事件である。これをきっかけにコンビニ業界への社会的批判が高まったため，経済産業省が対応に乗り出し，同年4月に加盟店の経営改善に向けた行動計画策定を本部に要請したのに続いて，6月には持続可能なコンビニ・ビジネス検討のために「新たなコンビニのあり方検討会」を設置するに至った。

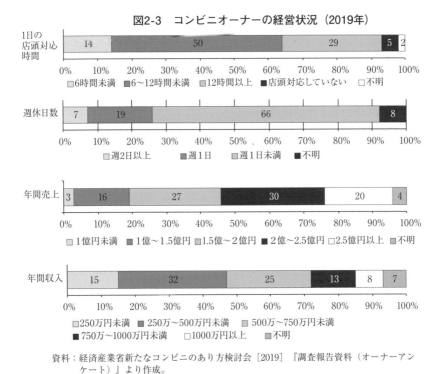

図2-3　コンビニオーナーの経営状況（2019年）

1日の店頭対応時間：14／50／29／5／2
0%〜100%
□6時間未満　■6〜12時間未満　□12時間以上　■店頭対応していない　□不明

週休日数：7／19／66／8
□週2日以上　■週1日　□週1日未満　■不明

年間売上：3／16／27／30／20／4
□1億円未満　■1億〜1.5億円　□1.5億〜2億円　■2億〜2.5億円　□2.5億円以上　■不明

年間収入：15／32／25／13／8／7
□250万円未満　■250万〜500万円未満　□500万〜750万円未満
■750万〜1000万円未満　□1000万円以上　■不明

資料：経済産業省新たなコンビニのあり方検討会［2019］『調査報告資料（オーナーアンケート）』より作成。

　同検討会では，全国のオーナーを対象にアンケート調査が行われ，**図2-3**のような実情が浮き彫りになった。オーナーの勤務時間は「6時間以上」が8割，「12時間以上」が3割を占めるとともに，週の休みが1日に満たない者が3分の2に及んだ。中には「深夜勤務はあたりまえで休暇は27年1度もない。高齢のため24時間定休日なしの経営が一番の負担」との回答者もおり，長時間労働でまともな休みすらとれない状況がうかがえる。また，売上は年間2億円を境に二分するものの，競合店増加と人手不足・人件費上昇が経営を圧迫し，年収500万円未満が約半数，わずか250万円未満も15%に上った。年商億単位にもかかわらず，コンビニ会計と近年の経営悪化で収入は低く抑え込まれ，長時間労働も重なる中，オーナーは経営存続の危機に直面しているのである［経済産業省新たなコンビニのあり方検討会 2019］。こうした結

果等を踏まえ，最終報告書では加盟店優先・オーナー重視の視点に基づくビジネスモデルの再構築や，加盟店支援強化，対話強化が盛り込まれた［経済産業省新たなコンビニのあり方検討会 2020］。とはいえ，報告書には法的拘束力がなく，各提案も努力目標にすぎない点が今後課題となっている。

　さらに，コンビニの問題は，オーナーだけにとどまらない。店舗従業員のパート・アルバイトの労働条件も劣悪であり，多忙な業務に見合わない最低賃金レベルの報酬に加えて，勝手なシフト変更や季節商品の買取強要といった労働法違反が頻発している。また，陳列される弁当やおにぎりは，契約工場で深夜に行われる定時大量生産が前提になっているが，その担い手の中心は非正規の主婦パートや派遣労働者，外国人である［岩佐 2021：70-71］。加盟店オーナーや関連労働者を犠牲にしながら本部だけが繁栄するビジネスモデルは，もはや持続不可能であり，問題の根源にあるFC契約を制御する実効性ある法制度を通じた業界全体の抜本的改善策が求められている。

３．出前食の労働現場：「シェアリングエコノミー」下で増える高リスクの素人配達員

　さらに，フードビジネスは，外食・中食の中間形態として，飲食店が厨房を間借りして調理する「ゴーストレストラン」や，１つの場所に複数の業態を出店するシェア型店舗，出店場所を移動するフードトラック等，多様化を見せている[4]。特に2020年に発生した新型コロナウイルスの感染拡大を背景に一躍脚光を浴びるようになったのが，出前食（フードデリバリー）である。ここでは，最近話題の出前食市場を取り上げてみよう。

　出前食市場は，2018年で4,084億円（前年比5.9％増）であり，外食・中食市場の成長率（２％前後）よりも高い成長を記録している。従来は飲食店が自前で宅配を行うケースが一般的であったが，人手不足に伴う配達負担や店

4）「外食は立地難深刻　モスやドトール『シェア』で打開へ」『日本経済新聞』2019年8月29日付。

舗以外での売上アップへの期待から，宅配代行サービスの普及が拡がっている。実際，外食店による直接の出前はフードデリバリー市場の36％にとどまり，出前代行サービスがそれを上回るようになった。この代行サービスの特徴は，スマートフォン等を用いたネット注文にあり，特に若年男性の人気を博している［エヌピーディー・ジャパン 2019］。「シェアエコノミー」「プラットフォームビジネス」が話題となる中，共働き・単身世帯の増加に伴う時短ニーズとスマートフォンの普及が市場拡大の追い風になっている。

　こうした出前代行サービスの代表例が，2000年に誕生した夢の街創造委員会の「出前館」である。元々は出前を手がける飲食店・持ち帰り店に加盟してもらい，消費者からスマートフォンやパソコンで注文を伝達するサイトとして出発した。その後，朝日新聞の販売店や小僧寿しと共同の販売拠点を設け，自前で宅配能力を持たない飲食店の取り込みを進めてきた。配達のプロや配達拠点を融通する形のシェアリングサービスが同社の特徴であり，大手外食チェーンとの提携を通じて市場拡大を進めている[5]。

　一方，2016年には世界最大のライドシェアサービス会社である米国ウーバーテクノロジー系の「ウーバーイーツ」が2016年に「上陸」し，競争が激化している[6]。同社の場合，バイクや自転車を保有する素人を「配達パートナー」として組織する点に大きな特徴がある。まず，配達員希望者がアプリをダウンロードして登録する。アカウントを通じてアプリをオンラインにするとオーダーが入り，店舗で料理を受け取って配達先まで運ぶ。ドロップ（配達完了）後にボタンを押すと，次の仕事が入るという仕組みである。その間同社は，アルゴリズムを通じて店舗付近の配達員を選択し，呼び出しから配達先までアプリで指示を出すだけである。配達員の報酬は，《基本料金（受取＋受渡＋距離）×ブースト（配達員不足時間やエリア等の係数）＋インセンティブ》からウーバーへのサービス手数料（30〜40％）を差し引いた額で決まり，週ごとに銀行口座に振り込まれる。

5）「出前館，シェア宅配拡大」『日経MJ』2018年5月9日付。
6）「出前代行　食を乗っ取る」『日経MJ』2017年10月25日付。

　こうしてウーバーイーツは配達員が今では1.5万人まで増加しているが，実はその働き方が新たな社会問題となっている［鈴木 2019，浜村 2019］。同社と配達員の関係は雇用関係ではなく，個人事業主との契約関係である。そのため，両者は非対称な力関係に陥りやすく，配達員には選択権のない状態に置かれている。配達員は情報不足の中で仕事を請け負うため，繁閑にかかわらずひたすら待機するしかなく，配達先も料理を受け取るまで知らされない。自己都合で仕事を受けなければ「応答率」が下がってアプリが停止し，受注できなくなる。肝心の基本料金や手数料の改定も，ウーバー側から一方的に通知される。報酬計算やアカウント停止等の運営基準についても十分な説明がなく，透明性が欠如している。

　第2に，使用者責任の回避である。例えば，自転車の修理費や猛暑時の水分補給代等の必要経費は，すべて配達員任せである。と同時に無視できないのが，配達・待機中の事故の多発である。雇用関係ではないため，労災保険に加入できず，配達員の治療費や損害・休業補償はすべて自分で背負わざるをえない。使用者としての会社責任は一切なく，すべて配達員個人の自己責任に帰せられているのである。

　このように「シェアリングエコノミー」が拡大する中，労働法や社会保険の適用から外れた高リスクの不安定就業者が増大している。プラットフォーマーのみが利益を独占し，配達員が無権利状態に置かれた状況をいかに是正すべきかが，焦眉の課題となっている。

おわりに

　以上，本章ではフードビジネスの実態を，現場の働き手の視座から検討してきた。大量のパート・アルバイトを動員する外食では，出店拡大と非正規依存の中で正社員が過労死寸前の過重労働へと追い込まれている。大手3社の寡占化が進行するコンビニ業界では，FC契約の下でオーナーは存続の危機に直面している。出前食市場でも，プラットフォーマーの拡大の裏で素人

配達員のリスクが高まっている。雇用関係にある従業員と雇用関係のないFCオーナー・個人事業主という違いはあるものの，大手資本の労働指揮権と利益独占の影で，飽食を支えるワーキングプアが拡がっているのである。しかも，このような労働実態を反映して人手不足の深刻化と過重労働の悪循環にも陥り，最近では公権力が介入せざるをえなくなるほど，業界内では矛盾が深まっているのである。

　このような中，フードビジネス業界の新たな対応策として，外国人労働力の導入が進んでいる。外食産業で働く外国人は，留学生や技能実習生を中心に2020年時点で18万人に及んでおり［厚生労働省 2021］，2019年施行の改正入管法では「特定技能」の対象業種に認定された。コンビニ業界も，留学生を中心に大手3社だけで5万人以上を雇用し，日本語学校との提携や海外研修所の設置を通じて戦略的に確保している。しかし，外国人労働力の導入路線は，日本人の一層の敬遠と低賃金職種への分断・固定化を加速させるにすぎない。そればかりか，新型コロナ危機を契機に新規外国人の入国が寸断され，外食業界では営業短縮を理由に外国人が真っ先に解雇される等，外国人依存にはすでに限界が表れている[7]。業界の悪循環を解消するには，従業員の短期的穴埋めにとどまらず，無秩序な経営拡大戦略の転換とともに，ワーキングプアを規定する社会関係の変革が不可避である。

　一方，働き手の側からも，現状変革に向けた新たな運動が拡がっている。外食業界では労働組合への組織化が近年進んでおり，団体交渉を通じた労働条件の改善が取り組まれている[8]。コンビニオーナーの間でも，全国FC加盟店協会やコンビニ加盟店ユニオンを通じて政府・業界交渉ならびにFC契約を制御するフランチャイズ法制定運動が展開されている［岩佐 2019］。ウーバーイーツ配達員も「ウーバーイーツユニオン」を結成し，事故・ケガ

7）「コロナ禍で不足する外国人労働力　これが消えるビジネスだ」『日刊ゲンダイ』2020年6月4日付。
8）「UAゼンセン　200万人近々到達へ　外食・介護など増勢顕著」『労働新聞』2018年10月9日付。

の補償や運営の透明性，適切な報酬の3本柱を軸に権利擁護を訴えている［ウーバーイーツユニオン 2020］。

　なお海外では，当事者による組織化とあわせて，最低賃金条例等のローカルな条例制定運動も行われている［青野 2019］。食生活の場である地域での実践も，現状変革の有効な手がかりとなるだろう。フードビジネスの飽食や便利さを享受している私たちも，その土台を支える担い手に思いを馳せながら，消費生活を通じてこの実践に参画することが，今後は一層求められているのである。

参考文献

青野恵美子［2019］「ニューヨーク市の条例制定の取組み」『労働法律旬報』第1929号.

岩佐和幸［2016］「労働政策を考える──格差・貧困の克服に向けて──」岡田知弘・岩佐和幸編『入門　現代日本の経済政策』法律文化社.

岩佐和幸［2019］「コンビニ・フランチャイズにおける『働き方』と地域経済」『地域経済学研究』第37号.

岩佐和幸［2021］「中食の成長とコンビニベンダーの事業展開──岐路に立つ従属的発展──」『立命館食科学研究』第3巻.

岩淵道生［1996］『外食産業論──外食産業の競争と成長──』農林統計協会.

ウーバーイーツユニオン［2020］ウーバーイーツユニオン・ウェブサイト（https://www.ubereatsunion.org/, 2020年5月3日参照）.

NHK「名ばかり管理職」取材班［2008］『名ばかり管理職』日本放送出版協会.

エヌピーディー・ジャパン［2019］『成長する出前市場，2018年は4,084億円で5.9％増』エヌピーディー・ジャパン.

大内裕和・今野晴貴編［2017］『ブラックバイト［増補版］──体育会系経済が日本を滅ぼす──』堀之内出版.

大塚茂［2004］「食ビジネスの展開と食生活の変貌」大塚茂・松原豊彦編『現代の食とアグリビジネス』有斐閣.

木立真直［2017］「外食・中食産業の発展」小池恒男・新山陽子・秋津元輝編『新版キーワードで読みとく現代農業と食料・環境』昭和堂.

清原昭子［2018］「外食産業の現状とこれから」新山陽子編『フードシステムと日本農業』放送大学教育振興会.

経済産業省新たなコンビニのあり方検討会［2019］『調査報告資料（オーナーアンケート）』同省（https://www.meti.go.jp/shingikai/mono_info_service/new_

cvs/pdf/003_02_01.pdf, 2019年, 2019年12月1日参照).

経済産業省新たなコンビニのあり方検討会［2020］『「新たなコンビニのあり方検討会」報告書——令和の時代におけるコンビニの革新に向けて——』同検討会（https://www.meti.go.jp/shingikai/mono_info_service/new_cvs/pdf/20200210_report_00.pdf, 2020年3月1日参照).

経済産業省消費・流通政策課［2019］『コンビニエンスストア加盟者の取組事例調査の結果について』同課（https://www.meti.go.jp/policy/economy/distribution/convenience20190405.pdf, 2019年9月1日参照).

厚生労働省［2020］『令和元年度我が国における過労死等の概要及び政府が過労死等の防止のために講じた施策の状況』同省.

厚生労働省［2021］『「外国人雇用状況」の届出状況まとめ（令和2年10月末現在)』同省.

コロワイド［2020］コロワイド・ウェブサイト（https://www.colowide.co.jp/about/, 2020年4月30日参照).

週刊東洋経済［2012］「スシローと牛角, 外食ファンド企業の明暗」『週刊東洋経済』2012年9月22日号.

週刊東洋経済［2014］「ワンオペの大きな代償　すき家, 営業縮小で窮地」『週刊東洋経済』2014年12月6日号.

鈴木堅登［2019］「ウーバーイーツでの経験から」『労働法律旬報』第1929号.

ゼンショー［2020］ゼンショー・ウェブサイト（https://www.zensho.co.jp/jp/company/, 2020年3月25日参照).

総務省統計局［2018］『平成28年経済センサス活動調査』同局.

東洋経済オンライン［2019］「非正社員への『依存度が高い』500社ランキング」『東洋経済オンライン』2019年3月26日付.

日本惣菜協会［2014］『中食2025』日本惣菜協会.

日本フードサービス学会［2015］『現代フードサービス論』創成社.

浜村彰［2019］「日本のウーバーイーツをめぐる労働法上の課題」『労働法律旬報』第1944号.

みずほ情報総研株式会社［2017］『厚生労働省委託　平成28年度過労死等に関する実態把握のための労働・社会面の調査研究事業報告書』同社.

村上良一［2004］「フードビジネスと現代の食」大塚茂・松原豊彦編『現代の食とアグリビジネス』有斐閣.

茂木信太郎［1997］『外食産業テキストブック』日経BP出版センター.

森岡孝二［2013］『過労死は何を告発しているか——現代日本の企業と労働——』岩波書店.

安田浩一・斎藤貴男［2007］『肩書だけの管理職』旬報社.

Braverman, H.［1974］*Labor and Monopoly Capital: The Degradation of Work in the Twentieth Century*. New York: Monthly Review Press（富沢賢治訳［1978］『労働と独占資本──20世紀における労働の衰退──』岩波書店）.

第3章

農産物市場の不安定化と国際食料消費構造の変貌

藤本　晴久

はじめに

　2019年8月，国連の気候変動に関する政府間パネル（IPCC）は，干ばつや異常気象などの増加で，今後世界的な食料不足や飢餓のリスクが高まり，2050年には穀物価格が最大23％上昇する恐れがあるという報告書を公表した[1]。

　周知のように，世界の栄養不足人口は8億人以上にのぼっている[2]。世界は増加する人口を養うのに十分な食料を生産しているにもかかわらず，その食料を適切に分配させることができていない。その結果，多くの国や地域で飢餓・栄養不良問題が未解決のままである。他方で，世界の20億以上の人々が過体重，その3分の1が肥満問題を抱えている[3]。現代の食料消費構造は「飢餓」と「飽食」が共存するアンバランスなものとなっている。

1）IPCC報告書は，地球温暖化の与える影響を多岐にわたって検証しており，例えば，仮に温暖化による気温上昇が1.5℃になった場合，2050年までに1億7,800万人，2℃なら2億200万人が水不足に陥ると言及している［IPCC 2019］。
2）ただし，2019年の栄養不足人口は，中国の統計の更新・修正で6億7,800万人（世界人口の8.9％）に下方修正された［FAO et al. 2020］。
3）経済的に貧しい国や地域は飢餓と肥満の両方の問題を抱えている。肥満も栄養不良の一種であり，所得が低い国や地域ほど，様々な栄養不良が現れる傾向がある。

このような中で穀物価格が上昇すれば，「アグフレーション（agflation：agriculture＋inflation）」と揶揄された穀物価格高騰時（2007〜08年，2010〜11年）のように，農業・食料部門が社会経済の攪乱要因になりかねない。その際，最も被害を受けるのは経済的に弱い立場の人々であり，飢餓や暴動といった社会不安を引き起こさないためにも，安定的で持続可能な食料消費のあり方が求められている[4]。

以上のことを念頭に置き，本章ではまず，現代の国際食料消費構造の特徴について明らかにする。その際，2000年代以降の穀物（主にトウモロコシ）や大豆市場の動向，国際価格変動に注目する[5]。2000年代以降の穀物・大豆市場を取り巻く環境は，それ以前とは大きく様変わりしているからである。次に，トウモロコシや大豆市場の主要プレーヤーである米国や中国，ブラジル等の農業・食料大国，及び穀物メジャーに代表される多国籍アグリビジネス等の動向について検討する。これらは，生産・流通（貿易）・消費などのあらゆる面で強い影響力を有しており，その動静が食料消費構造の在り方を左右しているからである。なお，本章の分析対象時期は，主に中国がWTO体制に参入した2000年代以降とする。

1．国際農産物市場の不安定化

（1）価格変動と需給関係の特徴

図3-1は，主要穀物（コメ，小麦，トウモロコシ）と大豆の国際価格の推

4）食料消費のあり方を検討する際に，「飽食」の問題も重要である。特に，食品ロス（生産段階から加工段階で捨てられる食材）と食品廃棄（小売・消費段階で捨てられる食材）の問題であり，農業生産から消費に至るフードチェーン全体で，世界生産量の3分の1（約13億t）の食料が廃棄される事態になっている［池島 2019］。なお，食品ロスと食品廃棄の定義は，国連と農林水産省とでは異なる点に留意する必要がある。

5）トウモロコシと大豆は，2000年代以降の国際農産物市場で最もダイナミックな変化を見せている作物である［薄井 2010］。

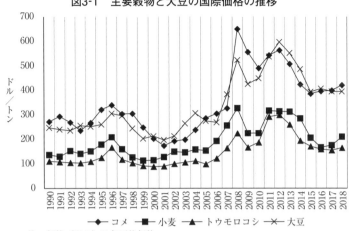

図3-1　主要穀物と大豆の国際価格の推移

注：価格（ドル）は年平均価格。
資料：World Bank, *World Bank Commodity Price Data*より作成。

移（1990〜2018年，年平均価格）を表したものである。これを見ると，1990年代と比べて2000年代以降の国際価格が，総じて上昇傾向にあることがわかる。1990年代のコメのトン当たり単価は285ドルだったが，2010年代以降は458ドルへ，小麦価格は149ドルから245ドルへ，トウモロコシ価格は113ドルから208ドルへ，大豆価格は253ドルから467ドルへ上昇している。

　さらに，2000年代以降の価格変動幅は，1990年代と比較すると大きくなっている。2000年代以降の価格差（最大値－最小値）は全ての品目で拡大しており，価格は乱高下している。例えば，トウモロコシ価格の場合，2000年頃（90ドル）から徐々に上昇した後，2008年になると223ドルまで急騰し，リーマン・ショックを経た2009年には165ドルに急落した。その後再び上昇基調に転じ，2012年には史上最高値298ドルを更新したが，2017年には154ドルまで一気に下落している。こうした価格上昇や価格の乱高下は他の品目でも生じており，2000年代以降の国際価格現象の特徴となっている。

　図3-2は，2000年代以降の世界の穀物生産量，消費量，期末在庫率の推移を示したものである。これを見ると，2000年代以降，穀物の生産量や消費量は堅調に増加しているが，期末在庫率は低い水準に留まっていることがわか

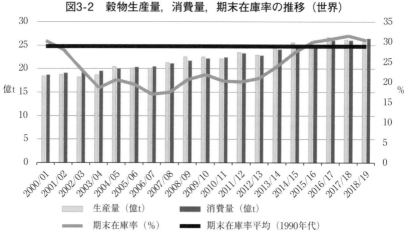

図3-2　穀物生産量，消費量，期末在庫率の推移（世界）

注：期末在庫率＝期末在庫量×100／年間消費量.
資料：USDA, *World Agricultural Supply and Demand Estimates, Grain：World Markets and Trade*, PS&Dより作成.

る。例えば，2000/01年度の期末在庫率は30.3％だったが，2006/07年度には17.0％まで低下している[6]。2018/19年度に31.2％まで回復したとはいえ，2000年代の期末在庫率平均は23.8％となっており，1990年代の期末在庫率平均28.2％よりも低くなっている。

　期末在庫率が低下するのは，需給関係がディマンド・プル（需要主導）傾向にあるからだが，その要因として，経済発展や人口増の著しい新興国・途上国の旺盛な消費（需要）が生産（供給）を上回る水準で拡大していることが挙げられる。例えば，中国では，経済発展に伴う食の高度化・多様化によって畜産品や酪農品の消費が拡大したため，2000年から2010年頃までに4,000万t以上も飼料需要が急増した。中国はもともと穀物輸出国だったが，今や穀物輸入超大国になっており，国際貿易や食料消費分野での存在感が日に日に大きくなっている。

　他方で，2010年代以降，穀物需給が緩和傾向にあることにも注意しなけれ

6）ちなみに，期末在庫率がこの水準（17.0％）を下回ったのは，1973年の「食料危機」（15.3％）だけである。

ばならない。**図3-2**を見ると，2008/09年度頃から期末在庫率が上昇しており，2015/16年度には30.4％まで回復しているからである。これは，2008年の穀物価格高騰をきっかけに世界各国が自国の食料安全保障対策に力を入れて食料備蓄水準を引き上げたことや，主要生産国の増産があったためである[7]。

　しかし，こうした需給緩和傾向や期末在庫率の上昇が，今後も続くとは限らないだろう。アジアやアフリカ地域の人口増加や経済成長，それに伴う畜産物消費や飼料用需要の一層の拡大が予想されているからである。また，昨今多発する異常気象や天候不順等により生産が減少すれば，たちまち需給が逼迫するような状況になりかねない。近年の国際価格動向（**図3-1**）に見られるように，期末在庫率が上昇しても価格がそれほど下落しないのは，将来的な消費需要の底堅さをマーケットが認識しているからである。したがって，需給要因に変化が生じれば，需給関係はたちまち逼迫し，期末在庫率の低下や価格上昇が生じる可能性は高い。さらに最近では，国際市場や国際価格動向に大きな影響を与える投機資金の存在が問題視されている。

（2）市場攪乱要因としての投機資金と「農業・食料の金融化」

　穀物市場は「薄いマーケット」と呼ばれているように，貿易量が少なく市場規模はそれほど大きくない。穀物市場は自然条件の制約を受けやすく年間の生産量変動が大きいことから，各国は輸出よりも国内消費を優先するからである。そのため，農産物の貿易率（輸出量／生産量×100）は，原油（約60％）や自動車（約30〜40％）等に比べて低くなっている。例えば，2015年時点の各貿易率は，大豆の42.2％を除けば，小麦23.5％，トウモロコシ12.6％，コメ8.4％であり，穀物全体では15.4％にすぎない［農林水産省2017］。

7）米国のトウモロコシ生産が2013/14年度から記録的な豊作となったことや，米国のバイオ・エタノールへの税控除が廃止されたことも，需給緩和の要因と考えられている。

　このことから，需給要因の変化が市場の価格変動に結びつきやすいと言われている。需給関係に影響を与えるものとして，人口増加，経済発展・所得の上昇，食文化の多様化・高度化，バイオ燃料生産，収穫面積，単収，気候変動，砂漠化・水資源，遺伝子組換え技術，輸出規制，投機資金など，様々な要因がある。その中でも近年，ヘッジ・ファンド，インデックス・ファンド等の投機資金の存在がクローズアップされている。具体的には，デリバティブ，コモディティ・インデックスファンド（商品指数）等の金融商品のことである。これらは2000年代以降の農産物関連商品先物市場において影響力を強めており，こうした現象は「コモディティの金融商品化」と呼ばれている［高井 2014：38-40］。

　ヘッジ・ファンドやインデックス・ファンドが農産物関連商品先物市場に目を付ける背景には，この市場特有の性質，すなわち農作物は自然条件に生産が左右されやすいため，相場のボラティリティ（変動性）が高くなるという性質がある。ハイ・リスク／ハイ・リターンを志向する投機資金にとって，ボラティリティに富んだ市場は魅力的な投資先となっているのである。「薄いマーケット」（市場規模）と「ボラティリティ」（変動性）という特質を有する市場では，投機資金が短期間の流出入を繰り返すことで需給関係の変化や価格変動が生じやすくなっており，市場の不安定化に繋がっている。

　また，このような投機資金の運動は，「農業・食料の金融化（financialization of food and agriculture）」の一形態としても捉えられる［Burch and Lawrence 2009，平賀・久野 2019：19-37］。農業・食料の金融化とは，農業・食料のあらゆる分野（農地，投入資材，保管，流通，検査認証，穀物貿易，食品加工，小売）に金融資本が関与する現象のことを指す［立川 2016：165］。つまり，農産物関連先物市場におけるヘッジ・ファンドやインデックス・ファンド等の資金運用（コモディティの金融商品化）は，資本主義の金融化に伴って，農業・食料部門が資本主義経済にますます組み込まれる過程から生じている現象といえる。

　しかしながら，農産物市場の不安定化とそれに伴う国際価格の上昇や乱高

下は，社会経済の混乱を引き起こす要因になっていることも忘れてはならない。2007～08年や2010～11年の価格高騰時，農産物や食料を巡る暴動や抗議活動が世界中で頻発したが，その際，被害を受けた者の多くは購買力のない経済的弱者であり，カリブ海の島国ハイチの「泥のクッキー」はあまりにも有名な話となった[8]。したがって，生きるために不可欠な食料への安定的なアクセスを保障するためには，市場の安定化や農業・食料の金融化等に対する適切な対処が必要だろう。次節以降では，農産物市場に影響を与える国際食料消費動向やそれに関連する利害関係者の動きについて考察していく。

2. 国際食料消費構造の変化

（1）地域別農産物貿易の特徴

2000年代以降の地域別農産物貿易収支（輸出額－輸入額）の動向を示したものが，図3-3である。これを見ると，主な貿易赤字（輸入超過）地域は，アジア，中東，アフリカであり，貿易黒字（輸出超過）となっている地域は，主に南米，北米，オセアニアであることが確認できる。輸入超過となっているアジアやアフリカ等の地域では，人口増加や経済成長に伴う消費者ニーズの高度化・多様化を背景に輸入が急増している。これらの地域は，利用可能な土地，水ならびに人的資源等の制約もあり，農業生産が国内需要増に追いつかないため，不足分を他地域からの輸入で補う構図になっている。特にアジア地域の輸入が急伸している。

また輸出超過地域では，伝統的輸出地域である北米（米国・カナダ）やオセアニア（豪州・ニュージーランド）に比べて，ブラジルやアルゼンチン等の南米地域の伸長が目覚ましい。ブラジルやアルゼンチン等の新興国は2000年代以降になって輸出を急増させているが，ブラジルは今や大豆市場で米国

8）食料価格高騰に苦しむカリブ海の島国ハイチでは，人々は飢餓への対処として小麦などに塩分を含んだ泥を混ぜた「泥のクッキー」を食べざるを得なかった。

に匹敵する輸出国である。ブラジルの大豆輸出シェアは1991年の13.7％から2016年の41.1％に約３倍伸びているのに対して，米国の大豆輸出シェアは1991年の66％から2016年の40.0％に低下している［農林水産省 2017］。

　ブラジルの大豆輸出シェア急拡大の背景には，中国の存在がある。中国は穀物だけでなく大豆輸入も年々拡大させており，現在，世界の６割以上を占める輸入超大国となっている。中国は元々，世界有数の大豆生産国でもあったが，国内需要不足分を他国からの輸入に依存するようになり，過去10年間で大豆輸入量を３倍以上増加させた。この中国向けの大豆輸出で急成長したのがブラジルであり，ブラジル国内の大豆生産と輸出が増加しているのは，こうした旺盛な中国需要によるものである。

　以上のように，2000年代以降の地域別農産物貿易収支構造は大きく変貌している。特に2000年代初頭に比べると，地域別貿易収支の地域間格差が拡大し，輸出超過地域と輸入超過地域の二極化がいっそう進んでいる。また，アジア地域が世界中から食料を輸入する地域・食料の巨大な消費地域として位

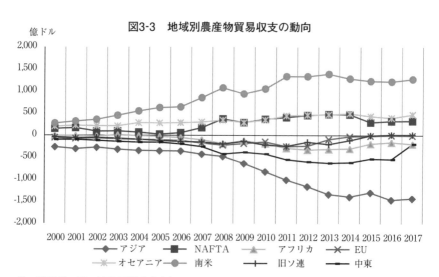

図3-3　地域別農産物貿易収支の動向

注：EUは28ヵ国。中国は香港を含まない。
資料：USDA, *Global Agricultural Trade System*より作成。

置付いているだけでなく，ブラジルやアルゼンチン等の輸出新興国の台頭や輸出超過地域内部の変化も生じており，国際食料消費構造は様変わりした。

　さらに，この国際消費構造の変化は食料貿易を巡るグローバル化，食料分野での政治経済的な相互依存関係の深化によってもたらされているが，輸入国にとっては食料の多くを他国に依存するという食料安全保障（フード・セキュリティ）の問題を深刻化させることになっている。第1節で見たような農産物市場の不安定化が進行している現状では，なおさらである。食料自給率（カロリーベース38％，2019年）が低く，食料の大部分を他国からの輸入に依存している日本にとって，市場の不安定化や国際食料消費構造の変化を前提とした農業・食料政策を考案していくことが今後求められるだろう。

（2）巨大消費地域アジアと新興国の動向

　図3-4は，アジア全体，日本，中国やASEAN等の農産物貿易収支動向（2000年代以降）を示したものである。これを見ると，アジア地域は全体と

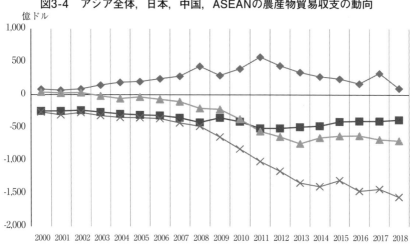

図3-4　アジア全体，日本，中国，ASEANの農産物貿易収支の動向

注：中国は香港を含まない。

資料：USDA, *Global Agricultural Trade System*より作成。

して食料輸入を年々拡大させていることがわかる。熱帯産品の伝統的輸出国であったASEANが現在でも輸出超過地域であることを除けば，アジアは基本的に輸入超過地域である。2000年のアジア地域全体の貿易収支赤字は266億ドルだったが，2018年には1,552億ドルとなっており，約6倍に拡大している。その中でも，日本と中国の割合が高く，2018年の貿易収支赤字のうち日本が24.7％，中国が45.0％であり，この2ヵ国で赤字全体の7割を占めている。

　よく知られているように，一昔前まで，アジア地域最大の農産物輸入国は日本だった。2000年時点の日本の農産物貿易収支赤字は，251億ドルに達しており，アジア全体の赤字のほとんどを占めていたのである。しかし，2011年以降，日本はアジア地域内での割合を低下させ，その代わりに，中国が最大の農産物貿易収支赤字国となった。2018年には，アジア地域の赤字の半分程度を中国が占めている。中国の赤字を増加させている要因が，トウモロコシや大豆等の輸入である。中国は経済発展に伴う所得水準の上昇などにより食生活の高度化・多様化が進展し，1990年代中葉に大豆の輸出国から輸入新興国へ転化した。その後も輸入が増加し続けており，現在では世界の大豆輸入の6割以上を占めるようになっている。

　また，中国の大豆輸入の拡大と歩調を合わせて，世界の大豆貿易も拡大している。世界の大豆貿易は1990年に約2,500万tだったが，2018年に約1億5,000万t，約6倍に拡大した。大豆の貿易率は他の農産物に比べて高いにもかかわらず，国際市場への大豆供給（輸出）能力のある国は，米国，ブラジル，アルゼンチンなどに限定される。この3つの国だけで大豆貿易の8割以上を占めているため，中国にとって米国やブラジルは重要な貿易相手国である。米国と中国は2020年現在，貿易摩擦の真っ只中にあるから，大豆市場に強い影響力をもつ米・中の今後の動向を注視していく必要があるだろう［国際農業・食料レター 2018］。

　さらに，2000年代以降，中国との農産物貿易関係を深めてきたのが，南米の農産物輸出新興国ブラジルである。ブラジルは1990年代以降，IMFの構造

調整政策に応じる形で国内市場を開放し，資本市場改革や直接投資の奨励政策を推し進め，ブラジルの農業・食料部門を発展させてきた。その際，ブラジルの農業部門に進出していたのが，穀物メジャーをはじめとする多国籍アグリビジネスである[9]。この穀物メジャー（多国籍アグリビジネス）の進出が，ブラジル大豆生産と貿易の成長に大きく貢献し，中国のブラジルからの大豆輸入の拡大に深く関与したと言われている［阮 2012：450-466］。

　例えば，穀物メジャーは，「パッケージ融資」[10]を用いてブラジルの大豆生産を拡大・掌握しつつ，ブラジルの大豆輸出と中国の大豆輸入の仲介役も担っている。穀物メジャーはブラジルで農家への生産資材や流通サービスなどの提供を行い，生産物を確保すると同時に，中国国内の大豆搾油関連資本へ大豆を販売，さらに投資や提携・買収等も行っているのである。ちなみに，2010年時点で既に，ブラジル大豆輸出量の約58％をバンギ（Bunge），ADM，カーギル（Cargill）といった穀物メジャーが占有していたと言われている［佐野 2016：86］。穀物メジャーの「グローバル・ソーシング」「グローバル・プロセッシング」「グローバル・マーケテイング」といった水平的・垂直的・地理的な事業統合化の中で，ブラジル・中国間の大豆貿易が展開されていることを理解しなければならない［「農業と経済」編集委員会 2017］。

（3）米国バイオ燃料生産のインパクト

　近年の国際食料消費動向を検討する際には，食料の産業的利用，特にトウモロコシを利用した米国のバイオ燃料生産にも注目する必要がある。というのも，米国は2017年時点で世界のトウモロコシ生産の約40％，消費量の約30％，輸出量の約40％を占めており，米国バイオ燃料生産の動向が世界のト

9）穀物メジャーとは，穀物や油糧種子等の国際流通に多大な影響を持つ多国籍商社のことをいう［中野 1998，松原 2019］。
10）パッケージ融資は，主に農薬・化学肥料など使途を限定した生産資材で融資する場合が多く，未作付の生産物を担保にして収穫後に返済するという先物取引の手法をとった融資の仕組みである。

表3-1　トウモロコシ生産量，各需要内訳，

年度	2001/2002	2003/2004	2005/2006
生産量	11,412	11,188	13,235
国内消費量	7,910	8,330	9,134
うちエタノール用	707	1,168	1,603
構成比（%）	8.9	14.0	17.5
うちエタノール用以外	7,203	7,162	7,531
構成比（%）	91.1	86.0	82.5
輸出量	1,905	1,900	2,134
総需要に占める輸出の割合（%）	19.4	18.6	18.9
総需要に占めるエタノール用の割合（%）	7.2	11.4	14.2
国内期末在庫率（%）	16.3	9.4	17.5

注：1）国内消費量＝エタノール用需要＋それ以外の需要（食用・産業用，飼料，その他）。
　　　輸出は含まない。
　　2）総需要＝国内消費量＋輸出量。
資料：USDA, *U.S. Bioenergy Statistics* より作成。

ウモロコシ需給に大きなインパクトを与えているからである。

　周知のように，米国は現在世界屈指のバイオ燃料（トウモロコシ由来のバイオ・エタノール）生産国である。2006年に生産量でブラジルを追い抜いた後も，ガソリン供給におけるエタノール燃料の一定量の使用を義務付ける再生可能燃料基準（RFS: Renewable Fuel Standard）やその他の手厚い助成の下，急ピッチで生産を拡大してきた。米国のバイオ・エタノール生産は2000年に約16億ガロンだったが，2017年にはおよそ10倍弱，約158億ガロンに達している［RFA 2018］。近年，そのスピードは若干減速しているものの，1990年代末から2000年代にかけて続いた生産量の増加は目覚ましかった。そして，このバイオ・エタノール生産の拡大が，米国及び世界のトウモロコシ需給に影響を与えている。

　米国のトウモロコシ生産量，各需要内訳や期末在庫率の推移を表したものが，**表3-1**である。これをみると，まず米国のトウモロコシ需要（消費量）は2000年代以降拡大し続けており，特にエタノール用の需要が増加していることがわかる。実際，2001/2002年度には約7億ブッシェルだったが，2017/2018度に約56億ブッシェルにまで急増しており，国内消費量に占めるエタノール用需要の割合は，45％程度に達している。それに対して，エタ

期末在庫率の推移（米国）　　　　　　　　　　　　　　　単位：百万ブッシェル

2007/2008	2009/2010	2011/2012	2013/2014	2015/2016	2017/2018
14,362	14,748	13,471	14,688	15,401	16,939
10,300	11,061	10,943	11,535	11,765	12,341
3,049	4,591	5,000	5,124	5,224	5,605
23.9	41.5	45.7	44.4	44.4	45.4
7,251	6,470	5,943	6,411	6,541	6,736
70.4	58.5	54.3	55.6	55.6	54.6
2,437	1,980	1,539	1,921	1,899	2,438
19.1	15.2	12.3	14.3	13.9	16.5
23.9	35.2	40.1	38.1	38.2	37.9
12.8	13.1	7.9	10.7	12.7	14.6

図3-5　トウモロコシ輸出割合とエタノール用割合の相関関係
（米国，2001/2002〜2017/2018年度）

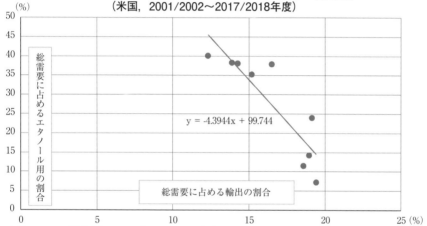

出所：USDA, *U.S. Bioenergy Statistics*より作成。

ノール用以外の需要（食用・産業用，飼料やその他）は徐々に減少している。また輸出に関しては，2001/2002年度の約19億ブッシェルから，2017/2018年度には約24億ブッシェルに増加しているが，年度ごとの変動が激しくなっている。

　ここで注意しなければならないのは，米国エタノール用需要と米国トウモロコシ輸出の関係だろう。**図3-5**は，2001/2002年度から2017/2018年度までの米国のトウモロコシ総需要に占める輸出割合とエタノール用割合の相関関係を示したものである。これを見ると，エタノール用トウモロコシ需要の増

減が，米国トウモロコシ輸出の増減と「強い相関」関係（相関係数r＝－0.88）にあることがわかる。つまり，エタノール用需要が減少すれば米国の輸出は増加し，エタノール用需要が増加すれば米国の輸出は減少する関係になっているのである。

したがって，世界最大のトウモロコシ生産国であるとともに，世界最大のトウモロコシ輸出国でもある米国のエタノール用需要の動向によって，世界のトウモロコシ需給や国際価格が左右されるといっても過言ではない。2008年の穀物需給逼迫時に，燃料と食料の競合（燃料vs食料）が問題となり，「食料危機」の要因として植物由来のバイオ燃料生産が批判されたのはこのためである［坂内・大江 2008］。

ところで，こうした米国のバイオ燃料生産ビジネスを牽引してきた代表的な企業が，穀物メジャーのADMである。ADMは，1923年に植物油製造業者として設立後，70年代までに穀物・配合飼料事業に進出し，79年にバイオ・エタノール生産を開始した。80年代以降は，グロウマーク農協の穀物販売事業を吸収するなど，M&Aを梃子とした合併や買収を繰り広げ，多角化・コングロマリット化することで急成長した企業である。ADMの他，穀物メジャーではカーギル（Cargill）やバンギ（Bunge）等もバイオ燃料生産に携わっているが，近年では，ADM, POET, Valero, Green Plainsなどが米国のバイオ・エタノール生産部門における4強となっている［磯田 2016a，磯田 2016b］。

穀物メジャーがバイオ燃料生産ビジネスに参入するのは，その事業が穀物流通部門や他の関連ビジネスのリスク・ヘッジに繋がるからである。現在の穀物メジャーは，穀物生産や流通だけでなく，飼料，搾油，食品加工に至る垂直的・水平的な事業展開（インテグレーション）を特徴としている［大塚・松原 2004］。例えば，ADMは，バイオ・エタノール事業そのものがトウモロコシ化工（wet corn milling）の一貫であり，他のトウモロコシ化工製品との間でフレキシブルな生産体制を構築できるようになっている［「農業と経済」編集委員会 2017］。

　さらに，穀物メジャーの収益条件に関して，次のような指摘もある。「穀物メジャーが好業績を上げるには，3つの条件が必要である。第1に，穀物の生産高が多い，第2に，国内需要が旺盛である。第3に，輸出が好調であることだ。これらの3条件がすべて満たされるときは，市場価格は高水準で推移し，エレベーターの稼働率は上がり，その結果，収益は増加する」という指摘である［茅野 2006］。この点から見ると，米国のバイオ・エタノール生産の拡大は，連邦政府の手厚い支援や国際市場の需要主導型トレンドと相まって，高いトウモロコシ生産量，高い国内トウモロコシ需要，高いトウモロコシ輸出需要という3高状態を穀物メジャーに保障するものとなっている。こうした状況は，穀物流通事業を中心にして垂直的・水平的に多角化している穀物メジャーにとっては，願ってもない状況である。したがって，世界のトウモロコシ需給や貿易・消費構造に大きなインパクトを与え，そのあり方を規定しているのは，バイオ燃料生産に関係する穀物メジャー（多国籍アグリビジネス）や米国連邦政府の動向であると言えるだろう。

　このように考えると，農産物市場の不安定化は，農産物市場それ自体がもつ不安定性（例えば，異常気象や天候不順等による生産量変動が大きいこと）だけではなく，穀物メジャーの動向やそれを支援する国家政策も要因であることがわかる。食料資源が穀物メジャー（多国籍アグリビジネス）の資本蓄積の一部として，またその動きに追随する国家政策の一部として利用されることによって，市場の不安定化が助長される面があるからである。しかし，こうした食料消費（食料の産業的利用）のあり方は，多くの国や人々の食料安全保障（フード・セキュリティ），すなわち供給可能性（Availability），入手可能性（Accessibility），利用性（Utilization），安定性（Stability）をも不安定にしていることを忘れてはならない。

おわりに：持続可能な農業・食料システムの実現にむけて

　本章では，2000年代以降の国際農産物市場と国際食料消費構造の特徴について明らかにしてきた。第1に，トウモロコシ市場や大豆市場に見られるように農産物市場の不安定化が進行していることである。2000年代以降のディマンド・プル傾向・価格の乱高下や，ヘッジ・ファンド及びインデックス・ファンド等の運動（農業・食料の金融化）によって市場の不安定性が増幅している。

　第2に，食料輸入超過地域・巨大食料消費地域としてのアジアや，北米及び他の伝統的輸出国に匹敵する輸出地域として成長した南米諸国（ブラジルやアルゼンチン等）の存在感が，いっそう強くなってきていることである。また，それに伴って農産物貿易量の増加，輸出超過地域と輸入超過地域の二極化や食料分野での各地域・各国の政治経済的相互依存関係の深化が進んでいる。

　第3に，米国におけるトウモロコシ由来のバイオ燃料（バイオ・エタノール）生産や穀物メジャー（多国籍アグリビジネス），連邦政府の運動によって，米国国内需給及び国際需給が多大な影響を受けていることである。米国のトウモロコシ輸出は，世界輸出量の40％を占めているが，輸出量をはるかに凌駕する国内エタノール用トウモロコシ消費（需要）は，世界の食料消費構造を一変させる力を持っている。

　以上のように，本章では国際市場と国際食料消費構造の現代的な特徴を明らかにしてきたが，現代の農業・食料システムは果たして，安定的かつ持続可能な農業・食料システムといえるのだろうか。バイオ・エタノール生産のためのトウモロコシ消費に見られる食料消費のあり方は，「大量生産・大量消費・大量廃棄」に象徴される工業的な農業・食料システムを前提として成り立つ仕組みである。しかし，工業的な農業・食料システムの拡大を追及するだけでは，農産物市場の不安定化や国際貿易の二極化傾向，フード・セ

キュリティ等をコントロールすることはできない。

　このような中で近年，現代の工業的農業・食料システムに代わる様々なオルタナティブが，認知されてきている。「アグロエコロジー（agroecology）」[11]，国連の「家族農業の10年」[12] や「持続可能な開発目標（SDGs）」等の動きがそうである。例えば，アグロエコロジーは「環境及び社会にやさしい農業，その実践と運動，そしてそれを支える科学」と一般的に理解されるが，その本質は，「農薬や化学肥料を使用しないだけではなく，ますます巨大化する農業食料産業の中で小規模な家族農業が経営を安定させ，持続可能な農業を営むための方策を示すもの」である［関根 2016，小池 2019：181-182]。先進国・途上国に限らず，世界の食料生産額の8割以上を占めるのは家族を土台とする小規模農業経営（家族農業経営）であり，それらが食料安全保障，食生活，生物多様性，自然資源維持やコミュニティの再生など，社会経済や環境，文化といった様々な面で重要な役割を担っている［HLPE 2013（家族農業研究会・農林中金総合研究所訳 2014）]。

　また，世界の貧困層の多くが農業に従事しながら農村地域で暮らしているため，家族農業経営への多様な支援や投資が飢餓，貧困，農村社会等の改善に繋がることは間違いない。したがって，安定的で持続可能な食料消費構造の構築のためには，巨大な多国籍アグリビジネスが主導する工業的農業・食料システムではなく，家族を土台とする小規模農業経営（家族農業経営）を前提とした農業・食料システムへの支援や投資をいっそう拡大させていくことが必要である。その意味では，冒頭で示したIPCC報告書は，現代の農業・

---

11) アグロエコロジーの概念には，多様性，共創と知識共有，相乗・融合効果，資源効率性，リサイクル，レジリエンス，人間的・社会的価値，文化と食の伝統，責任あるガバナンス，循環経済・連帯経済などのキーワードが含まれる。詳しくは，古沢［2019]，Food and Agriculture Organization of the United Nations（FAO）（http://www.fao.org/agroecology/home/en/）を参照。
12) 国際連合は，2019～28年を「家族農業の10年」として定め，食料安全保障の確保と貧困・飢餓撲滅に大きな役割を果たしている家族農業に関する施策の推進・知見の共有等を求めている。

食料システムそのものに対する警鐘としても捉えることができるだろう。

参考文献

池島祥文［2019］「飢餓と飽食，矛盾あふれる世界——グローバリゼーションと食料・農業問題——」柴田努・新井大輔・森原康仁編『図説　経済の論点（新版）』旬報社.

磯田宏［2016a］「米国におけるアグロフュエル・ブーム下のコーンエタノール・ビジネスと穀作農業構造の現局面」北原克宣・安藤光義編『多国籍アグリビジネスと農業・食料支配』明石書店.

磯田宏［2016b］『アグロフュエル・ブーム下の米国エタノール産業と穀作農業の構造変化』筑波書房.

薄井寛［2010］『２つの「油」が世界を変える——新たなステージに突入した世界穀物市場——』農山漁村文化協会.

大塚茂・松原豊彦編［2004］『現代の食とアグリビジネス』有斐閣.

小池恒男［2019］「"オルタナティヴ農業"をどう発展させるか——もう一つの農業のあり方を求めて，なぜ今アグロエコロジーなのか——」小池恒男編『グローバル資本主義と農業・農政の未来像——多様なあり方を切り拓く——』昭和堂.

国際農業・食料レター［2018］「トランプ政権下における鉄鋼・アルミニウムの輸入制限の経過と農産物貿易に与える影響」第195号.

佐野聖香［2016］「ブラジルにおける多国籍アグリビジネスの展開と農業構造の変化」北原克宣・安藤光義編『多国籍アグリビジネスと農業・食料支配』明石書店.

関根佳恵［2016］「家族農業とアグロエコロジー」『日本農業新聞』2016年6月5日付.

高井裕之［2014］「コモディティ市場の変遷史——投資マネーの流れを大きく変える——」『週刊エコノミスト』2014年6月10日号.

立川雅司［2016］「農業・食料の『金融化』と対抗軸構築上の課題」北原克宣・安藤光義編『多国籍アグリビジネスと農業・食料支配』明石書店.

茅野信行［2006］『アメリカの穀物輸出と穀物メジャーの発展（改訂版）』中央大学出版部.

中野一新編［1998］『アグリビジネス論』有斐閣.

「農業と経済」編集委員会監修［2017］『キーワードで読みとく現代農業と食料・環境（新版）』昭和堂.

農林水産省［2017］『海外食料需給レポート2016』農林水産省.

坂内久・大江徹男編［2008］『燃料か食料か——バイオエタノールの真実——』日本経済評論社.

平賀緑・久野秀二［2019］「資本主義的食料システムに組み込まれるとき——フー

ドレジーム論から農業・食料の金融化論まで──」『国際開発研究』第28巻第1号.

古沢広祐［2019］「エコロジーと農業がむすぶ新潮流──日本の農業・農村とアグロエコロジー──」『農業と経済』第85巻第2号.

松原豊彦［2019］「農産物の国際貿易とわが国の食料・農産物の輸入と輸出」日本農業市場学会編『農産物・食品の市場と流通』筑波書房.

阮蔚［2012］「拡大するブラジルの農業投資──中国の輸入増がもたらす世界食糧供給構造の変化──」『農林金融』2012年8月号.

Burch, D. and Lawrence, G.［2009］"Towards a Third Food Regime: Behind the Transformation," *Agriculture and Human Values*, Vol.26, No.4.

FAO (Food and Agriculture Organization), IFAD, UNICEF, WFP, and WHO［2020］*The State of Food Security and Nutrition in the World 2020*. Rome: FAO.

HLPE (High Level Panel of Experts on Food Security and Nutrition)［2013］*Investing in Smallholder Agriculture for Food Security : A Report by the High Level Panel of Experts on Food Security and Nutrition of the Committee on World Food Security*. Rome: FAO（家族農業研究会・農林中金総合研究所訳［2014］『家族農業が世界の未来を拓く──食料保障のための小規模農業への投資──』農山漁村文化協会）.

IPCC (Intergovernmental Panel on Climate Change)［2019］*Climate Change and Land*. IPCC. August, 2019.

RFA (Renewable Fuels Association)［2018］*2018 Ethanol Industry Outlook*. RFA.

第4章

メガFTA/EPAと食料貿易

渡邉　英俊

はじめに

　1995年のWTO発足後，初めての多角的貿易交渉としてドーハ・ラウンド（ドーハ開発アジェンダ）が開始されたのは2001年のことである。2020年現在もドーハ・ラウンドは継続中であるが，農業分野を中心に加盟国間の立場の隔たりが大きいため，すべての交渉分野で妥結に至る見通しは立っていない。

　しかし他方で，冷戦終結後の飛躍的な情報通信および交通運輸技術の発達により，経済グローバル化の流れは一気に加速した。今日では先進国および新興国の経済は，GSC（Global Supply Chains：グローバル供給連鎖）あるいはGVC（Global Value Chains：グローバル価値連鎖）の一環に位置づけられ，互いに強固な結びつきを見せている。ところがこうしたGSC/GVCは，多国籍企業の企業内貿易や海外アウトソーシングが創り出す国際生産ネットワークの存在を前提としており，それは世界のあらゆる国・地域の間でというよりも，特定の国・地域の間で集中的に形成されている。そのため，グローバル化によって世界はフラット化したというよりも，GSC/GVCに組み込まれる国・地域とそこから排除される国・地域への分解が進んだのである[Baldwin 2016（遠藤訳 2018）]。

　こうした世界経済の変化は，すべてのWTO加盟国が合意できる世界全体

の通商ルールを策定する路線から，GSC/GVCに組み込まれた国・地域に限ったFTA/EPA（自由貿易協定/経済連携協定）を結ぶことにより，特定の二国ないし複数国間での経済自由化を進める方向へと，通商交渉の主な舞台をシフトさせてきた。近年のFTA/EPA交渉では貿易・投資の自由化だけでなく，知財やデジタル分野等で新たな通商ルールの策定（いわゆるWTOプラス）が進められているほか，複数の経済大国間のFTA/EPA＝メガFTA/EPAが締結され，発効し始めている。

　本章では，21世紀型グローバリゼーションの進行とともに，世界の貿易自由化交渉の舞台がWTOからFTA/EPAへとシフトする中で，食料貿易にはどのような変化が見られるのかを明らかにする。とりわけここでは，TPP，TTIP，日EU・EPA，RCEPといったメガFTA/EPA交渉に加わる日中米EUの経済大国の食料貿易について分析することにしたい。

1．経済大国のFTA/EPA

（1）WTOが認めるFTA/EPAの要件

　WTO協定は，一部の例外を除いて164の加盟国・地域（2017年現在）すべてが遵守すべき貿易・投資ルールを定めている。そこにはいくつかの基本原則があり，最恵国待遇原則はその一つである。WTO加盟国間の貿易交渉では，当事国の特定産品の関税上限が引き下げられる（これを譲許税率の引き下げという）場合，当該交渉国だけでなく他のすべてのWTO加盟国・地域に対しても同様に譲許税率を引き下げなければならない[1]。そのためWTO加盟国は，一部の加盟国から輸入される産品に他の加盟国から輸入される産品よりも高い関税を課すことや，一部の加盟国から輸入される産品に対してのみ有利な待遇を与えることは，原則として認められていない［小林ほか

1）WTO加盟国は，約束した譲許税率よりも低い関税を課すことはできる（実際に適用されている関税率のことを「実行税率」という）が，譲許税率よりも高い関税を課すことは原則としてできない［小林ほか 2016：40］。

2016：37-45]。これを最恵国待遇原則という。

　この基本原則の例外として認められているのが，NAFTA（現在は USMCA）やTPPなどのFTA/EPAとEUやメルコスールなどの関税同盟である。これらはWTO加盟国のうち一部の国・地域のみによって締結され，締結国に限って貿易障壁を撤廃する仕組みである。これは本来，特定産品についてWTO加盟国間で異なる待遇を定めることを禁じた最恵国待遇原則に反するものであるが，一定の要件を満たした場合には例外として認められる。その要件とは，①関税その他の制限的通商規則が締結国間の実質上のすべての貿易について廃止されること。②締結国以外の国との貿易に対して貿易障壁を締結前より高くしないこと，である。

　①に関しては，「実質上のすべての貿易」とはすべてが完全に自由化される必要はなく，ある程度の貿易障壁が残ることを許容するものと理解されている。そのため，どの程度であれば許容されるのかが問題となるが，WTOでは明確な定めがないため，一説では貿易額ベースで90％以上の関税撤廃が暗黙の基準だと言われている［長部 2016：5］。その他にも，貿易障壁を段階的に撤廃する場合には10年以内に撤廃すべきとされており，10年を超える場合にはWTOの物品貿易理事会で十分な説明を行うことが求められている［中川ほか 2019：267］。

（2）日中米EUのFTA/EPA

　このようにFTA/EPAや関税同盟は，WTO協定上は基本原則の例外という位置づけである[2]。しかし図4-1のとおり，2000年代後半には世界で多数のFTA/EPAが締結・発効しており，近年は地域横断型のFTA/EPAが主流となっている。また2010年代後半のFTA/EPA発効件数は減少しているものの，単一のFTA/EPAに複数の経済大国が参加するメガFTA/EPA交渉が進められてきている。

2）以下ではFTA/EPAと関税同盟とを区別せず，便宜上FTA/EPAとして一括して取り扱う。

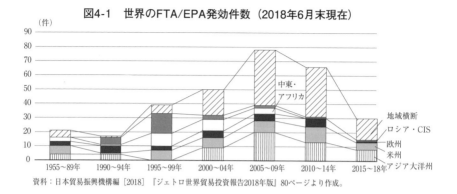

図4-1　世界のFTA/EPA発効件数（2018年6月末現在）

資料：日本貿易振興機構編［2018］『ジェトロ世界貿易投資報告2018年版』80ページより作成。

　現在，メガFTA/EPAとして人口に膾炙するものは4つあり，①TPP（環太平洋パートナーシップ），②TTIP（環大西洋貿易投資パートナーシップ），③日EU・EPA，④RCEP（東アジア地域包括的経済連携）がそれである。このうち①TPPは日本，米国，カナダ，オーストラリア，ニュージーランド等の12カ国によって2016年に署名された後，トランプ政権誕生直後に米国が離脱したため，CPTPP（TTP11）として2018年12月に発効した[3]。②米国とEUのFTAであるTTIPは，2017年に交渉中断となっている。③日本とEUのEPAである日EU・EPAは2019年2月に発効した。④日本，中国，韓国，オーストラリア，ニュージーランド，ASEAN，インドが参加するRCEPは，2020年11月にインドを除く15カ国によって署名が行われた。

　さて日中米EUの経済大国は，いずれも上記のメガFTA/EPA交渉のうち，1つないし複数に加わっている。**表4-1**より，2017年の日中米EUのFTA/EPA発効国・地域との貿易比率（これをFTA/EPAカバー率という）を見ると，日本23.3％，中国29.8％，米国39.0％，EU（域内貿易を含む）75.4％，となっている。まず日中米EUのFTA/EPA交渉について，簡単に経緯を確認しよう。

3）TPPは世界最大の経済大国である米国と日本が参加するメガFTA/EPAとして注目されたが，米国離脱後のCPTPPはメガFTA/EPAとしての性格を格段に弱めたといえる。

表 4-1　主要国・地域の発効済み FTA/EPA カバー率（2017 年）

単位：%

	FTA/EPA カバー率			発効相手国・地域（往復）					
	往復貿易	輸出	輸入	第1位		第2位		第3位	
日本	23.3	21.5	25.2	ASEAN	15.2	豪州	4.0	メキシコ	1.2
中国	29.8	22.8	38.8	ASEAN	12.3	韓国	6.9	台湾	4.9
米国	39.0	46.6	34.0	NAFTA	29.3	韓国	3.1	DR-CAFTA	1.4
EU28 貿易総額	75.4	76.3	74.4	EU	63.8	スイス	2.5	トルコ	1.5
域外貿易	31.6	34.4	28.8	スイス	6.9	トルコ	4.1	EEA	3.3

注：1）FTA/EPA カバー率は，FTA/EPA 発効済国・地域（2018 年 6 月末時点）との貿易が全体に占める比率。金額は 2017 年の貿易統計に基づく。
　　2）略語は，ドミニカ共和国・中米諸国との FTA（DR-CAFTA），欧州経済地域（EEA）。
　　3）中国は，香港（7.1%）とマカオ（0.1%）を除く。
資料：日本貿易振興機構編［2018］『ジェトロ世界貿易投資報告 2018 年版』81 ページの図表から一部抽出。

　日本は 2002 年に締結されたシンガポールとの EPA を端緒として，それまでの WTO の多角的貿易交渉（ドーハ・ラウンド）の進展に期待する立場から，WTO で例外として認められた FTA/EPA 交渉を重視する立場へと転換した。中国の WTO 加盟は 2001 年であるが，2004 年に独立の関税地域として WTO に加盟する香港およびマカオとの FTA が発効し，2005 年には ASEAN との FTA を発効させた。

　米国では 1985 年にイスラエルとの FTA が発効したのを皮切りに，1989 年にはカナダとの間で FTA が発効した。そして 1994 年にこの米加 FTA をもとに，米国・カナダ・メキシコの北米 3 カ国で形成する NAFTA（北米自由貿易協定）が発効している[4]。欧州では，1958 年に 6 カ国を原加盟国として発足した EEC（欧州経済共同体）が 1967 年の EC（欧州共同体）改称を経て，1993 年に EU（欧州連合）へと発展を遂げた。EU の加盟国は現在 27 カ国であり，EU は欧州に巨大な関税同盟を形成している。他方で欧州以外については，2000 年代まではアフリカ等の旧植民地諸国との FTA が数多く結ばれてきたが，近年は韓国や日本と FTA/EPA を結ぶなどアジア諸国との FTA/EPA が重視されている［長部編 2016：17-18］。

　このように日本と中国は，米国や EU に比べて FTA/EPA 交渉への参入時

4）米国トランプ政権誕生後，米国主導で NAFTA 再交渉が行われた結果，2018 年に新たに USMCA（米国・メキシコ・カナダ協定）が結ばれた。

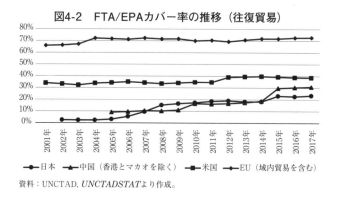

図4-2　FTA/EPAカバー率の推移（往復貿易）

凡例：◆日本　▲中国（香港とマカオを除く）　■米国　◆EU（域内貿易を含む）

資料：UNCTAD, *UNCTADSTAT*より作成。

期が遅かったため，**図4-2**のとおり，2000年代半ばまでのFTA/EPAカバー率は，両国ともに10％未満であった。その後，FTA/EPA締結数の増加にともなうカバー率の上昇により，2015年以降は日本が23％前後，中国は30％前後で推移するようになっている。

　他方で米国とEUのFTA/EPAカバー率は，2000年代初頭において米国が3割台前半，EUが6割台後半という高さであった。その後，米国については2012年にコロンビア，パナマ，韓国との間でそれぞれFTAが発効したことで，FTA/EPAカバー率は約4割に上昇した。またEUは，2004年に新たに10カ国増えて加盟国が25カ国となった後，2007年に27カ国，2013年には28カ国へと拡大した。その後，2020年1月のイギリス離脱により，現在の加盟国は27カ国となっている。EUでは域内貿易の比率が高く，FTA/EPAカバー率は2004年から2017年まで，ほぼ7割台を推移している。

　さらに前掲の**表4-1**からFTA/EPAカバー率の内訳を見ると，日本はASEANの占めるシェアが15.2％と最も高く，次いでオーストラリア4.0％，メキシコ1.2％となっている。中国も同様にASEANのシェアが12.3％と高いが，さらに韓国6.9％，台湾4.9％と近隣東アジアのシェアが高い。米国はNAFTAのシェアが29.3％と特別大きく，次いで韓国が3.1％を占めている。EUは域内貿易が63.8％を占めており，域外のFTA/EPA国・地域との貿易ではスイスやトルコのシェアが高くなっている。

　こうしたFTA/EPAを積極的に活用できるのは，主として多国籍企業である。そのため日中米EUのFTA/EPAカバー率の内訳においてシェアが高いのは，それぞれの経済大国に本社を置く多国籍企業の国際生産ネットワークが密に形成された国・地域となっている[5]。

2．日中米EUの食料貿易

（1）食料貿易の概況

　それでは，経済大国である日中米EUが貿易自由化交渉の舞台をWTOからFTA/EPAへと移すなかで，食料貿易の姿はどのように変化しているだろうか。最初に**表4-2**より各国の食料貿易の概況を確認しておこう。周知のように，日本の食料輸出は財輸出の0.7％を占めるに過ぎず，食料貿易の収支は大幅な赤字である。また食料輸入の規模については，財輸入の8.9％を占めている。

　中国も日本と同様に，食料貿易の収支は赤字である。しかし中国では食料輸出の規模も比較的大きく，それを大きく上回る規模の食料輸入があるために，食料貿易の収支は赤字になっている。なお中国の食料輸出は財輸出の2.9％を占めており，食料輸入は財輸入の5.8％を占めている。このように中国も日本と同様に食料の純輸入国であるが，中国の食料輸入額は日本の輸入

表4-2　日・中・米・EU の食料貿易（2017 年）

単位：100万米ドル

	輸出額			輸入額		
	総計	うち食料	食料／総計	総計	うち食料	食料／総計
日本	698,097	5,110	0.7%	671,474	59,817	8.9%
中国	2,263,371	65,530	2.9%	1,843,793	106,431	5.8%
米国	1,545,609	129,896	8.4%	2,407,390	120,437	5.0%
E U	5,868,166	482,325	8.2%	5,759,390	499,599	8.7%

注：食料は基礎食料（Food, basic）の輸出額および輸入額。
資料：UNCTAD, *UNCTADSTAT* より作成。

5）このほか，各国のFTA/EPA締結状況については，ジェトロ「世界と日本のFTA一覧（2018年12月）」を参照（https://www.jetro.go.jp/ext_images/_Reports/01/da83923689ee6a5e/20180033.pdf, 2019年9月10日参照）。

額の1.8倍に達している。

　世界有数の食料輸出国である米国は，日中米EUで唯一の食料の純輸出国である。ただし米国は食料輸入も巨大であり，それは「世界の胃袋」となりつつある中国の食料輸入額をも上回っている[6]。米国の食料輸出は財輸出の8.4％を占めており，食料輸入は財輸入の5.0％を占めている。

　そしてEUもまた世界有数の食料輸出地域である。しかし米国と違い，EUの食料貿易収支は赤字であり，EUは食料の純輸入地域となっている。EUの食料輸出は財輸出の8.2％を占めており，食料輸入は財輸入の8.7％を占めている。

（2）食料貿易のFTA/EPAカバー率

1）食料輸出

　日中米EUのFTA/EPAカバー率を，食料貿易に焦点を絞って見てみよう。まず**図4-3**は食料輸出のFTA/EPAカバー率を示している。これを見ると日本のカバー率は，2008年以降，15〜20％前後で推移している。内訳は大半がASEANである。また2017年の財輸出全体のFTA/EPAカバー率が21.5％であるのに対して，食料輸出のカバー率は20.2％となっており，日本の財輸出全体と食料輸出のFTA/EPAカバー率はほぼ同じ水準にある。

　中国の食料輸出のFTA/EPAカバー率も高まっている。とくに2015年以降，食料輸出のカバー率は30％台まで上昇しており，2017年には34.3％となっている。主なシェアを占めているのはASEAN21.5％，韓国6.6％，台湾3.5％である[7]。

　食料純輸出国である米国は，2017年の食料輸出のFTA/EPAカバー率が45.1％となっている。このうちNAFTAの占めるシェアが最も高いが，

6）本章の脱稿後に公表されたUNCTADSTATデータによると，2019年に米国の食料貿易は輸入超過となり，食料貿易収支は2005年以来の赤字となった。したがって2019年には日中米EUのすべてが食料純輸入国となったことになる。

7）UNCTAD, *UNCTADSTAT*より算出（https://unctadstat.unctad.org/EN/）。本節の貿易データは，すべてUNCTADSTATに依拠している。

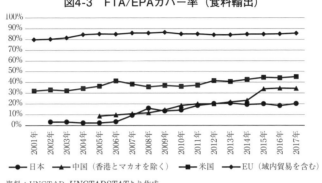

図4-3　FTA/EPAカバー率（食料輸出）

資料：UNCTAD, *UNCTADSTAT*より作成。

NAFTAのシェアは2010年29.6％から2017年30.7％へと推移しており，近年は横ばい傾向にある。他方でシェアの上昇が見られるのは韓国である。米韓FTAが発効した2012年と2017年を比べると，米国の食料輸出先としての韓国のシェアは4.2％から5.1％へと上昇している。これは東アジア地域で日本（2012年10.5％→2017年9.5％）や中国（2012年16.4％→2017年13.8％）への食料輸出が頭打ち状態にあるのとは，きわめて対照的だといえる。

　EUは食料輸出のFTA/EPAカバー率が8割を超えており非常に高い。食料輸出は域内シェアがとくに大きく，2017年にはEU域内向けの輸出比率が77.3％，域外のFTA/EPA発効国・地域への輸出比率は8.5％となっている。域外のFTA/EPA国・地域への輸出比率は次第に上昇してきているとはいえ，2017年までに10％を超えたことはない。

2）食料輸入

　今度は**図4-4**から，各国の食料輸入のFTA/EPAカバー率を見てみよう。日本の食料輸入のFTA/EPAカバー率は，2006年2.9％から2009年19.3％へと急上昇しており，2017年には29.1％に達している。それとは反対に，米国からの輸入比率は低下している（2008年29.6％→2017年22.5％）。そのため2015年以降，日本の食料輸入ではFTA/EPA発効国・地域からの輸入が米国から

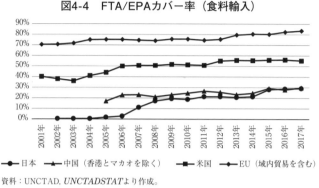

図4-4　FTA/EPAカバー率（食料輸入）

資料：UNCTAD, *UNCTADSTAT*より作成。

の輸入を上回るようになっている。

　日本の食料輸入元のうち，2017年にFTA/EPA発効国・地域でシェアが高いのは，ASEAN（16.2％）とオーストラリア（6.6％）である。さらに同年の日本の財輸入全体のFTA/EPAカバー率が25.2％であるのに対して，食料輸入のカバー率は29.1％となっている。このことから日本の財輸入全体と比べて，食料についてはFTA/EPA発効国・地域からの輸入へと一層シフトしているようである。

　2017年の中国の食料輸入のFTA/EPAカバー率は29.6％である。中国の食料輸入のカバー率は2005年16.8％から2011年26.5％へと，この期間に大きく上昇した。また中国でも日本と同様に，米国からの食料輸入比率は低下傾向にあり，2009年27.9％から2017年20.1％へと下がっている。

　FTA/EPA発効国・地域のうち，中国の主な食料輸入元となっているのは，2017年でASEAN（14.7％），ニュージーランド（5.2％），オーストラリア（4.8％）である。また一方で，米国のシェアが低下しているのとは対照的に，同じく非FTA/EPA国であるEUのシェアは2010年代に増えている。中国のEUからの食料輸入比率は，2010年には3.7％に過ぎなかったが，2017年には8.6％へと増加している。

　米国では食料輸入においてもFTA/EPAカバー率が非常に高く5割を超えている。このうちNAFTAの占めるシェアが最も高いが，NAFTAのシェア

は2000年代以降30％台後半で推移しており，2017年は38.6％を占めている。その他のFTA/EPA発効国・地域のシェアは2004年以降に高まり，2017年には16.6％を占めている。そのうち主なものとして，2017年ではオーストラリア（2.2％）やチリ（4.1％）等の中南米諸国が挙げられる。

　最後に，EUの食料輸入のFTA/EPAカバー率は2017年には83.5％に達しており，日中米EUの中で最も高い水準にある。しかし食料輸出のカバー率と比べると，食料輸入のカバー率はやや低い水準で推移していた。だが2014年以降は食料輸入のカバー率も8割台に達しており，2017年には輸出カバー率とほぼ同水準となっている。

　これについては，EU域内からの食料輸入比率は2004年以降68％前後で安定しているため，近年のカバー率の上昇は，域外国・地域のシェアが増えているのが要因である。2017年の域外のFTA/EPA国・地域のシェアは15.2％となっており，2010年代にFTAが発効したウクライナ（1.3％）やコートジボワール（0.9％）などがシェアを押し上げている[8]。

おわりに

　このように日中米EUの食料貿易では，2000年代後半以降，輸出入ともにFTA/EPA発効国・地域のシェアが高まっている。さらに食料純輸入国である日本と中国については，FTA/EPA国・地域からの食料輸入比率が上昇する一方で，非FTA/EPA国である米国からの食料輸入比率は低下傾向が続いてきた。米国のトランプ前政権による日本や中国との通商交渉において，日中の対米貿易黒字の削減が米国からの食料輸入の拡大を一つの軸として進められた背景には，日中両国の食料輸入の「米国離れ」が進んできたことがあるだろう。

　2019年9月，日本はTPP離脱後の米国と新たに二国間貿易協定を結ぶこと

8）非FTA/EPA国である米国からの食料輸入比率は，2017年で2.4％に過ぎない。

に合意した。恫喝と圧力による「ディール」を本分とするトランプ前政権との通商交渉により，日本は米国産農産物に対する輸入関税をTPP水準まで引き下げる一方で，米国は日本製自動車や自動車部品に対する関税削減を先送りする結果となった。日米間の貿易収支不均衡の是正を迫るトランプ前政権の立場からは，食料輸入における日本の「米国離れ」を引き留めつつ，対日貿易赤字の最大要因である自動車や自動車部品の関税削減を阻止できたことは，満足できる結果だったといえるだろう。また米韓FTAの発効後に，米国の食料輸出先として韓国のシェアが伸びたことを踏まえれば，今後の日本の食料輸入の実績次第では，米国はコメの自由化も含めて，日本に一層の関税・非関税障壁の撤廃を要求する展開も予想される。

　これとは別に，一般論としてFTA/EPAカバー率の上昇により，食料貿易に安定と拡大がもたらされ，食料安全保障に寄与するとの期待もある。しかし例えば，2019年に発効した日EU・EPAでは，EUの域内貿易比率の高さからすれば，日本との食料貿易が大きく拡大するかは予見が難しいだろう。理論的には必ずしもFTA/EPAの締結が貿易を拡大させるとは言えず，現実にも日本のFTA/EPAによる貿易創出効果は限定的だとする分析もある［大木2019：38-39］。メガFTA/EPAが食料貿易に与える影響は，今後さらに注視していく必要がある。

参考文献

大木博巳［2019］「日本のEPA経済圏の貿易構造——FTAと日本の貿易構造変化——」『季刊　国際貿易と投資』第115号.
長部重康編［2016］『日・EU経済連携協定が意味するものは何か——新たなメガFTAへの挑戦と課題——』ミネルヴァ書房.
小林友彦・飯野文・小寺智史・福永有夏［2016］『WTO・FTA法入門——グローバル経済のルールを学ぶ——』法律文化社.
中川淳司・清水章雄・平覚・間宮勇［2019］『国際経済法　第3版』有斐閣.
Baldwin, R. E.［2016］*The Great Convergence: Information Technology and the New Globalization.* Belknap Press of Harvard University Press（遠藤真美訳［2018］『世界経済　大いなる収斂——ITがもたらす新次元のグローバリゼーション——』日本経済新聞社).

第5章

地産地消の空間分析と農業・食料ネットワークの展開

池島　祥文

はじめに

　一般的に，生産者と消費者の顔が見える関係を構築できる取り組みとして，地産地消は評価されているが，その定義や対象とする分野・産品，地理的範囲，分析の視点など多様に解釈されている。たとえば，対象を農林水産物に限定する場合もあれば，製造業や建設業など多様な産業を含める場合もある。また，消費範囲を都道府県単位とする見解もあれば，消費者の動きや経済的なつながりから範囲を設定すべきとする見解もある［柳井 2013］。下平尾・伊東・柳井［2009］や伊東［2012］では，地域内で生産された産品が地域内で消費されることは，すなわち，地域内にて経済が波及することにつながるとして，地産地消を地域経済の活性化や地域産業の振興と結びつけて捉えている。

　本研究もこうした視点に立脚しつつ，地産地消が実際にどのような地理的範囲で生じているのか，その範囲において，どれほどの経済効果・域内資金還流が生じているのかといった点に着目し，地産地消の空間的展開を明らかにする。池島［2016］では，地産地消の経済効果を「地消」に焦点をあてて検証し，直売所店舗から半径1.5km圏内において，消費額が多く生じている点を明らかにしている。本研究では，「地産」に関するデータを新たに利用し，地産地消の範囲を測定することで，地産地消を通じて形成される生産・

流通・消費のネットワークやその面的ひろがりを具体的に提示し，地域で構築される農業・食料ネットワークの空間的特徴やそこから見いだされる地域農業の活性化や経済循環の向上の可能性について論じる。

1．地産地消と空間的視点

（1）地産地消研究における経済効果の範囲

　直売所の全国的な展開実態について統計分析を行うとともに，販売金額の大きな直売所を対象とした実態調査を展開した香月ほか［2009］は，直売所の経済分析として，市場規模に加えて，消費者の支払節約額や生産者の手取増額を算出し，波及効果を推計している。香月ほか［2009］では，直売所の全国的動向を把握しようとしているため，特定の地域経済への影響やその空間的な展開動向については分析の射程にはない。直売所間の市場競争を分析の対象とした菊島［2017］は直売所の立地傾向に焦点をあて，その立地集中度が直売所の売上に与える影響を空間統計学による手法を駆使して推計している。分析対象とした千葉県において，半径3km程度の圏域では，直売所が競合を回避しながら立地していること，半径6kmもしくは12km程度の圏域を設定すると競合が大きくなることが明らかにされている。ただ，具体的な消費者の立地情報は用いられておらず，あくまでも直売所の立地分析にとどまっている。

　Hara et al.［2013］は大阪都市圏を対象に，1km四方のセルを基準に，野菜の生産量と消費量の比率を求め，地産地消の地域差を明らかにしている。また，堺市を素材に，農地の分布（生産局面）とスーパーや直売所の分布（消費局面）を，それぞれからの500m圏域で地図上に示し，地産地消の発生ポイントが考察されている。Hara et al.［2013］では，ナショナルスケール，リージョナルスケール，ローカルスケールと，分析する領域を適宜変化させて地産地消をより空間的に把握しようと試みているものの，市町村レベルでの具体的な生産や消費データが欠如していることもあってか，ミクロな地域

においては，地産地消に付随する効果を定量的に捉えることの難しさを示している。

　地産地消を資金循環の視点から捉える場合，経済活動の起点と終点を把握することが必要になるだろう。そのため，生産範囲もしくは消費範囲がある一定の空間的範域で生じているのかどうかが示されるべきだが，先行研究では，都道府県など一定の範域設定がされたうえで，その範域での生産をもって「地産」，その範囲に立地する直売所での販売をもって「地消」と，暗黙のうちに措定されている傾向にある。つまり，どのような範囲で生産された産品がどこで消費されているのか，具体的な空間的範囲を分析する視角で地産地消は研究されてきていない。したがって，より具体的に，地産地消がどのように生じているのかデータを用いて定量的に示すことが期待される。

（2）生産から消費に至るネットワーク

　大規模農業や多国籍企業主導の食料・農業システムに対する批判的な動きや，地域振興・環境保全を重視した新しい農業を模索する動きなどを背景に，代替的食料ネットワーク論（Alternative Food Network: AFN）への注目が高まってきている。ローカルな運動や取り組みの総称としてAFNと呼称されている傾向にあるが，従来の生産性や効率性を重視した慣行的な食料供給体制に対して，品質や多品種少量生産，近接性を重視した代替的な供給体制として，近隣のfarmers' marketから遠方へのfair tradeまで，実際には多様な食料の供給網が含まれている（Maye and Kirwan 2010; Goodman et al. 2012）。AFNの潮流のなかでも，特に，市民社会主導型の食料ネットワーク，すなわち，市民による食料ネットワーク（Civic Food Networks: CFN）では，消費者としての市民の役割が重要視されている。消費者が単なる受動的な食料需要者としてではなく，自らが必要とする食料，さらには，それを支える農業を積極的に求める市民社会の一員として，食料生産・流通・消費のネットワークに関わっていくことが提起されている［Renting, et al. 2012］。このCFNにおいては，直売所が，従来の食料供給体制からの移行として，能

動的な市民に高く評価されている［Zagata 2012］。地産地消研究では，CFN同様に生産者と消費者の関係性に着目はするものの，こうした生産から消費に至る経路やそこで結びつく関係性を「ネットワーク」と位置付けたり，生産者側よりも消費者側により重心をおいて食料供給網を捉えたりする傾向は少ないかもしれない。しかし，流通経路が多様化している現在，消費者の購買行動が流通事業者や小売店舗の経営戦略に大きな影響を与えるため，地産地消の空間分析においてもこうしたネットワークの視点は重要になるだろう。

（3）横浜市における地産地消

　横浜市は人口370万人を擁する大都市であり，市域面積の約7％を農地が占め，大消費地と多様な農業が共存している。農地面積は神奈川県内で最大の約2,850ha（2020年）であり，2019年の農水省推計値では，農業産出額も約119億円と県内トップ規模にある。すなわち，横浜市は農業都市としての性格を有している［江成 2017］。

　2015年農林業センサスによれば，横浜市の農家戸数は約3,500戸で，そのうち販売農家は約2,000戸であり，農業就業人口は約4,500人という状況である。当然，農家の高齢化や担い手の減少といった全国と同じ課題を抱えているものの，新規就農者や若い農業従事者も一定数存在し，40歳未満の農業就業人口が全体の約10％を占めている。経営作目としては，露地野菜や施設野菜が中心であり，販売金額300万円以下層が約70％と多いものの，1,000万円以上層も約8％存在し，積極的な経営を進める農家層と農地管理を中心とした高齢農家層に二分化している傾向にある［江成 2017］。

　主な販売先として，センサスから売上1位の出荷先経営体数を確認すると，「消費者に直接販売（44％）」「卸売市場（24％）」「農協（15％）」「小売業者（7％）」となっており，市場出荷や系統出荷よりも，個人もしくはJA開設の直売所を通じての販売が主流であることを意味している。生産者にとって，直売所への販売は市場出荷などに比較して手取り価格が高いため，自身の生産量と需要量とを踏まえて直売所販売に積極的に取り組んでいる［香月ほか

2009，池島 2018]。横浜市の場合，消費地市場であるため，卸売市場に出荷された農産物も域内にて流通する可能性が高いが，市内に立地する直売所に出荷された場合には，近隣の消費者に直接販売されることとなる。

　JA横浜では，直営直売所「ハマっ子」を13店舗展開している。これ以外にも，各JA支店を活用しての即売会形態での直売も行われている。この直営直売所は大型施設化を目指しておらず，既存の個人直売所等との競合を回避するため，また，生産者が出荷しやすいようできるだけ農地の近くに店舗を設置するため，中規模施設を市内全域の農地近隣に複数展開している。野菜のほか，精肉，牛乳，畜産加工品，乳製品，農産加工品まで，横浜市内産を提供しており，地場農産物の販売比率は95％以上を誇っている［根岸2008，矢沢 2013]。以上のように，地産地消を具現化する役割を，まさに，直売所は担っているといえる。

2．データと分析手法

（1）使用するデータ

　地産地消の空間分析にあたって，JA横浜提供の①生産者情報，および，②直売所情報，③来店者居住地域情報を利用する。①生産者情報については，2016年時点でJA横浜直営直売所に出荷者登録をしている生産者を対象とし，出荷先店舗（複数可），生産者所在地が含まれている。②直売所情報については，2016年を対象に，各店舗における年間別の販売金額や来店者数が含まれている。③来店者居住地域情報とは，2016年12月に実施された直売所歳末野菜プレゼントキャンペーンに応募した消費者の居住エリアを，個人が特定できないように町丁目単位にて集計したデータである。応募者が記載した住所をもとに，各店舗の近隣町別，店舗が立地する区別，市別，都道府県別に，応募者数を分類している。少数の応募者しかいない場合には，「他町」「他区」「他市」のように複数の町や区が一括してまとめられている場合もある。約10日間のキャンペーン期間であるため，レジ通過延べ人数に占める応募者

数は店舗全体で約30％である。

（2）分析手順

　本研究の第1の目的は，生産者および直売所買い物客の地理的分布を示し，地産と地消の具体的な範囲を明らかにすることである。以下の手順において分析を進める。

　第1に，生産者情報のデータセットを作成する（①）。直売所へ出荷者登録をしている1,224名の生産者を，町丁目単位，かつ，出荷先直売所ごとに分類する。出荷先店舗が異なれば，同じ生産者であっても，別の固有番号を付与し，区分している。生産者の住所情報は，アドレスマッチングサイトを経由して緯度経度データに変換する。位置情報は各町丁目の中心地付近にて取得している。作成された生産地を示すポイントデータには，町丁目ごとの生産者人数が格納されている。

　第2に，直売所情報のデータセットを作成する（②）。各店舗住所からジオコーディングを行い，ポイントデータにする。属性データとしては，年間販売金額と来店者数を格納している。

　第3に，来店者居住地域情報のデータセットを作成する（③）。いわゆる消費地の位置情報をジオコーディングし，ポイントデータにする。居住地情報は地番が特定できないように町丁目レベルで，その範域の中心点付近の緯度経度情報を利用する。「○○区他町」や「横浜市他区」のように複数の町等がまとめられている場合は，便宜上，該当区役所や市役所の緯度経度情報を用いる。「他市」として複数市がまとめられている場合には，該当する市が判断できないため分析から捨象するものの，そうした地域からの来店者数は多くないため分析結果に影響を与えない程度と考えられる。都道府県レベルの消費地としては，隣接する「東京都」「千葉県」が分類され，都庁・県庁の緯度経度情報を用いている。消費地を示すポイントデータは，町域の中心点や各役所などの代表的地点を利用しているため，実際の消費者の居住地との差異がある点には留意する必要がある。

　第4に，①②を用いて，生産地別の年間出荷額を推計する（④）。生産者個別の出荷額はわからないため，生産者の居住地情報をもとに，町丁目単位で集計し，各直売所の販売金額を地域別生産者数で按分し，地域別年間出荷額を推計する。便宜上，ここでは，小売価格と出荷価格の差は考慮しない。

　第5に，②③を用いて，直売所店舗への年間地域別来店者数および地域別販売金額を推計する（⑤）。各店舗の来店者情報をもとに，地域別割合を算出し，それを年間レジ通過延べ人数に乗じることで，年間地域別来店者数を推計する。同様に，各店舗の年間販売金額に，地域別来店者割合を乗じて，地域別年間販売金額を推計する。

　第6に，①②③の各種データセットをGIS（地理情報システム）にて，「生産地の分布」「直売所の分布」「消費地の分布」を示すレイヤーとして作成し，それぞれの地理的分布を確認する。

　本研究の第2の目的は，直売所の販売金額を起点に，生産地から消費地へとつながるネットワークを明示し，その分布およびお金の流れを明らかにすることである。そのため，まず，②を用いて，各ポイントにおける販売金額や来店者数を可視化し，直売所の売上動向を確認する。次に，②④を用いて，各生産地と各直売所をラインで結び，両者間に流れるお金の動きをその金額差を考慮して可視化する。同様に，②⑤を用いて，各直売所と各消費地をラインで結び，そこに流れるお金の動きを可視化する。さらに，生産地から直売所，直売所から消費地，それぞれの2点間距離を測定する。これらの手順に従って，地産圏域，地消圏域が有する物理的な距離情報を示すとともに，生産から消費にいたる地域の農業・食料ネットワークの軌跡を示す。

　あわせて，各店舗の①③を用いて，該当する生産地・消費地ポイント群をつないで構成される範囲のうち，最小範囲を示す凸型ポリゴンによって地産圏域・地消圏域を区分する。この地産・地消圏域が重複する部分を「地産地消圏ポリゴン」として抽出する。その上で，これらポリゴンの面積を測定し，地産地消の面的ひろがりを可視化する。こうして得られた各店舗の「地産地消」の特性を類型化して，整理する。

3．地産地消の空間分析

（1）直売所の分布

　上記方法および手順にそって作成された**図5-1**では，各直売所の３年分の販売額と2016年のレジ通過延べ人数を示している。13直売所全体として，販売額は，16億6,000万円であり，来客者数は169万人である。北部エリアの５直売所で販売額および来店者数が高く，特に「メルカートきた」では，約23万人の来店者によって，年間約２億4,000万円が売り上げられている。また，「南万騎が原」を除いた12直売所にて，2014年から2016年にかけて直売所で

図5-1　JA横浜の直売所店舗における販売金額と来客数

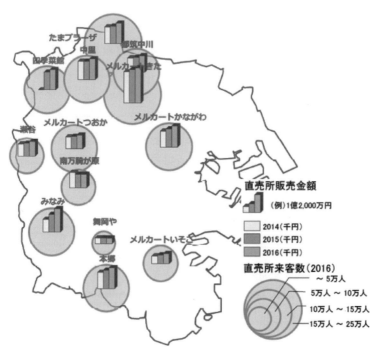

資料：JA横浜提供データにより作成。

の農産物販売は伸びている。**図5-1**からは北部エリアから南西部エリアにかけた郊外部において，直売所が立地していることが示されている。すなわち，直売所立地付近に農地が多く分布しており，大都市でも直売所を通じて地域農業が市民生活と結びついているといえる。

（2）「地産」を担う生産者の分布

　続いて，直売所に出荷者登録している生産者を町丁目単位で集計した生産地ポイントと出荷先店舗とを出荷推計額に応じたラインで結んだ**図5-2**からは，363地点に集約された1,224名の生産者がそれぞれに自宅から近い店舗や複数店舗との取引を進めている点が浮かび上がる。

　ここで，生産者の集積傾向を確認すると，同一町丁目に含まれる生産者数が10名以下である地域は341地点（93.9％），11〜30名である地域は16地点（4.4％），31〜50名である地域は6地点（1.6％）であり，生産者は分散して居住していることが確認できる。同一町丁目に31名以上が居住する地点は「メルカートきた」「四季菜館」「みなみ」の各店舗付近に限られている。また，各地点から直売所への年間出荷額の動向として，1,000万円未満の生産地は325地点（89.5％），1,000〜3,000万円の生産地31地点（8.5％），3,000〜5,000万円の生産地6地点（1.6％），5,000万円以上の生産地1地点（0.2％）である。したがって，1生産者当たり年間出荷額100万円未満という生産規模の生産者が分散している一方で，一部の生産地では，比較的多くの生産者が集積して居住している状況にある。

　生産者の登録数は店舗によって異なるが，北部エリアで販売金額が大きい「メルカートきた」では62地域265名の生産者が，南西部エリアの「みなみ」では42地域225名の生産者が出荷している。「メルカートきた」付近，「みなみ」付近には，それぞれ31〜50名の生産者が集積しているものの，出荷推計額は1,000〜3,000万円および3,000〜5,000万円となっており，生産者が集積しているわりには出荷額はそれほど大きくない。同一地点から複数の店舗に出荷していることもその要因かもしれない。

図5-2　直売所に出荷する生産者の分布

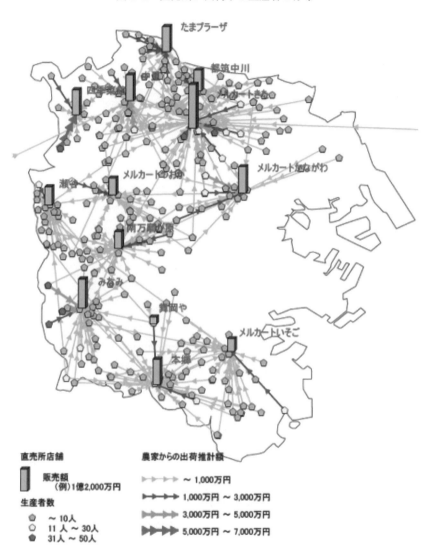

資料：JA横浜提供データにより作成。

　各生産地を示すポイントデータから出荷される直売所までの距離を測定すると，生産地から直売所店舗までの平均距離は，「舞岡や」（0.75km）や「四季菜館」（1.61km）のような至近距離にある２店舗のほか，２km台にある５店舗，３km台にある６店舗となっている。一番距離が長い店舗は「メルカートきた」（3.81km）であり，13店舗全体に関する平均距離は3.09kmである。生産者が出荷しやすいようにと考えられた店舗立地であり，もともと生産者からの距離が近い特性があるものの，３kmという地産圏域が示され，改めて，その近接性が確認できよう。

（3）「地消」を示す消費者の分布

　次に，来店者居住地域情報をもとに，直売所店舗への年間地域別来店者数および地域別販売金額を推計した結果，**図5-3**のように，累積約170万人となる消費者が475地点に集約され，直売所から各消費地へ流れる推計販売額が示されている。475地点のうち，横浜市内消費地が434地点，東京都，千葉県等の近隣都県や町田市（東京都），川崎市（神奈川県），鎌倉市（神奈川県）等の近隣市といった横浜市外消費地が41地点となっている。直売所での購入者として，横浜市内が最も多いものの，神奈川県内他市をはじめ２都県11市からの購入者がおり，広範囲にわたって消費されているのがわかる。販売額では，横浜市青葉区（２億9,561万円），都筑区（１億9,025万円），泉区（１億6,174万円）など，直売所が近接する区が上位を占めており，市内消費額は15億136万円を記録している。一方，市外の消費地は川崎市（8,052万円），東京都（町田市のぞく：3,626万円）などでまとまった販売額があるものの，合計１億4,434万円にとどまり，横浜市内での消費を「地消」と仮定する場合，地消率は91.2％と非常に高い数値を示すことになる。

　各消費地での年間販売額の動向として，1,000万円未満の消費地は435地点（89.4％），1,000〜2,000万円の消費地32地点（6.7％），2,000〜4,000万円の消費地４地点（0.8％），4,000〜6,000万円の消費地４地点（0.8％）であり，小口の消費地が多いものの，非常に多く消費する地点が少数ながら存在してい

図 5-3　直売所から購入する消費者の分布

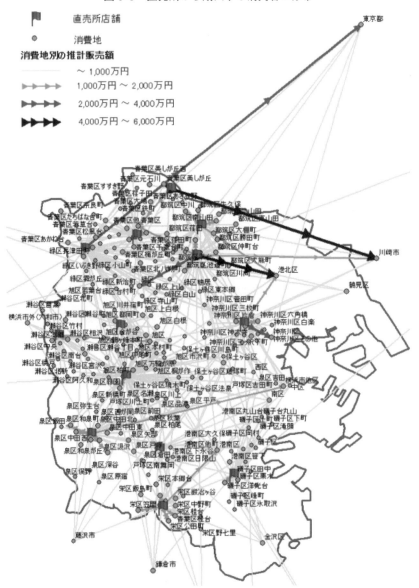

資料：JA 横浜提供データにより作成。

る。**図5-3**が示すように，「たまプラーザ」から川崎市（5,034万円），「メルカートきた」から港北区（5,054万円）に流れるお金の動きが目立っている。しかし，範域設定の差（市・区・町丁目レベル）もあり，横浜市内北部エリア，南西部エリアの細分化された消費地点の集計値と比べると，この2つの消費地点はそれほど販売額が大きい地点とはいえない。

　直売所各店舗から消費地点にかけての平均距離を測定すると，「メルカートつおか」（2.19km）や「瀬谷」（2.57km），「中里」（3.18km）のように3km前後の距離で消費地点と結びついている直売所店舗もあれば，「四季菜館」（7.85km）や「メルカートきた」（7.37km），「メルカートかながわ」（6.57km）のように，7km前後の距離に消費地点が分布している店舗もある。「地消」の平均距離としては，5.17kmであり，地消圏域は5kmということができる。横浜市外の消費地点が含まれている店舗において，地消平均距離が伸びていると想定され，先に確認した「地産」平均距離3.09kmよりも地理的な広がりを示している。横浜市外の近隣地域における消費地の存在が地産圏域よりも地消圏域を2km程度拡大させているといえよう。

　このように，直売所，生産者，消費者の立地をもとに，JA横浜直売所の調達圏域，販売圏域を明らかにしてきたといえるが，「地産」を担う生産者は各地域に分散しながら，比較的近接した店舗や複数の店舗に出荷している一方で，「地消」を担う消費者は横浜市内を中心に分布しつつも，市外各地からも購入しに訪れていることが確認された。各店舗における地産と地消に伴う距離には，それぞれの立地的相違が見受けられるものの，地産平均距離が3kmであり，地消平均距離が5kmであることから，実際に，JA横浜の直売所をめぐる地産地消の範囲は狭域であることを指摘できよう。

4．農業・食料ネットワークの可視化

（1）地産地消のネットワーク

　前節の分析結果から，横浜市で生産された農産物のうち，JA直売所を媒

介とする場合に3～5kmの範囲で，約16.4億円のお金が，生産者～直売所
～消費者間をめぐり循環していることになろう。特に，横浜市域での消費に
限定すれば，約15億円の循環となる。

　直売所13地点を起点に，生産地363地点，消費地475地点を結ぶネットワー
クは**図5-2～5-3**からも明らかであるものの，実際の農産物の動きは生産者
→直売所→消費者である。**図5-4**は販売額500万円以上のみを対象とし，「生
産地→直売所」75本（20.6％）と「直売所→消費地」90本（18.9％）のライ
ンから横浜市内の生産から消費にいたる地産地消のネットワークを示してい
る。これらネットワークは全取引の2割程度に相当している。直売所近隣地
域から，農産物が出荷され，近隣地域にて購入されていく過程が描かれ，
「四季菜館」はじめ，「メルカートきた」「みなみ」では生産が，「たまプラー
ザ」「メルカートきた」「メルカートかながわ」では消費が大きい流れになっ
ている。生産者の出荷動向および消費者の立地動向を結び付けることで，各
店舗を媒介とした地産地消の圏域がネットワークとして捉えられている。営
農が盛んな北部エリア，南西部エリアともに，基本は市内近隣地域で生産と
消費が完結しており，それに伴って農産物の売上も近隣で循環している。北
部エリアでは市外への販売も多く，いわば，「外貨」を稼いでいるとみるこ
ともできよう。

（2）地産地消の類型

　図5-4のように，生産・流通・消費のネットワークを具体的に示すことで，
地産地消を通じた農業・食料ネットワークの一端が可視化され，個々のネッ
トワークが明確に析出されている。その一方で，そうした線的なネットワー
クの集合体として，面的に地域の地産地消圏を捉えることで，地域農業の活
性化や地域経済の循環の効果が表れやすい範囲を確認できる。そのため，各
店舗の地産圏，地消圏を算出し，そこから両者が重複する部分を地産地消圏
とし，面的ひろがりから地域の地産地消圏の動向を分析する。

　図5-5において，各地産地消圏の面積として，「舞岡や」0 km^2（線によ

図5-4　生産から消費へのネットワーク

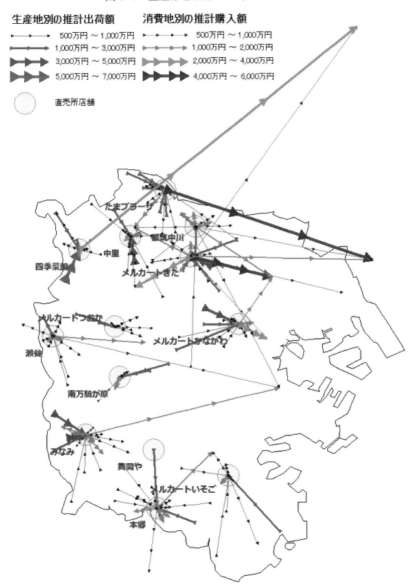

生産地別の推計出荷額

- →　　　500万円 ～ 1,000万円
- →　　　1,000万円 ～ 3,000万円
- ▶▶▶　3,000万円 ～ 5,000万円
- ▶▶▶　5,000万円 ～ 7,000万円

○　直売所店舗

消費地別の推計購入額

- →　　　500万円 ～ 1,000万円
- →　　　1,000万円 ～ 2,000万円
- ▶▶▶　2,000万円 ～ 4,000万円
- ▶▶▶　4,000万円 ～ 6,000万円

資料：JA横浜提供データにより作成。

93

図5-5　各店舗における地産地消圏

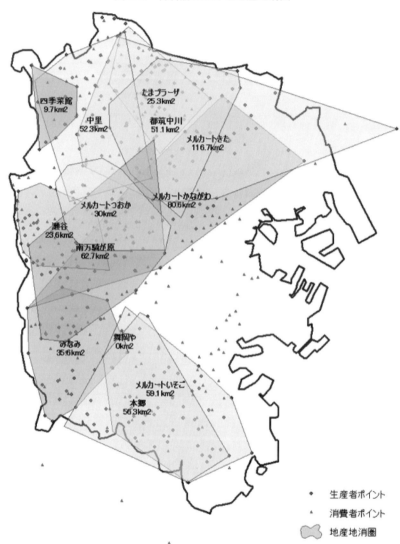

資料：JA横浜提供データにより作成。

り面積成立せず），「四季菜館」9.7km²，「たまプラーザ」25.3km²，「瀬谷」23.6km²という狭域なケースに対して，「南万騎が原」62.7km²，「メルカートかながわ」80.6km²，「メルカートきた」116.7km²というやや広域の地産地消圏を有する店舗もある。参考値として，横浜市面積は437.4km²である。先述したように，地産圏よりも地消圏が大きいこともあり，地産圏が地産地消圏の面積を規定している傾向にあるが，もちろん，各店舗の生産地と消費地の立地に応じて，地産地消圏は形成されている。地産地消圏は横浜市内のうち，生産地が分布している一帯を網羅していることが読み取れ，逆に，消費地が多く分布していても東部エリア・港エリアには地産地消圏のひろがりは及んでいない。

　図5-6では，地産圏の面積と地消圏の面積から，直売所店舗における地産地消のひろがり特性を類型化している。地産面積70km²，地消面積600km²を軸に，各直売所の地産地消圏の特性を相対的に以下のように分類できる。すなわち，①地産面積70km²未満・地消面積600km²未満に位置する店舗の場合，生産・消費ともに近接した範囲で発生し，経済循環が伴いやすい《還流型》，②地産面積70km²未満・地消面積600km²以上に位置する店舗は，近隣で生産される地元産農産物を広範囲の消費地に対して販売・発信していく《普及型》，③地産面積70km²以上・地消面積600km²未満に位置する店舗では，出荷される生産地が広範囲に及んでおり，市内各地の農産物を直売所近隣にて消費する《調達型》，④地産面積70km²以上・地消面積600km²以上に位置する店舗では，生産・消費ともに広範囲にわたって生じているが，特に広域の消費者に対して販売できる《集客型》，という4類型である。

　以上から，JA直売所は《還流型》が多いものの，店舗立地に応じて類型に差があり，たとえば，市内産農産物の消費量増加を目指す場合に，各類型が示す地消情報を参考に，《普及型》や《集客型》なら，広範なエリアを対象に働きかけを行うことが有効になろう。また，広範な市内産地から出荷される《調達型》のように，限られた範囲での消費動向をもとに，生産者による出荷先店舗選択や直売所間の数量調整など，生産面での対応も可能であろ

図5-6　地産地消のひろがり特性

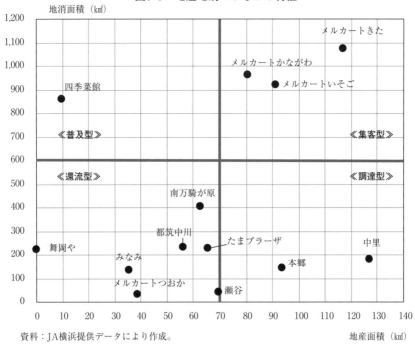

資料：JA横浜提供データにより作成。

う。経済循環の効果が及びやすい範囲においても，4類型に応じて小地域レベルでの相違はあり，地域の生産者と消費者の経済的結びつきを改めて喚起しうるだろう。

おわりに

本研究では，地産地消が実際にどのような範囲で生じ，農産物の販売に付随して経済的な効果が地域でどの程度発生しているのかを，生産と消費に関するミクロレベルの空間データをもとに明らかにしてきた。

可視化された生産・流通・消費をめぐる農業・食料ネットワークは，まさに，地産地消の具体的な筋道を示しており，地域における約16億円のお金の

流れが視覚的に確認されている。また，そのネットワークの面的なひろがり
は，地産地消の4類型として，個々の直売所店舗における生産と消費の結び
つきの相違を提示している。実際には，大消費地として，横浜市では域外か
ら多くの農産物が流入し，その分，巨額な支払いが流出している。とはいえ，
直売所で取り扱われる市内産農産物に限定すれば，ほぼ域内でお金が循環し，
一部，域外から資金が流入している構造が明示されたと同時に，類型化に
よって，今後の地域農業の活性化に向けての指針が浮かび上がったといえよ
う。

　地域で生産された農産物は，地域住民の食料として，買い物を通じて消費
されていく。この生産・流通・消費に至る連鎖が地域の農業食料ネットワー
クとして，農産物の流通を通じた経済の循環を地域にもたらしている。直売
所による地産地消は，この農業・食料ネットワークの典型例であり，多品種
少量生産や近接性を重視した食料供給網を積極的に求める膨大な都市住民に
支えられている。こうした地域における農業・食料ネットワークは，まさに，
先述した「市民による食料ネットワーク（CFN）」の一形態と捉えられよう。

　しかし，横浜市内で生産される農産物の流通全体としては，市場流通や
スーパーマーケットや飲食店との直接取引など，他の流通や消費のルートも
多くあり，そういう意味では，地域の農業・食料ネットワークはまだ未解明
な部分も多く残されている。また，本研究では，農産物は地域における経済
循環の起点として機能することを明らかにしたとはいえ，地域での売上額を，
生産局面における出荷額，消費局面における販売額と同値になる仮定をおい
ているため，農産物取引に伴う直接効果や間接効果を踏まえた経済波及効果
は計測できていない。これらの点は今後解明すべきだが，従来，不可視化
されてきた地産地消の空間的な生産・販売動向を，農業・食料ネットワーク
として具体的に解明した点で，地産池消研究に対して新たな道が拓かれたとい
えよう。

参考文献

江成卓史［2017］「横浜市の都市農業と農地保全」『農業農村工学会誌』第85巻第7号.

池島祥文［2016］「ローカルフードシステムによる地域経済循環の効果分析」『農業農協問題研究』第59号.

池島祥文［2018］「都市農業によるアグリフードネットワークの萌芽」『農業と経済』第84巻第2号.

伊東維年［2012］『地産地消と地域活性化』日本評論社.

香月敏孝・小林茂典・佐藤孝一・大橋めぐみ［2009］「農産物直売所の経済分析」『農林水産政策研究』第16号.

菊島良介［2017］「農産物直売所の空間的競争」『農業経済研究』第88巻第4号.

根岸久子［2008］「シリーズ現地報告《JA横浜》地産地消を広げ，横浜を『ハマっ子』の町にする」『JA総研レポート』第5号.

下平尾勲・伊東維年・柳井雅也［2009］『地産地消』日本評論社.

柳井雅也［2013］「書評　伊東維年著『地産地消と地域活性化』」『産業経営研究』第32号.

矢沢定則［2013］「横浜でがんばります　JA横浜の現況と課題」『JA-IT研究会第35回公開研究会報告（2013年11月29日）』（http://ja-it.net/wpb/wp-content/uploads/PDF/seminar_report/35report1.pdf）.

Goodman, D., Dupis, E.M., and Goodman, M.K.［2012］*Alternative Food Networks: Knowledge, Practice, and Politics.* London: Routledge.

Hara, Y., Tsuchiya, K., Matsuda, H., Yamamoto, Y., and Sampei, Y.［2013］"Quantitative Assessment of the Japanese 'Local Production for Local Consumption' Movement: A Case Study of Growth of Vegetables in the Osaka City Region," *Sustainability Science*, Vol.8, Issue 4.

Maye, D., and Kirwan, J.［2010］"Alternative Food Networks," *Sociopedia.isa.*. DOI: 10.1177/205684601051.

Renting, H., Schermer, M., and Rossi, A.［2012］"Building Food Democracy: Exploring Civic Food Networks and Newly Emerging Forms of Food Citizenship," *International Journal of Sociology of Agriculture and Food*, Vol.19, Issue 3.

Zagata, L.［2012］"'We Want Farmers' Markets!' Case Study of Emerging Civic Food Networks in the Czech Republic," *International Journal of Sociology of Agriculture and Food*, Vol.19, Issue 3.

第Ⅱ部
農場から食卓へ
──ブラックボックスを読み解く──

第6章

コメ・ビジネス
——公共性とアグリビジネス——

冬木　勝仁

はじめに

　2015年に国連で採択された「持続可能な開発目標」(SDGs) では「飢餓を終わらせ，食料安全保障及び栄養改善を実現し，持続可能な農業を促進する」ことが目標として掲げられ，「2030 年までに，飢餓を撲滅し，すべての人々，特に貧困層及び幼児を含む脆弱な立場にある人々が一年中安全かつ栄養のある食料を十分得られるようにする」としている[1]。また，日本では，食料・農業・農村基本法に，「食料は，人間の生命の維持に欠くことができないものであり，かつ，健康で充実した生活の基礎として重要なものであることにかんがみ，将来にわたって，良質な食料が合理的な価格で安定的に供給されなければならない」(第2条) と定められており，食料を安定供給することは社会の持続性・安定性にとって不可欠の要素であることは共通認識となっている。したがって，食料の生産・流通は，本来は公共的な性格を有しており，本書が対象とするアグリビジネスは，公共性と私的利益のせめぎあいの中で事業が展開されている。

　人間は生存する上で必要な栄養の多くを穀物から摂取しているが，その種類はそれぞれの地域の自然環境や歴史的背景によって異なる。日本ではコメがそれにあたり，主要食糧（主食）と呼ばれる。それゆえ，コメ及び麦，大

---

1) 2015年9月25日の第70回国連総会で採択された "Transforming our world: the 2030 Agenda for Sustainable Development" の外務省による仮訳。

豆など主要食糧に関しては，畜産物や青果物と異なり，長年にわたり食糧管理法（食管法）の下で国による管理制度を前提としてきた。

　そこで，本章では，まずはじめに，日本におけるコメの公共的性格を，法律上の位置付けから確認する。次に，法的位置付けとしては公共的性格を持ちながらも，規制緩和によって実態上は民間流通に移行し，アグリビジネス的性格が強くなっていく過程を概観し，現時点におけるコメのフードシステムの状況を示す。さらに，近年の「アベノミクス農政」の下で進行したコメのアグリビジネス化の特徴を明らかにするとともに，協同組合として，本来はコメの公共的性格を具現化する流通の担い手であるはずの農協系統組織の再編とコメ事業の方向について触れ，改めて主食供給の公共的性格とその担い手について言及したい。

1．コメの公共的性格

　国によるコメの全量管理を定めていた食管法は1995年に廃止されたが，その後継である「主要食糧の需給及び価格の安定に関する法律」（食糧法）においても，「主要な食糧である米穀及び麦が主食としての役割を果たし，かつ，重要な農産物としての地位を占めていることにかんがみ，（中略）需給及び価格の安定を図」ることが第1条に規定され，そのために「基本方針」（第2条）で，「米穀の需給の均衡を図るための生産調整の円滑な推進」を図るとされている。

　「主食としての役割」「重要な農産物としての地位」という表現は，かつての食管法において政府買入・売渡価格を規定した「米穀の再生産を確保すること」（食管法第3条），「消費者の家計を安定せしむること」（同第4条）という表現を想起させる。もちろん，時代状況は異なっているし，食糧法が食管法と同じ理念に立脚しているわけではない。だが，「国民経済の安定を図る」（食管法），「国民生活と国民経済の安定に資する」（食糧法）という点，また日本におけるコメの位置付けを端的に示しているという点では共通して

いる。

　つまり，コメは国民の主食であるがゆえに，また農業者の経営を支える重要な農産物であるがゆえに価格の安定が求められているが，そのためには需給調整が必要であり，それは法に基づき国の責任で行うということである。ただし，食管法のように国が「管理」するのではなく，食糧法では「生産調整の円滑な推進に関する施策を講ずるに当たっては，生産者の自主的な努力を支援すること」とされている。この点は，後述するように，アベノミクス農政の下でコメの生産調整の見直しが進められた際，生産調整の「やり方」が議論の中心になってしまった要因であるが，本来は「あり方」として，前述した「国の責任」があることを明確にしておく必要があったのである。

2．規制緩和の進展とコメ流通のアグリビジネス的性格の強化[2]

（1）戦時立法としての食糧管理法と戦後の民主化

　食管法に基づく食糧管理制度（食管制度）の成立は1942年にさかのぼる。元々は戦時下で農家から食糧を供出させ，それを国民に配給するための制度であった。第二次世界大戦後，農地改革による戦後自作農体制の成立など一連の民主化措置の中で食管法も改定されるが，極端な食糧不足の中で統制的側面は維持された。河相［1990］は，この戦後食管制度の根幹として，「米の政府全量買い入れ」「米流通の国家一元管理・流通ルートの特定」「二重米価制」「米の国家貿易」「食糧管理特別会計」をあげている。二重米価制による政府全量買入は，政府が生産者から相対的に高くコメを買い入れ，消費者に相対的に安く売り渡す制度であり，その差額は財政負担によって補填されるものの，運用によっては生産者の所得安定と消費者の家計安定を実現する側面も持っていた。また，コメ事業の免許制度による流通ルートの特定・一元化は過度な市場競争を抑制し，流通業者の経営安定を図る効果もあった。

2）本節については，冬木［2003］をもとに執筆した。また，農協系統組織とコメ流通の関係については，吉田［2003］を参考に執筆した。

この食管制度下でコメは商品的性格を否定され，もっぱら「配給」されるものとして位置づけられ，法律上も1981年の食管法改定まで，「配給」の文言が残存していた。

（2）食管制度の変容と規制緩和の進展

　食管制度によるコメの全量買入は，農家に安定的な所得を保障することで戦後自作農体制を支えたが，需給動向とは相対的に独立して運用する制度であったため，食糧不足の時代はともかく，平常時には需給の不均衡をもたらす可能性があり，1960年代に入るとそれが顕在化した。1962年をピークに１人当たりのコメ消費量は減少に転じ，1960年代後半には政府が買い入れたコメの過剰在庫，食糧管理特別会計の大幅赤字が顕在化し，コメの全量買入は維持できなくなった。

　その結果，1969年には一部のコメについて政府を経由せず流通させる自主流通米制度が導入され，同年から試行的に実施されていたコメの生産調整が1971年から本格的に実施された。しかしながら，この段階においてもコメ流通事業の免許制度は維持され，流通は規制されていた。また，自主流通米も数量や流通ルートを規制する「政府管理米」とされ，それ以外の流通が禁止されるなど，「米の政府全量買い入れ」は廃止されたものの，「全量管理」は維持された。

　1980年代以降，規制緩和が消費地流通段階で本格的に進展する。1981年の食管法改定に引き続き，1985年には「米穀の流通改善措置大綱」，1988年には「米流通改善大綱」が実施に移され，大幅な規制緩和が実施される。これまで同一都道府県内に限られていた卸売業者の営業区域が隣接都道府県に拡大され，大型外食事業者への直接販売も認められるなど（それまでは小売業者を通じて販売），卸売業者の販売先が大幅に拡大した。また，卸売業者は全農などの集荷団体から自主流通米を仕入れるしかなかったが，都道府県を越えて卸売業者間でコメを取引できる制度や，農協系統組織などの集荷団体・業者が自主流通米を上場し，卸売業者が入札によって買い入れる場であ

る「自主流通米価格形成機構」の設置（1990年）などにより仕入方法が多様化した。

　しかし，産地流通段階では諸々の規制が残存していた。生産者から一次集荷，二次集荷など多段階にわたる業者の免許制度などにより，産地流通（生産者からのコメの集荷）においては農協系統組織が圧倒的なシェアを有していた。

（3）食糧法の施行と改定

　1993年の大冷害，コメ不足，緊急輸入，1995年の世界貿易機関（WTO）の設立とその協定に基づく恒常的なコメ輸入の開始，という経過の中で，1995年には食糧法が施行され，食管法は廃止された。これにより，免許制であったコメ事業は登録制に変わり，新規参入が進んだ。同時に卸売業者の営業区域が全国に拡大され，消費地流通における自由化が一層進展した。また，政府買入米と自主流通米からなる「政府管理米」は「計画流通米」と名称を変え，それ以外の「計画外流通米」も認められるようになり，「米の政府全量管理」は放棄された。ただし，佐伯［2004］が指摘するように，この段階の食糧法は「政治的妥協の産物としての統制と自由の奇妙な折衷であり，それを象徴するものが計画流通制度」であった。この計画流通制度の根幹を担うことで，産地流通段階で農協系統組織は優位性を保っていた。

　その後，2004年4月から施行された改定食糧法では，計画流通制度が廃止され，コメ流通がほぼ自由化された[3]。生産調整は維持されたが，これまでのように生産調整面積を生産者に割り当てる方式ではなく，生産数量の目標を割り当てる方式に変わった。食糧法では「生産調整の円滑な推進に関する施策を講ずるに当たっては，生産者の自主的な努力を支援すること」とされており，生産者が生産調整に参加するかどうかは任意であったが，様々な補助金の支給要件になっていたため，多くの生産者が生産調整を継続していた。

3）食糧法改定によるコメ流通の変化については，冬木［2005a］，冬木［2005b］，冬木［2007］，冬木［2008］，冬木［2009］で詳しく論じたので参照されたい。

2010年から施行された「戸別所得補償制度」は，生産数量目標に従って生産
した者に対して直接補助金（コメの直接支払交付金）を交付する仕組みで
あったため，生産調整を行う動機付けが強まった[4]。

2018年からは生産調整制度が変更され，コメの生産数量目標に従って生産
することを要件としたコメの直接支払交付金が廃止されるとともに，これま
でのように国が生産数量目標を配分しなくなった[5]。そのため，コメの生産
段階での自由化が進むだけでなく，2016年4月に施行された改定「農業協同
組合法」に基づく農協改革の進展とともに，集荷段階も含めた産地流通段階
でも再編が進むことになった。

以上の経過で民間主体のコメ流通が形成され，アグリビジネス的性格が強
まってきたのである。

3．現時点におけるコメのフードシステム

前述したように，2004年の食糧法改定により，コメ流通はほぼ完全に民間
流通となり，その過程で需給調整や価格形成も大きく変化した。

通常，コメは生産者から籾ないしは玄米の形態で集荷され，産地の倉庫や
乾燥・調製施設であるカントリーエレベーターに保管されたものが，玄米形
態で卸売業者等の流通業者に出荷される。多くの場合，倉庫やカントリーエ
レベーターは農協などの集荷業者が保有しているが，比較的大規模な生産者
は，乾燥・調製のための専用施設（ライスセンターなど）や精米施設を保有
し，玄米や精米の形態で，流通業者や消費者に直接販売する場合もある。
2019年産米の流通経路別の数量は，**図6-1**に示したとおりである。

4）戸別所得補償制度とそのコメ流通への影響については，冬木 [2010]，冬木
　　[2011]，冬木 [2012] で詳しく論じたので参照されたい。
5）コメの生産調整に政府が関与しなくなることによるコメ流通への影響につい
　　ては，冬木 [2016]，冬木 [2017]，冬木 [2018] で詳しく論じたので参照さ
　　れたい。

図6-1　米の流通経路

（単位：万 t，2019年産米）

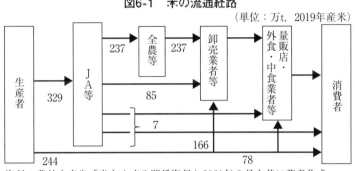

資料：農林水産省「米をめぐる関係資料」2021年 2 月を基に著者作成。

　かつて消費者のコメ購入先は専門小売店（米屋）が大部分であったが，規制緩和が進むにつれ，主要な購入先は量販店（スーパーマーケットなど）に変わった。専門小売店の場合，精米機を保有している場合が多く，玄米で仕入れ，単体もしくはブレンドした精米商品を販売できるが，量販店の場合，精米は卸売業者に委ねるため，卸売業者の商品設計機能が重要となる。卸売業者は出荷された玄米を精米工場で加工し，「新潟コシヒカリ」「北海道ななつぼし」等の産地名と品種名を組み合わせた商品アイテムとして量販店に納入する。それ以外に，複数の産地・品種をブレンドした商品や量販店のプライベート・ブランド商品も納入する。

　また，消費者の食料消費に占める外食・中食の位置付けが高まる中で，コメについても業務用の割合が拡大している。2018年 7 月から翌年 6 月までの 1 年間で，年間玄米取扱量4,000 t 以上の販売業者が販売した精米のうち，外食・中食等の業務用向けの割合は38％に達した。

　コメの 1 人当たり年間消費量 はピークであった1962年度の118kgから半減し，2017年度では54kgになっている。コメ市場縮小，産地間競争激化の中で，各産地は消費者に選択される品種の開発を積極的に行った。その結果，コメの品種数は増加し，日本穀物検定協会の食味ランキングで最高の「特A」銘柄が，ピークの2018年産には55銘柄（2020年産は53銘柄，食糧法改定前の

2003年産は11銘柄）に上る等，ブランドが乱立する状況になっている[6]。

　消費者の購入先も多様化している。2019年度の消費者のコメ購入先はスーパーマーケットが最も多いが（48.8％），近年はインターネット（9.9％）や産地直売所などを通じて生産者から購入する場合が増えている[7]。また，農協が直接実需者・消費者に販売する場合も増えていることから，全農や卸売業者など中間流通の見直しが進みつつある。

　なお，2016年11月に策定された「農業競争力強化プログラム」では，全農の農産物の売り方の見直しが位置付けられた。これを受け，全農は2017年3月に米穀事業の見直しに関する年次計画を策定した。この点については第5節で検討する。また，同プログラムにはコメ卸売業界再編も含まれているが，この点についてはアベノミクス農政の一環として次節で検討する。

4．アベノミクス農政とコメ・ビジネス

（1）アベノミクス農政の基本方向

　アベノミクスの一環である「攻めの農林水産業」を進める政策の下で，大手企業のコメを含めた農業ビジネスが活性化している。日本経済新聞社の専門誌である『日経ヴェリタス』[8]は，こうした改革の方向をアベノミクス第1の矢である金融政策になぞらえ，「農の異次元緩和」と呼び，「農業革命　政策大転換　企業が拓く新天地」という刺激的な見出しで報じている。広告に曰く，「農業に大再編の波が押し寄せている。小売りや食品メーカーは農家を囲い込み，トヨタや富士通など『参入』が相次ぐ。農家を投資先にマネー流入の動きも。TPPをにらみ，激変する農業に迫る。」他の見出しも刺激的である。「進む農家の『ケイレツ化』」「イオン，日本最大の農家になる

6）日本穀物検定協会「平成元年産からの特Aランク一覧表」。
7）コメの業務用割合や消費量，消費者の購入先の数値については，農林水産省
　　［2021］を参照。
8）『日経ヴェリタス』第297号（2013年11月17日〜23日）。

日」「トヨタが生産首位の野菜って？」「生産法人が団結，上場の動きも」，
といった具合である。

　「攻めの農林水産業」の具体的な方向は，2013年12月10日に公表された農
林水産業・地域の活力創造本部の「農林水産業・地域の活力創造プラン」に
示されている[9]。その後，数回の改定を経て具体化されていくが，最初のも
のが端的に方向性を示している。同プランは，①需要フロンティアの拡大
（国内外の需要拡大），②需要と供給をつなぐバリューチェーンの構築（農林
水産物の付加価値値向上），③生産現場の強化，④多面的機能の維持・発揮，
の4本柱としている。このうち，④については，既設の「中山間地域等直接
支払」「環境保全型農業直接支払」に加え，「農地・水保全管理支払」を組み
換えた「資源向上支払」，新設の「農地維持支払」からなる日本型直接支払
制度が創設され，さらに2014年9月3日の「まち・ひと・しごと創生本部」
設置につながっていくが，産業競争力会議などで議論された成長産業化に向
けた改革としては，①〜③が中心的な課題として示されていた［産業競争力
会議 2014］。以下では，その3つの方向に沿った企業のコメ・ビジネスの動
向を整理する。

（2）拡大するコメ輸出・海外ビジネス

　まず「①需要フロンティアの拡大」は，国内需要拡大と輸出で構成される
が，前者は6次産業化とあわせて後述することとし，まずはコメ輸出の動
向・取組について述べる。

　農林水産物・食品の輸出は，東日本大震災及び原発事故に伴う諸外国の輸
入規制の影響で2011・12年は落ちこんだものの，その後はほぼ順調に拡大し
ている。中でもコメ輸出については2011・12年も落ち込むことなく順調に増
加し，2020年は1万9,687t，53億円にまで達し，精米以外にもパックご飯
など加工品の輸出も増加している［農林水産省 2021］。その要因としては，

9）最新版は2020年12月改訂版。

2013年末の「和食」のユネスコ無形文化遺産登録，海外での和食ブーム，円安や国内米価下落による内外価格差の縮小などがあげられるが，それを利用した大手企業などの積極的な取組も重要である。

　たとえば，最大手コメ卸売業者の神明ホールディングスは，2020年に5,600 t（うち最大は香港向け2,600 t）を輸出し，傘下にある元気寿司の海外店舗に納品するなどの取組でさらに増加させる計画である。また，同社に次ぐ大手コメ卸売業者である木徳神糧も，2018年から対中輸出を始めたが，2020年の輸出量が2018年の15倍に増えた。全農も，中国向けを中心に増加させる計画である[10]。

　一方，海外での新たなコメ・ビジネスに乗り出す事例もある。前述の木徳神糧は，1990年代前半からベトナムで日本品種のコメを生産し，対日本も含めた輸出を行うなど海外での事業を積極的に取り組んでいるが[11]，今度は台湾で特殊な加工米の製造販売事業に乗り出した。同社が80％を，残りを別の日本企業及び台湾企業が出資して合弁会社を設立し，たんぱく質の摂取制限が必要な患者向けの加工米を製造・販売・輸出している[12]。

（3）生産者との連携

　「②需要と供給をつなぐバリューチェーンの構築」は，農林漁業・製造業・小売業等の連携によるいわゆる「6次産業化」を通じて農林水産物の付加価値を向上させることを狙いとしているが，大手企業の側から見れば，生産者との連携の強化・事業の多角化である。

　2014年7月29日，宮城県亘理町で「舞台アグリイノベーション」の精米工場の完成披露セレモニーが行われた。セレモニーには宮城県知事だけではなく，農林水産大臣も出席し，当時の安倍首相からは祝電が届いた。同社は大手生活用品製造卸売業者のアイリスオーヤマと農業法人舞台ファームが合弁

---

10)『日本経済新聞』2021年4月21日付20面。
11) 木徳神糧のベトナムでの事業については，冬木［2003］を参照されたい。
12)『日本経済新聞』2014年9月9日付12面。

で設立した精米会社である。この会社は「異業種企業が続々と農業関連ビジネスへ参入」している事例として,「攻めの農林水産業」の成果と位置付けられている[13]。

　舞台アグリイノベーション株式会社は,資本金5,000万円で,アイリスホールディングスが51%,株式会社舞台ファームが49%を出資し,2013年4月に設立された。事業内容としては,精米業,販売業のほか,農業関連商品の販売なども含まれている。本社は宮城県仙台市であるが,精米工場は同県亘理町にあり,年間精米能力は10万 t ,倉庫収容能力は4万2,000 t で,単一の工場としては国内最大級である。また,同県最大のコメ卸売業者であり,日経MJの卸売業調査でコメを主な取扱商品とする企業の売上高12位に位置するパールライス宮城の年間精米能力が4万5,600 t であることと比べても,舞台アグリイノベーションは中堅コメ卸に匹敵する規模である[14]。

　同社の出資者であるアイリスホールディングスは,ホームセンターを中心に全国1万3,000店に販路を持っている。同社は3合小分けパックでの販売という独自性を打ち出したが,JAグループや木徳神糧,神明など大手コメ卸も同様の小分け商品を投入し始めることで競合が強まったため,外食等業務用の販売とともに,キログラム単位での小分けパック販売,コンビニエンスストア専用商品の投入など独自の販売手法も手がける[15]。

　また同社は,もう一方の出資者である舞台ファーム以外に,株式会社大潟村あきたこまち生産者協会など大規模農業法人を中心とする協力生産者からもコメを調達している。これら農業法人の代表取締役らが発起人となり,

---

13)「『日本再興戦略』これまでの改革の主な成果と新たな取組」2014年6月24日閣議決定。
14)『日本経済新聞』2014年9月4日付地方経済面（東北）,『河北新報』2014年7月30日付9面,『日本経済新聞』2013年4月24日付13面,『河北新報』2006年8月29日付10面。
15)『日本経済新聞』2014年9月4日付地方経済面（東北）,『日経MJ』2014年3月3日付18面,『日本経済新聞』2014年8月22日付11面。

2013年11月に株式会社東日本コメ産業生産者連合会が設立された[16]。こうした大規模農業法人との提携が舞台アグリイノベーションの特徴であり，政府が「攻めの農林水産業」のモデルとするゆえんである。

　以上のように，舞台アグリイノベーションは農協を除いた形で生産者と連携しているが，実はその一方で，事業拡大のためにJAグループの一角であるホクレンとも提携しており[17]，今後の農協改革の方向を考えれば示唆的である。全農が株式会社化して単なる一つの取引先となり，中央会が廃止ないしは役割を変える中で独立性を持つべく（あるいは孤立する形で？），県域もしくはそれに近い範囲で再合併した巨大農協同士が，大規模農業法人及びそのグループと並んで，大企業との提携をめぐって競争する。そんな姿が目に浮かぶ。

　他にも，コメの実需者や卸売業者が，JAグループを通さずに生産者と直接提携する事例がある。木徳神糧は，セブン＆アイ・グループ向けにコメを供給する主要業者であるが，宇都宮大学が独自に開発した，冷めても硬くならない性質を持つ品種「ゆうだい21」の栽培契約を栃木県の生産者と直接結び，同県内のイトーヨーカドーで販売している。今後はセブン-イレブン向けベンダーの組織である「日本デリカフーズ協同組合」などの中食業者などにも広げる計画である[18]。吉野家ホールディングスは，主にホクレンからコメを調達していたが，年間必要量4万tのうち2,000tを秋田県や新潟県，福島県の生産者と契約し，近隣のコメ卸売業者に精米を委託する形で自社調達している[19]。全農を通さず，単位農協と直接取引する事例としては，穀物商社のカーギル・ジャパンがある。全農が生産者に提示する概算金や卸売業者に提示する相対販売価格とはかかわりなく，同社は収穫前に先物を基準

16）『日本経済新聞』2013年11月12日付地方経済面（東北）。
17）『日本経済新聞』2014年2月25日付地方経済面（東北）。
18）『日本食糧新聞』2017年4月12日付8面，『日本経済新聞』2014年7月15日付11面。
19）『日本経済新聞』2013年10月10日付地方経済面（東北），同2014年6月24日付11面。

にした価格で農協と買取契約を締結する方法を採用している[20]。

（4）コメ生産への参入

　これまでに示したような大手企業が生産者との提携を進める事例は「③生産現場の強化」ともかかわるが，さらに一歩進んで，コメの生産に直接乗り出す事例もある。この政策の中核をなす農地集積バンク＝農地中間管理機構とのかかわりで注目する動きがある。

　2014年4月以降，各県ごとに農地中間管理機構が指定され，同機構に申し込んだ貸付・借受希望者の内容が公表されているが，兵庫県の状況が目を引いた。最初の借受希望面積4,332haのうち，4割以上の1,910haがコメ卸売業者からの希望であった。この中には神戸に本社がある最大手の神明ホールディングスとその子会社も含まれている[21]。同社は地元以外に岡山県でも農場を経営しており，牛丼やカレーに向く大粒の「みつひかり」など多収穫品種を栽培している[22]。

　この「みつひかり」という品種は，三井化学アグロという民間の化学・バイオ企業によって開発された品種である。農林水産省によれば，2016年に作付けされた稲の品種のうち13％（47品種）が民間企業により開発されたものであり［農林水産省 2021］，例えば，吉野家やサイゼリヤなど大手実需者と提携することで，この「みつひかり」は大規模法人経営の間で普及が進みつつある[23]。この点は，「農業競争力強化プログラム」に基づく政策の一環として実施された「主要農作物種子法」廃止（2018年4月）とも関わるが[24]，これについては本書第12章で詳しく扱われるので，ここでは法的根拠がなく

---

20)　『日本経済新聞』2014年8月15日付18面。
21)　『日本農業新聞』2014年6月27日付3面。
22)　『日本経済新聞』2014年8月14日付18面。
23)　『日経MJ』2016年6月12日付14面。
24)　「農業競争力強化プログラム」に基づく政策を推進するために，「農業競争力強化支援法」が関連7法とともに，第193回国会で2017年4～6月にかけて成立した。そのうちの一つが「主要農作物種子法を廃止する法律」である。

なることにより，財政措置を含めた主食種子の公的供給体制が後退する可能性への危惧を指摘するにとどめる。

　コメ卸売業者以外にも，イオンアグリ創造株式会社などの大手流通業者の子会社・関連会社の農業法人が，全国各地で農地中間管理機構等を通じて農地を確保し，農業生産に乗り出している。政府も「イオンは，農地中間管理機構を活用し，埼玉県のブランド米生産に参入」したことを「攻めの農林水産業」の成果として紹介している［内閣府 2016］。

5．農協再編とコメ流通

　このように，アベノミクス農政はコメのアグリビジネス化を加速させていったが，それにとどまらず，これまでコメ流通において中心的な役割を果たしてきた農協系統組織の改革も同時に進めた。

　2016年11月11日，規制改革推進会議農業ワーキンググループは「農協改革に関する意見」を公表した。すでに農政改革の一環として2016年４月より改定農協法が施行された上で，「改革の方向や進捗状況を確認したところ，（中略）組織の在り方に関し，さらに，取り組むべき事項を見出すに至った」ため，目指すべき改革の方向を提言するとしている。

　政府の審議会が法改正など政策の枠組みについて提言することは，内容はともかく，所掌事項として妥当であろう。しかし，自主的な民間団体である農協に対して，かなり具体的な改革内容まで言及することは，果たして妥当であろうか。

　内容について検討しておこう。農協改革と言いながら，大部分は全農の事業・組織について述べている。生産資材に関して，「仕入れ販売契約の当事者にはならない」「従来の生産資材購買事業に係る体制を１年以内に新しい組織へと転換し，人員の配置転換や関連部門の生産資材メーカー等への譲渡・売却を進める」など，かなり踏み込んだ表現があり，そのまま読むと生産資材購買事業の縮小を求めているように見える。

　販売事業についても、「流通関連企業の買収」「委託販売を廃止し、全量を買取販売に転換すべき」など、思い切った方向が示されているが、こちらは拡大の方向に読める。

　単協については、全農の事業・組織再編を前提にした改革の推進を求めているが、より具体的に記載されているのは信用事業についてである。「信用事業の農林中金等への譲渡」など、これも刺激的な内容である。

　前述したように、政府の審議会が、ここまで具体的に、しかも、示した方向に進まない場合は「第二全農」を設立するといった「脅し文句」を付けて言及することは、決して妥当とはいえない。ただ、指摘されている全農の問題点については、同意せざるを得ない点もある。それゆえ、自主的に改革することは必要である。全農・全中も「自己改革」を推進するとしているが、「自主改革」ではなく、政府およびその審議会が示した方向に沿った「自己改革」になっている。

　農協とその系統組織のコメ事業は、生産者から農協、農協から全農へ販売を委託する形態（委託集荷）を原則としているが、全農は、2017年3月28日に開催した臨時総代会で、主食用米について、量販店や外食・中食業者等の実需者へ卸売業者を介さずに直接販売する数量を2018年度に125万t（取扱量の62%）に、生産者からの委託ではなく買取による集荷を50万t（集荷量の25%）に拡大することを決定し、2024年度にはそれぞれ90%、70%を目指すことも示している［全国農業協同組合連合会 2017］。

　また全農は、回転ずし最大手・あきんどスシローの親会社であるスシローグローバルホールディングス（SGH）の株式を取得し、実需者との結びつきも強めている[25]。SGHの株式は、コメ卸売業者最大手の神明も取得して筆頭株主となっており、元気寿司との経営統合などを通じた業界再編を進めている。全農はSGHの第2位の株主であり、スシローへのコメ供給継続で神明と合意している[26]。

25）『日本経済新聞』2017年3月1日付1面。
26）『日本経済新聞』2017年10月13日付2面。

　回転寿司業界の再編を通じて，全農がコメ卸売業者最大手の神明と結びつきを強めることは，多くのコメ卸売業者にとって脅威である。集荷率は以前よりも低くなったとはいえ，全農のシェアは大きい。生産者団体とコメ卸売業界最大手が協力して，実需段階まで含むコメ流通再編を進めることは，多くのコメ卸売業者の存亡にも関わる。

　規制改革推進会議農業ワーキンググループの提言などもふまえ，2016年11月29日には「農業競争力強化プログラム」が農林水産業・地域の活力創造本部で決定・公表された。このプログラムにはコメ卸売業界再編も含まれており［農林水産業・地域の活力創造本部 2016］，農協改革とあわせてコメ流通が大幅に変化することが予想される。

　プログラム本文では，「中間流通（卸売市場関係業者，コメ卸売業者など）については，抜本的な合理化を推進すること」が示されているだけだが，あわせて公表された「参考資料」では，コメ卸売業者数が過剰であることが強調され，「生産者・JA等が，自ら販路を開拓するとともに，流通を合理化してコストを削減」することが今後の方向として示されている。

　2016年5月末現在，全国で260社以上の卸売業者が存在しているが，この数は食管制度末期の状況と変わらない。もちろん，食管法から食糧法に移行したことで新規参入が相次ぎ，その後の競争を経て，顔ぶれは入れ替わっているが，数としてはほぼ同じくらいである。コメの市場規模が縮小していることを考えれば，確かに業者数は過剰であろう。

　この「参考資料」では，過当競争による経営状況の厳しさが強調されるとともに，日本のコメ流通が韓国と比べて多段階になっており，非効率であることが示されている。明言はしていないが，生産者・農協等が自ら販路を開拓するとともに，中間流通を極力なくし，産地と実需者が直接取引する形態を推奨しているようにも見える。多くの卸売業者の経営改善が必要であることは間違いないが，それをもって中間流通の縮小につながる再編方向を示唆することには疑問がある。

　図6-2は「参考資料」が示している方向に沿ったコメ流通再編後のイメー

図6-2　米流通再編後のイメージ

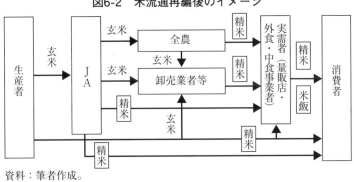

資料：筆者作成。

ジを表したものである。同図からもわかるように，卸売事業の一般的な機能
を示し，コメ卸業の場合はその機能が必ずしも必要でないか，他で代替さ
れていることを示唆している。しかし，ここでは肝腎の「需給調整」機能が
示されていないのである。国による生産調整が廃止されたことを考えれば，
流通段階における需給調整が重要となるはずである。流通業者が需給調整機
能を果たすことは，経営改善にとって逆効果になるかもしれないが，主食を
安定供給するためには不可欠な機能である。それが十分果たせるような流通
再編を目指す必要があろう。

おわりに

　最初に述べたように，コメの生産・流通は本来公共的な性格を有しており，
日本ではこれまで食管法や食糧法を通じて政府が深く関与してきた。それゆ
え，統制的な面が強くなることもあったとはいえ，運用次第では広く国民の
経済厚生を向上させるとともに，経済民主主義を実現する可能性を有してい
た。その際，政策・制度に深く市民が関与するとともに，実際の流通の担い
手として協同組合が役割を発揮することが求められてきた。実際に，戦後食
管制度の下で，産地流通では農協系統組織が，消費地流通ではコメ小売業者
を組合員とする事業協同組合である卸売業者が存在し，大きな役割を発揮し

てきた。

　しかし，本章で明らかにしたとおり，徐々に進行した規制緩和を背景に，新たに参入した民間企業はもちろん，既存の各種協同組合も含め，コメ流通を担う経済主体のアグリビジネス的性格が強まってきた。さらに，アベノミクス農政改革は，コメの需給調整からの政府の撤退や農協改革という形で，最後に残された公共的性格をも限りなく後退させたのである。

　それゆえ，コメ生産・流通の公共的性格を取り戻すためには，規制緩和政策の抜本的変更とともに，協同組合が政策・制度によって支援され，本来の役割を発揮できるように，多くの市民が政策・制度に対して主体的に関与する必要があろう。

参考文献

河相一成［1990］『食管制度と経済民主主義』新日本出版社.
佐伯尚美［2004］「スタートする新食糧法システム——米政策が変わる——」『農村と都市をむすぶ』第54巻第1号.
産業競争力会議［2014］「成長戦略進化のための今後の検討方針の概要」産業競争力会議.
全国農業協同組合連合会［2017］「『農林水産業・地域の活力創造プラン』に係る本会の対応」2017年3月28日第49回臨時総代会決定，全国農業協同組合連合会.
内閣府［2016］「日本再興戦略2016」（概要版），内閣府.
農林水産省［2021］「米をめぐる関係資料」農林水産省.
農林水産業・地域の活力創造本部［2016］「農業競争力強化プログラム」参考資料「米卸売業」，農林水産省.
冬木勝仁［2003］『グローバリゼーション下のコメ・ビジネス——流通の再編方向を探る——』日本経済評論社.
冬木勝仁［2005a］「コメ消費・流通構造の変化と販売戦略」『農業経営研究』第42巻第4号.
冬木勝仁［2005b］「米政策改革下における需給調整の課題——米流通再編と需給調整——」『農業問題研究』第58号.
冬木勝仁［2007］「進む米市場再編」『農業と経済』第73巻第3号.
冬木勝仁［2008］「米の需要と価格はどう変わった」『農業と経済』第74巻第6号.
冬木勝仁［2009］「米需給構造の変化と政策的課題」『東北農業経済研究』第27巻第1号.
冬木勝仁［2010］「戸別所得補償と生産調整・米価——東北地方の担い手はどう対応する——」『農業と経済』第76巻第6号.

冬木勝仁［2011］「米主産地における意味と効果——東日本大震災後の状況も見据えて——」『農業と経済』第77巻第7号.

冬木勝仁［2012］「戸別所得補償制度の検証と米流通」『月刊NOSAI』第64巻第7号.

冬木勝仁［2016］「米の需給調整と国の責任」『農業と経済』第82巻第11号.

冬木勝仁［2017］「30年問題のどこが問題か」『農業と経済』第83巻第12号.

冬木勝仁［2018］「米に関する制度転換と需給の動向」『農業と経済』第84巻第12号.

吉田俊幸［2003］『米政策の転換と農協・生産者——水田営農・経営多角化の課題と戦略——』農山漁村文化協会.

第7章

小麦ビジネス
——農商工の連携による国産小麦の挑戦——

大貝　健二

はじめに

　小麦は，古代から人類の食を支えてきた主要な食料であり，現代においても，パンやパスタの原料として欠かすことが出来ないものである。日本に暮らす私たちも，小麦粉食は日常の風景にある。特にパン食については，1世帯当たりの支出額がコメの支出額を上回るほどであり，いわばパンがコメに代わる主食の座についた感がある[1]。

　一方，世界的に見ると，人口増加とともに小麦需要は高まり続けるとともに，生産国においては戦略的な輸出商品としての性格を強めている。しかし，戦略的な輸出商品としての性格が強くなるほど，生産量の拡大や品質の維持のために行われる過剰な農薬散布が懸念されている。私たちの食卓は小麦の大量輸入に依存する一方，消費者にとって生産国の状況はブラックボックスであり，悪影響を回避する新たな方策が求められている。

　そこで本章では，小麦からパンに至る2つの過程（輸入と国産）に注目し，その対照性を浮き彫りにしたい。まず，グローバルな小麦生産動向と日本の位置づけを確認し，食の安全性の観点から特に収穫前後の農薬散布問題を取

---

1) 総務省統計局『家計調査年報』各年版では，2010年にパンへの支出額がコメの支出額をはじめて上回り，それ以後消費面ではパンがコメを上回る形で推移していることが確認できる。

り上げる。その上で，食の安全・安心を担保する手段として，国産小麦の再
評価に基づく生産と消費の距離を縮める取り組みに着目したい。具体的には，
ローカルな農商工連携の先進事例として北海道・十勝地域のパンづくりの実
践を取り上げ，その意義と可能性を明らかにしたい。

1．輸入小麦に支えられる日本のパン食

（1）世界全体での小麦の生産状況と日本の輸入動向

　最初に，世界の小麦生産の動向を確認しておこう。**図7-1**は，1994年から
2016年までの小麦生産量と作付面積の推移を示したものである。作付面積は
変動が大きいものの，概ね2億1,500万haから2億2,000万haで推移している
のに対し，生産量は増加傾向にある。1994年時点では5億2,500万tであった
のが，2016年では7億4,900万tと，18年間で2億2,500万tほど増加している
（増加率：149％）。1ha当たりの平均生産量を算出すると，1994年では2.4t
だったが，2016年には3.4tと激増している。

　次に，**表7-1**より2016年の小麦生産上位国をみると，中国を筆頭に，イン
ド，アメリカ，ロシア，フランスと続いている。これらの上位の生産量，作
付面積，1ha当たり収量を1994-2005年，2005-2016年の平均で比較してみる
と，ほぼすべての国で生産量を増やしていることがわかる。とりわけ，国土

図7-1　世界の小麦生産量と作付面積の推移

資料：FAO, *FAOSTAT*より作成。

表7-1　小麦生産上位 10 ヵ国の生産量，作付面積，　1 ha あたり収量

単位：万 t，万 ha，%

	生産量			作付面積			1 ha 当たり収量		
	1994-2005 年平均	2005-2016 年平均	増減率	1994-2005 年平均	2005-2016 年平均	増減率	1994-2005 年平均	2005-2016 年平均	増減率
中国	10,156	11,720	115.4	2,648	2,396	90.5	3.8	4.9	127.6
インド	6,834	8,375	122.6	2,614	2,882	110.3	2.6	2.9	111.2
アメリカ合衆国	6,009	5,823	96.9	2,231	1,951	87.4	2.7	3.0	110.9
ロシア	3,821	5,415	141.7	2,218	2,435	109.7	1.7	2.2	129.1
フランス	3,523	3,702	105.1	504	535	106.2	7.0	6.9	98.9
カナダ	2,415	2,729	113.0	1,048	937	89.4	2.3	2.9	126.4
ドイツ	2,054	2,424	118.0	282	318	112.7	7.3	7.6	104.8
パキスタン	1,841	2,370	128.7	822	882	107.4	2.2	2.7	119.9
オーストラリア	2,016	2,218	110.0	1,132	1,286	113.6	1.8	1.7	96.8
ウクライナ	1,586	2,061	130.0	573	634	110.6	2.8	3.3	117.5

資料：FAO, *FAOSTAT* より作成。

の大半が農業に適した黒土地帯であるウクライナや，小麦を戦略的な輸出商品に位置づけたロシアでは，生産量の増加幅が大きい［長友 2016］。他方で，小麦作付面積をみると，作付面積の増加幅は生産量ほどに大きくなく，1 ha当たりの収量の増加による生産量の拡大であることがわかる。フランスやドイツのように 1 ha 当たり 7 t を超える高収量を実現している国のほか，多くの国で収量が増加している。

（2）小麦の輸出・輸入の動向について

次に，国別に小麦の輸出入量をみていこう。**表7-2**は1994年，2005年，2016年とほぼ10年ごとの小麦輸出上位10 ヵ国を，**表7-3**は小麦輸入上位10 ヵ国を示している。まず輸出量をみると，上位10 ヵ国の輸出量は，1994年に9,638万t，2005年に 1 億681万t，2016年に 1 億4,714万tと，20年間で増加している（152.7％）。アメリカ，カナダ，オーストラリア，フランスといった国が上位国であるが，2005年，2016年とロシアの輸出量が急増していることが確認できる。特に，2016年にはロシアの小麦輸出量はアメリカを上回り第 1 位となっている。

同様に，小麦の輸入国に関して，上位10 ヵ国の輸入量をみると，1994年の5,093万tから，2005年の5,273万t，2016年の7,036万tと増加している。主な

第Ⅱ部　農場から食卓へ──ブラックボックスを読み解く──

表7-2　国別小麦輸出量

単位：万 t

1994 年		2005 年		2016 年	
国名	輸出量	国名	輸出量	国名	輸出量
アメリカ合衆国	3,057	アメリカ合衆国	2,718	ロシア連邦	2,533
カナダ	2,138	フランス	1,602	アメリカ合衆国	2,404
オーストラリア	1,273	カナダ	1,392	カナダ	1,970
フランス	1,265	オーストラリア	1,391	フランス	1,834
ドイツ	552	アルゼンチン	1,043	オーストラリア	1,615
アルゼンチン	517	ロシア連邦	1,032	ウクライナ	1,170
イギリス	349	ウクライナ	601	アルゼンチン	1,027
カザフスタン	221	ドイツ	463	ドイツ	1,017
ウクライナ	167	イギリス	249	ルーマニア	699
デンマーク	99	カザフスタン	190	カザフスタン	445

資料：FAO, *FAOSTAT* より作成。

表7-3　国別小麦輸入量

単位：万 t

1994 年		2005 年		2016 年	
国名	輸入量	国名	輸入量	国名	輸入量
中国	838	スペイン	749	インドネシア	1,053
エジプト	660	イタリア	675	エジプト	873
日本	635	エジプト	569	アルジェリア	823
ブラジル	612	アルジェリア	568	イタリア	765
韓国	606	日本	547	スペイン	703
イタリア	491	ブラジル	499	ブラジル	687
アルジェリア	351	中国	480	モロッコ	629
インドネシア	330	インドネシア	443	日本	545
ウズベキスタン	318	メキシコ	372	オランダ	480
アメリカ合衆国	252	ナイジェリア	371	ドイツ	478

資料：FAO, *FAOSTAT* より作成。

　小麦輸入国は，日本のほかエジプトやアルジェリアなどの北アフリカ諸国が目立っている。そのなかで，日本は540万t前後の小麦輸入国であることが確認できる。2005年と2016年の日本の輸入量は大きな変動はないものの，他の国々の輸入量が増えており，世界的な気候の変化や人口増加によって小麦需要が高まり続ける傾向にあると考えられる。

（3）日本の年間小麦消費量における国産小麦の割合

　次に，日本国内における小麦の消費動向について確認しておこう。日本の年間小麦消費量は，年によって変動はあるものの，概ね600万t強で推移している。そのうち，国産小麦はおよそ80万tから90万tと，全体の10％程度に過

表7-4　外国産食糧用小麦の銘柄別輸入量

単位：1,000 t

	品種名	小麦粉の種類	2012年度	2013年度	2014年度	2015年度	2016年度
アメリカ	ウェスタン・ホワイト（WW）	薄力粉	820	610	775	683	631
	ハード・レッド・ウィンター（11.5）（HRW）	強力粉	980	727	855	790	807
	ダーク・ノーザン・スプリング（DNS）	強力粉	1,246	877	1,245	850	831
	その他		0	28	1	3	6
	計		3,046	2,242	2,877	2,327	2,276
カナダ	ウェスタン・レッド・スプリング（CW）	強力粉	1,037	1,228	1,258	1,527	1,547
	デュラム（DRM）	デュラム・セモリナ	170	210	222	219	193
	その他		1	3	3	1	1
	計		1,208	1,441	1,484	1,747	1,742
豪州	スタンダード・ホワイト（ASW）	中力粉	870	759	794	737	755
	プライム・ハード（PH）	準強力粉	101	83	83	84	64
	その他		0	2	0	28	15
	計		971	844	877	848	833
その他			4	6	7	7	8
合計			5,229	4,532	5,245	4,929	4,858

資料：農林水産省「参考資料：麦の需給に関する見通し（動向編）」各年版より作成。

ぎず，国内需要量の90％をアメリカ，カナダ，オーストラリアからの輸入に依存している。そして，これら輸入小麦は，アメリカの穀物メジャーや日本の総合商社を介して輸入されているのである。

　表7-4は，日本が小麦を輸入している主要3ヵ国の銘柄別輸入量を示している。アメリカから輸入している小麦は，主に3種類ある。そのうち主に製菓用として用いられる「ウェスタン・ホワイト」以外は，パンなどに用いられる強力粉である。カナダ産の「デュラム」の用途は主にパスタであり，すべて強力粉となる小麦である。このようにみると，輸入全体の70％が強力粉として加工される小麦である。

　次に，図7-2をみてもらいたい。これは，2009年度における国内での小麦の用途別需給量と，国産小麦92万tの自給率を示している。単に数量でみれば，小麦の自給率は14％前後であるが，用途別にみると大きなばらつきがあることが確認できる。つまり，うどんやそばなどを示す「日本めん」では，需要量57万tのうち，国内産小麦の需要は34万t，自給率60％となるが，「パン用」「中華めん・パスタ用」をみれば，自給率はわずか数％にとどまるのである。このように，穀物メジャーや総合商社を担い手とする日本の小麦輸

図7-2　小麦の用途別需給状況（2009年度）

小麦全体需要	626万 t		国内産小麦需要	92万 t
（用途）	（数量）		（数量）	（比率）
食用（製粉用）	521万 t		−	−
パン用	152万 t		4万 t	3%
日本めん用	57万 t		34万 t	60%
中華めん・パスタ用	122万 t		7万 t	6%
菓子用	72万 t		10万 t	14%
家庭用ほか	117万 t		6万 t	5%
みそ・醤油，工業用	16万 t		19万 t	18%
飼料用等	90万 t			

注：基データは，農林水産省『食料需給表』である。
資料：社団法人 北海道米麦改良普及協会『平成24年 北海道の小麦づくり』，187ページ。

入は，主にパン等で使用される強力粉になる小麦を中心に行われているのである。

2．輸入小麦と食の安全性リスク

（1）日本におけるパン食の普及

　次に，日本におけるパン食の問題について検討しよう。

　日本では，第二次世界大戦後の食糧難の時期に，アメリカで過剰生産状態となっていた小麦の受け入れを機に，小麦輸入が開始された。輸入された小麦と脱脂粉乳を基に学校給食でパン食が登場したほか，パン食の普及を促すキッチンカーが全国をかけめぐるなど，アメリカの小麦戦略を背景に日本国内での小麦の消費拡大が推進された［高嶋 1979，鈴木 2003］。実際，小麦の1人当たり消費量（年間純食料供給量）についてみると，1955年度に25.1kg，1965年度に29.0kg，1980年度には32.2kgへと増加することになった［横山 2005］。

　このような小麦の消費量の増加は，主に上述の輸入小麦で支えられてきた。

中でも小麦粉の製品別使用量をみると，パン用小麦が大きく伸びている。戦後の小麦消費量の拡大には，パンの消費拡大が一番大きく寄与したといえるのである［横山 2005］。

（2）ポストハーベスト問題

こうして戦後日本では，国内産から海外産へと小麦供給の主軸がシフトしていった。農産物が海外から長距離輸送を経て輸入される背景には，価格競争力の問題や国家間での政策的な思惑など多くの要因があり，そうした背景から国内産の小麦に比べて安価な輸入小麦への依存度が高まってきた。しかし，小麦をはじめ農産物が輸入されてくるときには，新たな問題も生じることになる。その1つが，ポストハーベスト農薬に伴う安全性の問題である。

ポストハーベストとは，農産物を収穫した後，船舶輸送時におけるカビや品質劣化を防ぐために，防腐剤や農薬を使用することを意味する。ポストハーベスト農薬の危険性に関しては1980年代から指摘されており，民間団体レベルで調査が行われてきた[2]。

このポストハーベスト農薬の問題として，第1に，畑に散布するよりも高い濃度で使用されるため，消費者は残留農薬を過剰に摂取する可能性があることが挙げられる。第2に，ポストハーベスト農薬の中には，発がん性や精子数の減少を引き起こす物質が含まれていることが指摘されている。

日本国内では，農薬の収穫後散布は禁止されている。しかし，輸入農産物に関しては，品質の劣化を防ぐために使用されているとみなされるため，食品添加物扱いとなっている。また，国による検査では，輸入農産物の農薬残留は基準値以下であるとされている。しかし，基準値を下回っているということと，その農産物は安全であるということということは，同義ではないことに留意する必要がある。

2）例えば，世界各地のポストハーベストの実態を調査し，また日本に輸入される農産物の残留農薬を検査した，小岩［1990］がある。

（3）除草剤グリホサートをめぐる諸問題

　もう1つ，近年問題視されている，グリホサートについても指摘しておこう。グリホサートとは，除草剤の中に含まれる農薬であるが，この農薬に発がん性物質が含まれていることがWHOの報告書でも指摘されたことから，販売や使用を禁止する国や，期限を設けて使用をやめる国・地域が現れている。

　このグリホサートと小麦との関連で問題視されているのが，農薬の収穫前散布による健康被害である。小麦は，収穫時に乾燥した状態であることが重要である。しかし，自然環境や気象条件によっては，農家が収穫作業を行いたい時期に乾燥が進んでいないというケースがあり得る。そのため，アメリカやカナダなどの小麦生産国では，収穫予定の1～2週間前に，意図的にグリホサートを散布し，乾燥を早めるという収穫方法が定着・拡大してきた。

　収穫前に散布された農薬は，農産物に残留し，それを摂取した人体への悪影響が懸念されている［Roseboro 2016］。また，近年では，グリホサートの発がん性に留まらず，「セリアック病」という腸管疾患を引き起こしているという指摘もある［Samsel and Seneff 2013］。これらの主張に対して，グリホサートを成分とする農薬を生産・販売するモンサント（現・バイエル）等の多国籍アグリビジネスは，真っ向から反論している状況である。

　どちらの主張が正しいかをここで追究するつもりはないが，今では私たちの生活に当然のように定着し，日常的に消費しているパンなどの小麦製品の安全性が問われていることは疑いない。果たして私たちは，遠く離れた小麦産地の問題と，一体どのように向き合えば良いだろうか[3]。

3）さらに，2017年12月に，政府は国際基準に合わせるという名目のもと，小麦へのグリホサートの残留基準値を0.5ppmから30ppmへと大幅に緩和した［厚生労働省 2017］。

3．国産小麦の再評価とローカルなパンづくり： 北海道十勝の農商工連携

（1）北海道十勝地域の小麦の特徴

　筆者は，このような食の安全・安心を担保する方法として，国産小麦の価値を見直し，現在は遠く離れている生産する場所と消費する場所との距離を縮めていくことが，答えの1つになりうるのではないかと考えている。加えて，国産小麦の再評価は，食の安全性だけでなく，気候変動の時代におけるフードマイレージの改善や，地域経済の再生にもつながると考える。そもそも「身土不二」という考え方があるように，小麦においてもその土地で取れるものを摂取することが本来の姿であろう。では，そのような可能性はあるのだろうか。本節では，国産小麦の生産のみならず，加工・消費までの距離の短縮化を実現してきた北海道・十勝地域に焦点を絞り，その意義を考えてみたい［大貝 2016］。

　十勝地域は，北海道の東部に位置している。西部は日高山脈，北部は石狩山地，東部は白糠丘陵と山に囲まれる一方，南は太平洋に面している。十勝は国内最大の畑作地帯であり，1販売農家当たりの耕作面積は37.8haにものぼる[4]。また，十勝地域は，国産小麦生産量90万tのうちの23万t超を生産しており，国内最大の小麦産地である。

　実は，十勝で生産される小麦の品種をみると，そのほとんどが中力粉になる小麦である。パン用小麦の生産が少ない理由は，①収量が少ないこと，②倒伏・穂発芽のリスクが高いこと，③検査体系が中力粉になる小麦基準であり，等級が下がる可能性があること，④混麦（麦が混ざり合うこと）を防ぐために，圃場，農業機械，乾燥機等の入念な区分け・清掃が要求されることがある。また，小麦は，2000年に民間流通制度に移行するまでは政府管理作物であったため，政府買取価格の下で無制限に買い取られていた。つまり，

4）農林水産省［2016］に基づく。

小麦生産の面では，質よりも量が重視されていたといえる。これらの要因から，十勝では手間のかかるパン用小麦を作付けするよりは，安定的な収穫が見込める中力粉になる小麦に特化してきた。他方で，パン用小麦に関しては，輸入小麦を前提とした供給体制が出来上がっていった。

（2）十勝産麦によるパンづくりの挑戦

　しかし，近年は十勝産小麦が再評価され，新たな生産・加工・消費の取り組みが定着しつつある。その契機は，地域の老舗パン屋である「満寿屋商店」が1980年代から取り組んできた，およそ30年にも及ぶ十勝産小麦によるパンづくりへの挑戦である。

　十勝地域には，広大な小麦畑が広がっている。にもかかわらず，パン用には適さない小麦が長年作られ，ほぼ全量が道外の大消費地へ移出され，輸入小麦と混ぜられて製粉されるという状況が続いてきた。このような状況に対して，満寿屋商店は「顔の見えるパンづくり」をめざし，北海道産・十勝産小麦にこだわったパンづくりに着手し，北海道の農業試験場の協力を仰ぎながら，地元生産農家にパン用小麦の作付拡大を広めていったのである。

　2000年以降になると，小麦の品種改良が進み，数種類のパン用小麦の開発・作付が可能になった。これにより，数量的にはわずかではあるが，安定的に使用できるようになっていった。そして，満寿屋商店は，2009年に旗艦店となる麦音店を地元で出店するのにあわせて，ついに十勝産小麦100％のパンづくりを実現させたのである。さらに，2012年には全6店舗で十勝産小麦100％のパンの販売を実現するとともに，小麦だけではなく副資材についても十勝産比率を高めていった[5]。

　さらに，満寿屋の取り組みが刺激となり，地域内のパン職人たちによって，「十勝パンを創る会」が2012年から組織されるようになった。同会は，十勝産小麦とその他の農産物を生かした統一ブランドとして「十勝パン」を提案

5）満寿屋商店に関しては，野地［2018］でも取り上げられている。

していくことを目的としている。そのほか，地域住民に対してのパン製造講習会の開催や，会員間での勉強会にも積極的に取り組んでいる。本来ならばライバル関係にあるパン職人同士の協働によって，十勝産小麦の価値を創り出そうとすることに意義がある。と同時に，この過程で，各パン屋で次第に十勝産小麦の使用比率を高めていった点も興味深い。

（3）ボトルネックの解消と新たな可能性：製粉工場の建設

　こうした十勝産小麦による十勝でのパンづくりには，もう１つのボトルネックがあった。それは，上述のように収穫された小麦はほぼ全量が道外へ移出されるために，地域内に製粉工場が存在しなかったということである。これに対して，地域内に製粉工場を建設する地元の中小企業が現れた。地元穀物商社のアグリシステム株式会社と，株式会社山本忠信商店である。アグリシステムでは2009年に石臼式製粉工場を，山本忠信商店では2011年にロール式製粉工場を稼働させることで，それぞれ協力関係にある十勝の農業生産者が生産した小麦を十勝で製粉できるようになった。地域内に製粉工場ができるという農商工連携により，生産上のボトルネックが解消され，小麦の生産からパンの消費に至る流れが地域の中で完結することになったのである。

おわりに

　本章では，小麦からパンに至る流れを，輸入小麦と国産小麦の２つの原料を比較しながら検討してきた。最後に，全体をまとめておこう。

　日本で消費されているパンは圧倒的に輸入小麦が占めており，多くの消費者は知らない間にそれを消費している。しかし，輸入小麦には安全性リスクがあることも見えてきた。このような中，国産小麦を再評価し，そこからパンづくりへ展開してきたのが，国内最大の小麦産地である北海道十勝地域である。両者の違いを，あらためて整理しておこう（**図7-3**）。

　従来，十勝地域で生産された小麦は，大部分が道外へ移出され，道外の大

図7-3　小麦の地域内循環の概念図

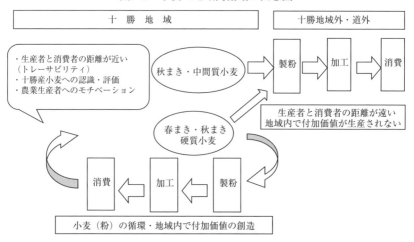

資料：筆者作成。

　手製粉業者によって製粉され，穀物メジャーや総合商社が輸入した海外産小
麦とブレンドされて実需者に供給され，最終消費者に渡る。このパターンで
は，生産地から原料小麦を移出するだけで地元に付加価値は生まれない一方，
消費地ではブレンド小麦ゆえに海外産小麦が内包するリスクは避けられない。
これに対して，十勝産小麦による地元でのパンづくりの経路は，地域で生産
された小麦が地域内で製粉されたあと，地域内の実需者によってパンやパス
タなどの最終製品に加工される。この場合，地域内で付加価値生産が可能に
なることに加え，消費者にとっても，生産から消費までの短い距離が，「顔
の見える小麦」として安全・安心を担保するトレーサビリティの役割を果た
しうる。しかも，こうした小麦づくりからパンが出来上がるまでの流れを地
域の中で短縮化することが，生産者や実需者が責任を持って，顔の見える消
費者のためにより良いものをつくる動機にもなりうるのである。
　以上のように，地元産小麦を用いたローカルなパンづくりネットワークに
は，経済面でも安全面でも効果をもたらしている。もちろん，地域内で生産
から消費までの連関ができたからと言って，十勝で生産された小麦の全量を

十勝で消費できるわけではない。十勝地域の人口34万人で消費できる量は限定的である[6]。そのため，生産した小麦の多くは域外へ販売しなければならない。しかし，単に小麦のままで移出するだけでなく，地域内で小麦粉や他の製品に加工し，付加価値を上乗せしたものを域外へ販売する展開も広がり始めている。また，この十勝モデルは，大産地以外の他の小麦産地でローカルな農商工連携を作り出し，消費者に安全・安心なパンを供給するモデルにもなりうるだろう。農業生産者や中小事業者の連携による，小麦の「安心・安全」の担保と地域内での付加価値生産がどのように深化していくのか，今後も注目してみたい。

参考文献

大貝健二［2016］「地域資源の活用による価値創造の取り組み——北海道・十勝の事例を中心に——」日本中小企業学会編『地域社会に果たす中小企業の役割——課題と展望——』同友館.

小岩順一［1990］『ポストハーベスト農薬』食品と暮らしの安全基金.

厚生労働省［2017］「食品，添加物等の規格基準の一部を改正する件」〈https://www.mhlw.go.jp/file/06-Seisakujouhou-11130500-Shokuhinanzenbu/0000193426.pdf, 2019年4月13日参照）」.

鈴木猛夫［2003］『「アメリカ小麦戦略」と日本人の食生活』藤原書店.

高嶋光雪［1979］『アメリカ小麦戦略』家の光協会.

長友謙治［2016］「ロシア：穀物輸出国としての発展可能性」農林水産政策研究所『プロジェクト研究［主要国農業戦略］研究資料　第9号　平成27年度カントリーレポート：総括編，食料需給分析編』2016年3月.

野地秩嘉［2018］『世界に一軒だけのパン屋』小学館.

農林水産省［2016］『2015年世界農林業センサス』（http://www.maff.go.jp/j/tokei/census/afc/2015/top.html）.

横山英信［2005］「戦後小麦政策と小麦の需給・生産」『農業経済研究』第77巻第3号.

Roseboro, K. ［2016］ "Why Is Glyphosate Sprayed on Crops Right Before Harvest?" *EcoWatch*, Mar. 05, 2016（https://www.ecowatch.com/roundup-cancer-1882187755.html, 2019年4月15日参照）.

6）食料需給表に基づき，1人当たりの小麦年間消費量を32kgとすると，十勝の人口は，およそ1万1,000tで賄えることになる。

Samsel, A. and Seneff, S. [2013] "Glyphosate, Pathways to Modern Diseases II: Celiac Sprue and Gluten Intolerance," *Interdiscip Toxicol*, Vol.6, No.4.

第8章

野菜ビジネス
——企業の農業参入と植物工場——

後藤　拓也

はじめに

　現代農業におけるアグリビジネスの存在感は確実に増しており，それは日本農業においても例外ではない。特に2000年代以降は，大企業が直営農場を相次いで設立するなど，これまでにない形で企業が農業に関わるケースが増えている。そのようなアグリビジネスの新たな展開は，野菜生産において最も顕著に認められる。よって本章では，日本における野菜生産とアグリビジネスの関係について，近年全国的に拡大している企業の農業参入，なかでも顕著な地域的展開をみせている植物工場[1]に焦点を当てて実証的に論じたい。具体的な手順としては，まず第1節において，日本における野菜生産とアグリビジネスの関係がどのように変化してきたのかを確認する。続く第2節では，日本における植物工場の立地展開を検討し，その背景にあるアグリビジネスの役割を明らかにする。そして第3節では，カゴメ株式会社（以下，カゴメ）を事例に，1企業による植物工場の立地戦略を考察する。それらを踏まえて最後に，植物工場の立地が農業や地域にもたらす影響と課題について展望を行いたい。

---

1) 植物工場とは，施設内で植物の生育環境を複合的に制御して栽培を行う施設園芸のうち，高度なICT環境制御と生育予測を行うことにより，野菜などの植物の計画生産が可能である施設のことを指す［山本 2013］。

1. 野菜生産とアグリビジネスの関係の変化

　もともと日本の野菜生産では，アグリビジネスが特定品目の産地化に大き
な役割を果たしてきた経緯がある。例えば1960～70年代には，食品企業が原
料調達を目的として農家と出荷契約を結ぶ契約栽培にもとづく野菜生産が注
目された。具体的には，トマト加工企業や缶詰製造業者などがアグリビジネ
スとして農家を組織し，原料野菜の産地化を進めている実態が示された［山
川 1973，多田 1979］。

　その後，1980～90年代にかけて，日本では農村の過疎化や農業の担い手不
足が顕在化する。それらを背景に，中小の食品企業や農協による農産物加工
など，地域振興という文脈からアグリビジネスが論じられるケースが多く
なった［竹中・白石 1985，半場 1991］。これに関して，「地域内発型アグリ
ビジネス」という興味深い概念を提唱したのが斎藤［1997］である。これは，
ローカルな主体が域外資本や補助金に依存せず，地域内の資源やネットワー
クを活用することでアグリビジネス化を図るという考えであり，野菜や畜産
など農村の小規模産地を維持する方策として注目を集めた。

　このように日本の野菜生産では，長らく食品企業や農協といった主体がア
グリビジネスの役割を果たし，産地化に関わってきた。しかし，このような
状況は，最近10数年間で大きく変化している。最も重要な変化は，2000年代
に入って段階的に進められてきた企業による農業参入の進展であろう。これ
によって，食品企業のような農業と関わりが強い主体だけでなく，建設業や
サービス業といった農業とは直接関係のない主体までもが，アグリビジネス
として野菜生産を手掛けるようになったのである。

　日本で企業の農業参入が急展開した背景については，少なからぬ先行研究
の指摘があるので，ここでは最小限の言及にとどめたい。まず第1の背景と
して，政策的な要因をあげることができる。日本政府は2000年代以降，農業
の担い手を確保すべく，農地法などの諸規制を段階的に緩和してきた。その

ため企業による農地取得や農地リースが可能になり，農業に参入する企業が急増した。そして第2の背景として，企業側の要因をあげたい。前述のように，2000年代以降は建設業やサービス業など多様な主体が農業に参入している。これら企業の多くが，経済環境の悪化による本業の不振という問題を抱え，事業多角化の手段として農業に進出するようになったのである。

　しかし本章にとって重要なのは，これら企業の多くが，特定の品目を選択して農業に参入しているという事実である。なかでも，栽培技術の習得が比較的容易で収益性の高い野菜生産に進出する企業が圧倒的に多い［室屋2014：188］。このことは，現代日本の野菜生産とアグリビジネスの関係を論じる上で，企業の農業参入が看過できない現象であることを示している。

　それでは，日本の野菜生産における企業参入には，どのようなタイプがみられるのだろうか。これに関して，矢野経済研究所フードサイエンスユニット編［2017：23］は，企業の農業参入を，①農業生産法人[2]による農地取得や営利法人による農地リース方式での農業参入（農地利用型），②それら法人による植物工場の設立を伴う農業参入（施設栽培型）の2つに分類している。企業の農業参入に関する先行研究をみると，大仲［2013］や後藤［2015］など①の農地利用型に対する分析は蓄積されつつあるが，②の施設栽培型に対する社会科学的な分析は少ない［藤森 2016：31］。しかし今や，企業の農業参入市場では施設栽培型が全体の40％近くを占め[3]，その重要性は看過できなくなっている。よって次節では，日本における植物工場の立地展開とそれに果たすアグリビジネスの役割について，実証的な分析を行いたい。

2）農業生産法人は，2016年4月施行の改正農地法によって，農地所有適格法人に改称された。しかし本章では，農地所有が認められている法人の呼称として広く浸透している農業生産法人という従来の表現を用いる。

3）矢野経済研究所フードサイエンスユニット編［2017：23］によれば，2016年度における企業の農業参入市場規模は全国計で596億6,200万円に及ぶ。そのうち農地利用型の市場規模が367億7,000万円（全体の61.6％）なのに対し，施設栽培型の市場規模は228億9,200万円（全体の38.4％）を占める。

2．植物工場の立地展開とアグリビジネスの役割

　これまで植物工場の分布を全国スケールで検討しようとした研究は，管見
の限り高柳［2014］と藤森［2016］があるに過ぎない。これらの論考は，植
物工場の展開を地域別に示し，その立地傾向に一定の地域性が存在すること
を指摘した貴重な成果といえる。しかし両論考とも，日本施設園芸協会の資
料に依拠した分析を行っているため，対象の遺漏が多く，全国の植物工場を
必ずしも網羅的にカバーできていない[4]。また，高柳［2014：292］自身も
指摘するように，同資料からは各施設の経営規模が把握できないという大き
な問題がある。後述するように，植物工場は施設ごとに面積が大きく異なる
ため，その実態把握には経営規模を踏まえた分析が不可欠である。

　よって本章では，上記資料に加え，矢野経済研究所が刊行する資料を併用
することで，全国に立地する植物工場390施設について独自のデータベース
化を行った[5]。それら分析対象390施設の概要をみると（**表8-1**），三つの施
設タイプ（人工光型・併用型・太陽光型）[6]によって平均面積に22倍もの
差異があり，植物工場の実証分析において経営規模を考慮することが不可欠

4）これらの先行研究は，植物工場の分布を把握する基礎資料として，日本施設
　園芸協会が刊行する『大規模施設園芸・植物工場——実態調査・事例調査
　——』に依拠している。しかし，筆者がこの資料を精査したところ，大規模
　施設の遺漏が多く認められるなど，資料の網羅性に若干の問題が認められた。
5）本章では，全国の植物工場を可能な限り網羅的に把握するため，前述した日
　本施設園芸協会の資料に加え，矢野経済研究所が刊行する『2017年版有力企
　業による農業ビジネス参入動向と将来展望』を併用した。この資料には，植
　物工場の個別施設ごとに①設立年，②所在地，③経営主体，④経営規模，⑤
　営農品目といった項目が記載されており，日本施設園芸協会の資料よりも詳
　細なデータが得られる。筆者は，これら両資料のマッチング作業を行った上で，
　両資料に記載されていない施設についてもウェブサイトや新聞記事検索に
　よってデータ収集することで，全国の植物工場390施設について上記5項目の
　情報を得ることができた。

表8-1　日本における施設タイプ別にみた植物工場 390 施設の概要（2018 年 11 月時点）

	人工光型	併用型	太陽光型	合計
施設数	185 施設	24 施設	181 施設	390 施設
面積	19.5ha	28.5ha	401.8ha	449.8ha
1 施設当たり平均面積	0.1ha	1.2ha	2.2ha	1.2ha
平均設立年	2011 年	2001 年	2008 年	2009 年

注：1）併用型と太陽光型については，通常の施設園芸を行う経営体と明瞭に区別するため，土屋［2016：34］の定義に従い，面積が0.5ha 未満の施設を除外した。ただし0.5ha 未満の施設であっても，他地域に 0.5ha 以上の系列関係（出資関係）にある植物工場を有している場合は，系列全体として定義を満たしていると判断し，分析対象に含めた。
　　　2）面積とは栽培延べ面積ではなく，施設の設置実面積である。
　　　なお，ウェブサイトや新聞記事検索によっても面積が得られない一部の施設については，GoogleEarth で計測を行った。
　　　3）設立年とは法人などの創業年ではなく，植物工場の設立年（もしくは稼働開始年）を意味する。ただし後者が不明である一部の施設については，前者により代替した。
資料：日本施設園芸協会編『大規模施設園芸・植物工場——実態調査・事例調査——』（2018 年版）ならびに矢野経済研究所フードサイエンスユニット編『2017年版　有力企業による農業ビジネス参入動向と将来展望』を併用して筆者が作成した植物工場 390 施設に関するデータベースによる。

であることを理解できる[7]）。

　図8-1は，日本における植物工場数の推移を示したものである。これまで日本における植物工場の設立には３つのブームがあり，2009年以降は第３次ブームを迎えているとされる。これは，2008年から農林水産省と経済産業省が農商工連携による地域振興を進めるなかで，植物工場の普及を最重要施策

6）植物工場の施設タイプには，閉鎖環境で太陽光を使わず環境制御によって野菜生産を行う完全人工光型，温室などの半閉鎖環境で太陽光を利用しながら人工光を補助的に使って野菜生産を行う太陽光・人工光併用型，同じく温室などで太陽光を利用しつつ夏季には高温抑制技術などで野菜生産を行う太陽光利用型の３タイプがある［山本 2013：3］。本章では，それぞれを人工光型，併用型，太陽光型と略記して論を進める。
7）植物工場の経営規模に関して，本章では栽培延べ面積ではなく，施設（栽培室や温室）の設置実面積を用いた分析を行う。なぜなら，特に人工光型の施設では，多段の栽培棚を用いて一斉に水耕栽培を行うケースがあり，それによって栽培延べ面積が設置実面積と大きく乖離するからである。例えば，ある人工光型の施設で３段の栽培棚を用いて野菜生産を行えば，その栽培延べ面積は設置実面積の３倍になる。すなわち，異なる３つの施設タイプの経営規模を比較検討するには，栽培延べ面積ではなく設置実面積を用いた分析が適切といえる。

図8-1　日本における年次別・施設タイプ別にみた植物工場の設立状況
（2018 年 11 月時点）

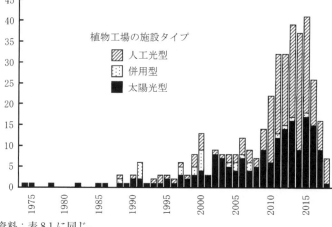

資料：表8-1 に同じ。

と位置づけ，その設立に多額の補助金を投じるようになったことによる[8]。
実際，**図8-1**をみると，2009〜15年のわずか 7 年間で217施設（全体の
55.6％）が集中的に設立されている。施設タイプ別にみると，この時期に併
用型はほとんど新設されておらず，人工光型と太陽光型に二極化する傾向に
ある。ただし2015年をピークに，植物工場の設立数は急速に落ち込んでおり
（**図8-1**），第 3 次ブームも終焉を迎えつつあるようにみえる。

　それでは，これらの植物工場は，どのような地域で増加しているのだろう
か。**図8-2**は，先にデータベース化した植物工場390施設の立地状況を，市
町村別に示したものである。この図で目を引くのは，特定の都道府県に植物
工場が多く立地している点である。例えば，宮城県（28施設）や福島県（16
施設）は，2011年の東日本大震災で農業が大きな被害を受け，その復興手段
として植物工場の設立を進めている。また，北海道（18施設）や大分県（17

8）例えば，2009年度の補正予算によって農林水産省と経済産業省が100億円を超
　える補助金を交付し，これが植物工場の急速な普及（第 3 次ブーム）に影響
　したとされる［山本 2013：4-10］。

図 8-2　日本における市町村別にみた植物工場の立地状況
（2018 年 11 月時点）

注：2018 年 11 月時点で立地が確認された植物工場 390 施設を市町村単位で地図化した。
資料：表 8-1 に同じ。

表8-2　日本における施設タイプ別にみた植物工場の経営主体（2018年11月時点）

経営主体	人工光型		併用型		太陽光型		合計	
	施設数	面積	施設数	面積	施設数	面積	施設数	面積
営利法人	141	14.8	5	7.1	36	69.2	182	91.1
農業生産法人	22	4.3	19	21.4	133	305.2	174	330.9
JA出資型法人	1	0.1	0	0.0	7	21.6	8	21.7
非営利法人	16	0.3	0	0.0	1	0.8	17	1.1
その他	5	0.0	0	0.0	4	5.0	9	5.0
合計	185	19.5	24	28.5	181	401.8	390	449.8

面積の単位：ha
網掛け：各々の施設タイプにおいて最も大きい面積を占める経営主体
注：1）経営主体：営利法人＝株式会社／有限会社のいずれか（農業生産法人は除く）
　　　農業生産法人＝農業生産法人／農事組合法人のいずれか
　　　JA出資型法人＝JA出資型農業生産法人／経済連／単位JAのいずれか
　　　非営利法人＝NPO法人／社会福祉法人／医療法人／信用金庫のいずれか
　　　その他＝不明を含む
　　2）面積とは栽培延べ面積ではなく，施設の設置実面積である。
資料：表8-1に同じ。

施設）は，いずれも企業の農業参入が盛んな地域であり，農業の担い手対策として植物工場の誘致が進んでいる。そして，日照時間が短い新潟県（16施設）や福井県（14施設）などの北陸地方には，人工光型の植物工場が多く立地する。これらの地域では，野菜生産に不利な気候条件を植物工場によって克服しようと，人工光型の施設を積極的に導入している。これは，日照時間が長い太平洋側の諸地域に，その気候条件を活用できる太陽光型の施設が帯状に立地するのとは対照的である（**図8-2**）。総じて，近年における植物工場の立地動向として，もともと植物工場が多かった大都市圏に加えて，そこから外れた地方圏での立地増加が顕著に認められる点を指摘できよう。

　それでは，どのような経営主体がアグリビジネスとして植物工場の立地を進めてきたのであろうか。**表8-2**をみると，施設タイプによって，その経営主体が大きく異なることが分かる。例えば，人工光型では営利法人（株式会社や有限会社）による参入が目立つのに対し，太陽光型では農家が経営権を持つ農業生産法人による参入が圧倒的に多い。これは，人工光型の施設が原則として農地に立地できないのに対し，太陽光型の施設は耕作放棄地など農

地への立地が可能なため，農地を所有できる農業生産法人の参入が必然的に多くなることによる。その結果，施設数ベースでは営利法人が経営する施設が182と最も多いが，面積ベースでみると農業生産法人が経営する施設の総面積が330.9haとなり，植物工場全体の73.6％という圧倒的シェアを占める（**表8-2**）。すなわち，農業生産法人が経営する太陽光型の施設は，日本の農村において，耕作放棄地の有効活用など土地利用面で少なからぬ影響を与えていると推察される。

　さらに地理的に重要なのは，一つの経営主体が県域を超えて広域的に植物工場を立地させるケースが少なくないという事実である。実際，**表8-3**をみると，2018年11月時点で，複数の都道府県に植物工場を立地させる企業は33社にも及ぶ。これら企業が生産拠点を広域的に展開するのは，後述するように，野菜生産のリスクを分散したり，周年生産やリレー出荷を効率的に行うためである。

　これに関して後藤［2015］は，企業の農業参入のうち農地利用型の事例に焦点を当て，多くの企業が県域を超えて農業参入するケースが増えている実態を指摘した。この現象は，門間［2006］が指摘する「フランチャイズ型農業[9]」の一例といえる。そのような農業参入パターンが植物工場でも卓越するという事実は，先行研究ではほとんど指摘されておらず，重要な知見であるといえる。

　実際，これら33社による植物工場の立地数は合計で103施設に達し，全390施設の26.4％に及ぶ（**表8-3**）。また，33社の属性を詳細にみると，もともと農業と関わりが強いカゴメ（食品企業）やベルグアース（種苗企業）といった企業群に加えて，農業と直接関係のない日清紡HD（繊維企業）やバイテックHD（半導体企業），さらにはローソン（小売企業）といった企業群までもが，植物工場を広域的に展開していることを読み取れる。特に後者の企

9）フランチャイズ型農業とは，企業が同一の経営目的を持つ生産者らに出資や
　提携を行って農業経営を標準化させ，自らの農産物の調達拠点を広域的に確
　保しようとする農業形態のことを指す［門間 2006］。

表8-3　日本において広域的に植物工場を立地展開させる企業一覧
（2018 年 11 月時点）

参入年	企業名	地域別にみた植物工場の立地状況						企業別計
		北海道	東北・北陸	関東・東山	東海・近畿	中国・四国	九州・沖縄	
1978 年	村上農園			◆◆◆	◆◇	◆◆	◆◆	9
1991 年	奥松農園						◆◆◆	3
1993 年	ハイテクファーム		◇		◇			2
1994 年	サラダコスモ		◇	◇◇	◇◇			5
1998 年	和郷園		◆◇	◆◆			◆	5
1999 年	カゴメ（トマト）		◆◆	◆		◆◆	◆	8
1999 年	JFE ライフ			▲	▲			2
1999 年	安全野菜工場		◇◇					2
2001 年	ベルグアース		◆	◆◆		◆◆◆	▲	7
2001 年	信州サラダガーデン	◆		◆◆				3
2002 年	サンファーム				◆◆			3
2005 年	果実堂				◆		◆	2
2006 年	リッチフィールド		◆◆	◆			◆	4
2006 年	モスフードサービス		◆		◆			3
2006 年	井出トマト農園			◆				2
2008 年	九州屋		◇					2
2008 年	野菜工房			◇				2
2009 年	住友化学		◆	◆	◆◆		◆	5
2009 年	エア・ウォーター	◆		◆				2
2011 年	日清紡 HD				◇			2
2011 年	ローム					◇	◇	2
2012 年	九設						◆◆	2
2012 年	日本デルモンテ			◆◆				2
2013 年	ローソン		◇				◆	2
2014 年	オリエンタルランド	◆		◆◆				3
2014 年	サイサン			◆◆				2
2014 年	サラダボウル			◆	◆			2
2014 年	西松建設			◇◇				2
2015 年	イノチオみらい				◆◆	▲		3
2016 年	バイテック HD		◇◇◇				◇	4
2016 年	カゴメ（ベビーリーフ）			◆◆				2
2016 年	グリーンリバー HD	◆					◆	2
2016 年	楽天			◇				2
	地域別計	3	19	35	19	10	17	103

注：1）参入年とは，当該企業が初めて植物工場を設立した年を意味する。
　　2）企業名は 2018 年 11 月時点のものであり，表記を簡略化するため株式会社などは省略した。なお，HD はホールディングスの略である。
　　3）地域別にみた植物工場の立地状況：◇＝人工光型，▲＝併用型，◆＝太陽光型
　　　下線を付した記号（◆◆など）は同一県内に立地する植物工場であることを意味する。なお，この欄に示した植物工場は，いずれも当該企業と系列関係（出資を伴う関係）があるものに限り，技術供与など単なる提携関係にあるものは含めていない。
資料：表 8-1 に同じ。

業群では，人工光型の施設を立地させる用地として，自社工場の遊休スペース，あるいは廃校となった小学校の跡地を活用するケースが多く，農地利用型の農業参入とは異なった立地メカニズムが認められる。

３．カゴメによる植物工場の立地戦略

それでは，これらの植物工場は，どのような営農を行っているのであろうか。**表8-4**は，日本の植物工場による野菜生産状況を示したものである。この表から分かるのは，人工光型の施設でレタスなど葉菜類の生産が主流となる一方，太陽光型ではトマトなどの果菜類が卓越するという傾向であり，これは先行研究の指摘［高柳 2014：291］と調和的である。しかし，ここで注目したいのは，各品目が占める面積シェアである。特に，果菜類を生産する太陽光型の総面積が296.5haと植物工場全体の65.9％を占め（**表8-4**），立地先の農業や地域に対して大きな影響を与えていることが分かる。そのなかでも，トマトを生産する施設の総面積は240haを超え，果菜類の総面積の80％

表8-4　日本における施設タイプ別にみた植物工場の営農品目（2018年11月時点）

営農品目	人工光型		併用型		太陽光型		合計	
	施設数	面積	施設数	面積	施設数	面積	施設数	面積
葉菜類	164	13.1	12	9.9	27	69.1	203	92.1
果菜類	8	5.3	0	0.0	128	296.5	136	301.8
果実的野菜	5	0.8	2	3.5	15	19.7	22	24.0
花き	0	0.0	9	13.1	4	9.4	13	22.5
苗	3	0.1	1	2.0	6	3.9	10	6.0
その他	5	0.2	0	0.0	1	3.2	6	3.4
合計	185	19.5	24	28.5	181	401.8	390	449.8

面積の単位：ha
網掛け：各々の施設タイプにおいて最も大きい面積を占める営農品目
注：1）複数の営農品目を手掛ける一部の施設については，最も作付割合が大きい品目にカウントした。なお，果実的野菜とはイチゴを意味する。
　　2）面積とは栽培延べ面積ではなく，施設の設置実面積である。
資料：表8-1に同じ。

以上を占めることは特筆される。

　このように，一口に植物工場といっても，農業や地域に与える影響は施設タイプや営農品目によって大きく異なる。現時点では，植物工場の進出に伴う農業や地域への影響を考察する上で，太陽光型の施設によるトマト生産に着目することが有効であろう。よって以下では，後藤［2016］で論じたカゴメによる農業参入を取り上げ，1企業がどのような立地戦略にもとづいて植物工場を展開してきたのかを詳しくみたい。

　図8-3には，カゴメによるトマト生産拠点の立地展開を示した。カゴメは出資関係にある直営農場8施設（**表8-3**参照）以外にも，全国に多くの提携農場（委託農場や契約農場）を有しており，実際には50施設を超える生産拠点を全国的に展開していることが分かる[10]。ここで注目されるのは，カゴメが設立した直営農場の多くが，地元有力者（会社経営者など）と共同で立ち上げた農業生産法人によって経営されているという点である。カゴメはこの参入方式を「エリアフランチャイズ」と呼んでおり，地縁を持たない進出先で地域の信頼を得るための戦略として重視している。

　カゴメが生産拠点を広域的に展開する理由は，第1に，農場を多元的に立地させることで調達のリスク分散を図るためである。これは特に，病害虫に弱いトマトなど野菜類の生産では重要である。そして第2に，農場を広域的に配置することで，トマトの周年生産を効率的に進める意図がある。カゴメは近年，トマトの需要がピークとなる8〜9月に収穫が可能な冷涼な東日本（北海道や新潟県など）に多くの提携農場を確保し，周年生産体制を構築してきた。しかし**図8-3**をみると，和歌山県，広島県，高知県など，大規模な直営農場はむしろ西日本の中山間地域に多く立地している。これらのケースでは，各々の自治体が過疎対策など地域振興を目的にカゴメを誘致しており，そういった地域側の要因が生産拠点の立地因子となることも少なくないので

10）この点については，表8-3で示したベルグアースも同様の立地戦略を採っており，出資関係にある植物工場7施設の他に，全国13道県にわたって提携を結ぶパートナー農場を有している（ベルグアースのウェブサイトによる）。

図8-3　カゴメにおけるトマト生産拠点の立地展開（2014年）

注：1）設立年とは，各農場がカゴメへ生鮮トマト出荷を開始した年を意味する。
　　2）直営農場とは，カゴメと出資関係にある植物工場を意味する。
　　3）この図は2014年時点のデータによって作成されたため，直営農場の分布
　　　　状況は表8-3と一致していない。
資料：後藤［2016：151］の図2を一部改変して作成。

ある。

　例えば高知県三原村は，過疎対策の一環としてカゴメに進出を打診し，2002年に同社と協定を結んだ。その後，三原村は植物工場の建設費として約9億円を予算から捻出するなど，カゴメの進出を全面的に支援している。このようなカゴメの進出が三原村に与えた地域的効果として，まず第1に，農業生産への影響を指摘できる。実際，カゴメ進出後の2006年に，三原村の野

菜生産額は3億8,000万円にまで増えたが，その80.9％（3億726万円）がカゴメ1社によるトマト生産額で占められていた。そして第2の影響として，雇用の創出があげられる。カゴメの植物工場は，2015年時点で50人の従業員を雇用するなど，三原村において最大規模の職場となっている。このような雇用創出効果は，広い面積を有し一定の労働力を必要とする太陽光型施設に特有の地域的効果として特筆されよう。

おわりに

　カゴメによる三原村への進出をみる限り，植物工場の立地が農業や地域に与える効果は決して小さくない。しかし一方で，カゴメの植物工場は肥料や苗などの農業資材を本社経由で購入するため，地元JAや農家との関わりを持たず，地域農業という枠組みからは乖離した存在となっている。また，カゴメは植物工場における収穫などの作業を高度にマニュアル化（非熟練化）し，従業員として農業未経験の若年層を多く採用している。よって従業員である彼ら／彼女らが将来地元で就農したとしても，カゴメから得た農業技術を自らの営農に活かせる可能性は低い。

　すなわちカゴメと三原村の事例からは，地域農業との関係が希薄であるというフランチャイズ型農業の弱点が明瞭に認められる。そういった域外資本による植物工場の立地が増えている事実は，**表8-3**に示した通りである。このことは，植物工場を地域に定着させる上で考慮すべき課題であろう。さらに三原村の事例に限らず，植物工場の設立には億単位の資金が必要なため，多くのケースで国や自治体からの補助金に依存せざるを得ない。すなわち日本における植物工場の多くが，斎藤［1997］のいう地域内発型アグリビジネスではなく，域外資本や補助金に依存する「外来型開発」［宮本 1989］の形を取らざるを得ないことは，大きな課題といえる。

参考文献

大仲克俼［2013］『一般企業の農業参入・農業経営への参画の意義と課題』農政調査委員会.

後藤拓也［2015］「企業による農業参入の展開とその地域的影響——大分県を事例に——」『経済地理学年報』第61巻.

後藤拓也［2016］「食品企業による生鮮トマト栽培への参入とその地域的影響——カゴメ(株)による高知県三原村への進出を事例に——」『地理学評論』第89巻.

斎藤修［1997］「地域内発型アグリビジネスの展開」日本フードシステム学会編『地域食品とフードシステム』農林統計協会.

高柳長直［2014］「環境にやさしい農業と「自然」な食品」『経済地理学年報』第60巻.

竹中久仁雄・白石正彦編［1985］『地域経済の発展と農協加工（実態編）——農協加工と地域複合経済化——』時潮社.

多田統一［1979］「徳島県阿南市の農産缶詰業」『経済地理学年報』第25巻.

土屋和［2016］「植物工場をめぐる現状と課題」『野菜情報』8月号.

半場則行［1991］「農山村における基幹産業の衰退と地域振興——福井県大野郡和泉村の場合——」『人文地理』第43巻.

藤森陽［2016］「植物工場とその課題——地域経済学の視点から——」『資本と地域』第11号.

宮本憲一［1989］『環境経済学』岩波書店.

室屋有宏［2014］『地域からの六次産業化——つながりが創る食と農の地域保障——』創森社.

門間敏幸［2006］「日本農業の新たな担い手としてのフランチャイズ型農業経営の特色と意義——地縁型経営から空間ネットワーク経営へ——」『農業および園芸』第81巻.

矢野経済研究所フードサイエンスユニット編［2017］『2017年版　有力企業による農業ビジネス参入動向と将来展望』矢野経済研究所.

山川充夫［1973］「『自由化対応期』の加工トマト生産について——カゴメK.K.による生産地域の独占化——」『経済地理学年報』第19巻.

山本晴彦編［2013］『植物工場——現状と課題——』農林統計出版.

第9章

ワイン・ビジネス
——南米チリの輸出農業とアグリビジネス——

中西　三紀

はじめに

　近年，日本農業を取り巻く環境は大きく変化した。EUとのEPA締結やTPP協定の発効に象徴されるように，海外からの農産物・食料品の日本市場への進出はますます容易となり（第4章），それへの対応策とばかりに日本農業の輸出産業化が目されるようになっている（第13章）。政策の強調点も大きく変わった。「世界的な自由貿易を推進し，世界経済の安定的な発展に貢献する国・日本」なる主張が前面に押し出され，農業政策の転換に正当性を与える論拠となっている。

　こうした政策転換のもと，海外産の農産物や食料品は，これまでのように加工品の原材料としてばかりではなく，表立って私たちの目の前に立ち現われるようになってきている。本章が分析対象とするワインも，その端的な例である。ワインバーはそこかしこに見出せるようになり，国産ワインと並んでフランス産，イタリア産，カリフォルニア産，オーストラリア産，そしてチリ産のワインがスーパーや酒屋の陳列棚に林立している光景も当たり前のものとなって久しい。日本のワイン輸入は確実に増大を遂げており，2016年の輸入額は1,609億5,235万円にのぼり，大豆の輸入額1,660億4,182万円に匹敵するほどになっている［ジェトロ 2017：166, 262］。

　しかし，世界的な貿易量の増大のみをもって是としていいのだろうか。輸入量が増大していることのみをもって，私たちは生産国の人々の生活の安定

に大きく貢献していると考えることができるのだろうか。本章の課題は，「新世界ワイン」の一角を担うチリワインを素材として，アグリビジネスによって推進される海外農業の輸出産業化が内包する問題点を明らかにすることである。

　本章の構成は，以下の通りである。第1節ではチリワインの概略史を示し，特に1990年代以降にチリが新興ワイン輸出国として台頭した背景を世界的なグルメブームから明らかにする。第2節では，統計資料等を用いてチリワイン産業およびワイン輸出企業を分析し，その特徴が顕著な輸出志向性にあることを明らかにする。続く第3節では，こうした輸出志向性をチリ政府による政策と関連させて分析する。そして4節では，こうした輸出志向型ワイン産業の下で生じている問題点を，特に生産の現場に焦点を当てて簡潔に紹介する。

1．チリワイン概略史

　チリにおけるワインの歴史は古く，その始まりは植民地時代初期にまで遡ることができる。16世紀半ばに，フランシスコ・デ・カラバンテス神父がミサ用のワインを製造するためにブドウの苗木をチリに持ち込んだのが，その始まりと言われている［Agosin and Bravo-Ortega 2009：15］。その後，ほぼ三世紀に渡る植民地時代を通じて，スペイン伝来のブドウの種を用いたワイン生産が，気候的にも自然条件的にもブドウ栽培に適しているチリ中央部を中心に拡大していく。

　19世紀後半にチリワインに転機が訪れた。独立（1810年）とその後の混乱期を経て政治経済的安定が達成されると，19世紀のチリの人々にとって「文明の中心」であったフランスに倣って，ブドウ園やワイナリーがチリ中央部に次々に建設されたのである。スペイン伝来の品種に代わりフランス，特にボルドー産の品種が使用されるようになり，またワイン製造に携わる技術者がフランスをはじめとするヨーロッパから招聘された。現代に至るまで存続

する，いわゆる名門ワイナリーが誕生したのも，この時代である［Pozo 1998：65 77］。

　20世紀に入るとチリワインの成長を阻害する事態が進行する。1902年のアルコール税の創設に続き，1938年にはブドウ園の面積拡大が禁止され，テーブル・グレープのワイン製造への転用も禁止された。また，輸入代替政策下でチリ・ペソの過大評価が進んだため輸出は極めて困難となり，市場は国内が中心となった。さらに，世界市場との関わりを持ち得なかったチリは，ワイン醸造の技術革新からも取り残されていく［Agosin and Bravo-Ortega 2009：15］。

　ところが，植民地時代以来，旧式の技術のもと国内市場を中心にごく限られた量を販売していたに過ぎなかったチリが，1990年代，新興ワイン輸出国として世界市場へと進出し，米国やオーストラリアと並んで新世界ワインの一角を占めるようになる[1]。チリワインの世界市場への台頭を可能にした理由は様々に指摘できるが[2]，最大の要因は，世界的なワイン需要の構造変化とグローバルな食品流通網の整備であった。契機となったのは1980年代のグルメブームである。これによって，それまで日常的にワインを飲む習慣のなかった北・東ヨーロッパおよびアジア地域のワイン消費量が増大した。同時に，食料品の購入場所としてスーパーマーケットのプレゼンスが増大し，それにともなって彼らのグローバルな食品流通網が整備された。増大するワイ

1）米国，オーストラリア，チリの他にアルゼンチン，ニュージーランド，南アフリカなどが新世界ワイン産地としてあげられる。これに対してイタリア，フランス，スペイン，ポルトガル，ドイツが「旧世界」ワイン産地として対比される。1970年代末まで新世界ワインの中心はバルクワインであり，旧世界ワインにとってなんら脅威ではなかったが，1980年代末以降，新世界産地から中価格帯・高価格帯ワインが，さらに1990年代以降にはプレミアムワインが輸出されるようなると，その競争は一気に激化した。なお，現在，ワインの質の向上とともに新世界ワイン産地を牽引しているのは米国とオーストラリアである［Cusmano et al. 2010：1591］。

2）たとえば，1990年にチリが民政移管を達成し，チリ産の商品に対する否定的なイメージが払拭されたことも販売を促進した［Gwynne 2006：388］。

ン需要に応えるべく世界中のワイン産地が発掘され，安価で質が高い新大陸産ワインの消費が急増することとなった［Cusmano et al. 2010：1591］。

　1990年代以降，世界市場へと台頭したチリワイン産業にはどのような特徴があり，輸出を担うアグリビジネスとはどのような企業群なのだろうか。次節ではこれらの疑問について検討していこう。

2．ワイン産業と輸出企業の特徴

　はじめに**表9-1**からチリワインの拡大過程を確認しよう[3]。世界市場への進出を果たした1990年代初頭より，ワイン醸造用のブドウ栽培面積もワイン生産量も順調に拡大し，栽培面積も生産量も2015年にその最大値を記録している。ただし，栽培面積が1990年から2015年におよそ2倍弱拡大したのに対して，生産量はおよそ5倍強も拡大している。次節で指摘するように，世界進出と同時にチリがワイン製造の技術革新を着実に遂げてきたことの証左であろう。

　チリワインには生産方法に応じて3つのカテゴリーがある。これらカテゴリーの違いを定めるのは，1985年から94年にかけて整備された「原産地呼称制度（Denominación de Origen）」である[4]。原産地呼称制度とは，ワイン生産地を区分し，その中で生産され，定められた条件をクリアした場合にのみ地区名を名乗ることが認められる制度である。この制度に基づき，チリワインは「原産地呼称ワイン（DOワイン）」「原産地呼称のないワイン」ならびにテーブル・グレープからも造られる日常消費用・低価格帯の「テーブル

3）後述するとおり，テーブルワインの生産量が寡少であることと，ODEPAの元データにおいては2008年以降テーブルワインの栽培面積が記載されなくなっており，煩雑さを避けるために，**表9-1**ではテーブルワインの栽培面積と生産量を含んでいない。
4）山本・遠藤［2017：31］によると，原産地呼称制度はフランスのアペラシオン・コントローレから始まったもので，これに範をとったのがスペインのDO制度である。チリのDO制度は基本的にスペインのDO制度に似ているという。

表9-1　醸造用ブドウ栽培面積とワイン生産量

年	面積 (ha)	生産量 (百万ℓ)
1990	65,202	−
1991	64,850	237
1992	63,106	213
1993	62,192	224
1994	53,092	277
1995	54,393	291
1996	56,004	337
1997	63,550	382
1998	75,388	444
1999	85,357	371
2000	103,876	570
2001	106,971	504
2002	108,569	526
2003	110,097	641
2004	112,056	605
2005	114,448	736
2006	116,796	802
2007	117,559	792
2008	104,717	825
2009	111,525	982
2010	116,831	841
2011	125,946	947
2012	128,638	1,188
2013	130,362	1,211
2014	137,592	964
2015	141,918	1,234
2016	137,375	974

注：テーブルワインの栽培面積と生産量は含まない。
資料：ODEPA（Oficina de Estudios y políticas del Ministerio de Agricultura）の統計データ（https://www.odepa.gob.cl/estadisticas-del-sector/estadisticas-productivas）より筆者作成。

ワイン」の3つのカテゴリーに分けられる。

　近年のこれら3カテゴリーの生産量の内訳を明らかにしたのが，表9-2の上段【生産量】である[5]。同表からは，近年ではDOワインの生産量が圧倒的となっていることと，テーブルワインの生産量は他の2カテゴリーに比べ

5）表9-1のテーブルワインを除いた生産量と表9-2のテーブルワインを除いた生産量は，四捨五入による若干の相違を除いて一致するが，2010年と13年だけは一致しない。理由は不明である。

表 9-2　生産量，輸出量，輸出比率

【生産量】　　　　　　　　　　　　　　　　　　　　　　　　　　　　　単位：百万ℓ

	2008	2009	2010	2011	2012	2013	2014	2015	2016	2017
原産地呼称ワイン（A）	693	867	745	829	1,016	1,078	841	1,080	852	805
原産地呼称のないワイン（B）	132	115	127	118	172	136	123	152	122	110
テーブルワイン	44	28	44	100	68	70	39	53	40	34
計	868	1,009	915	1,046	1,255	1,282	1,003	1,286	1,014	949

【輸出量】　　　　　　　　　　　　　　　　　　　　　　　　　　　　　単位：百万ℓ

	2008	2009	2010	2011	2012	2013	2014	2015	2016	2017
瓶詰め・パッケージワイン	375	400	436	452	455	465	468	494	505	527
樽詰めワイン	216	296	296	216	298	419	338	419	443	440
計（C）	591	696	732	668	753	884	807	914	948	967

【輸出比率】　　　　　　　　　　　　　　　　　　　　　　　　　単位：百万ℓ，％

	2008	2009	2010	2011	2012	2013	2014	2015	2016	2017
A+B（生産量〔テーブルワイン除く〕）	825	982	872	947	1,188	1,214	964	1,232	974	915
C（輸出量）	591	696	732	668	753	884	807	914	948	967
C/A+B（％）	68.0	70.9	84.0	70.5	60.0	72.8	83.7	74.2	97.3	105.7

注：四捨五入しているため合計が合わない年がある。
　　2010 年と 2013 年は表 9-1 の生産量と合わないが理由は不明。
資料：Horta y Pizarro［2018：17］より筆者作成。

て圧倒的に少ないことが看取される。チリにおいてテーブルワインの生産が低位にとどまっている理由は，テーブルワイン製造が主として，ワインとともにチリからの農産物輸出の双璧をなすテーブル・グレープのうち，痛みなどの理由によって輸出商品となり得なかったブドウの受け皿として利用されているためである。

　チリからのワイン輸出の二大商品形態は，瓶詰めもしくはパッケージで輸出されるワインと，バルク（樽詰め）で輸出されるワインである。ただしそれぞれの「中身」は多岐にわたり，その内実を詳らかにすることは容易ではない。瓶詰めDOワインとして輸出されるものがある一方で，DOワインと原産地呼称のないワインが混ぜ合わされて輸出される場合もある。生産面で利用されるカテゴリーと輸出の際の商品形態が交錯しており，統計資料を膨大なものにすると同時に簡潔な資料作成を困難にしている。

　こうした統計資料の限界を念頭に置きつつ，**表9-2**中段の【輸出量】から近年の推移を確認してみよう。瓶詰め・パッケージワインもバルクワインも

表9-3　チリワイン輸出企業の設立年代

カテゴリー	企業数	企業名（設立年または最初の収穫年または最初の販売年）
19世紀もしくはそれ以前に設立	10	カミノ・レアル（1879），カルタ・ビエハ（1800年代初頭），カサ・シルバ（1892），コンチャ・イ・トーロ（1883），コウシーニョ・マクール（1800年代半ば），エル・アロモ，エラスリス（1870），ラ・ローサ（1824），サンタ・カロリーナ（1875），ウンドゥラーガ（1885）
20世紀初頭から1970年代に設立	9	カネパ，クレマスキ，フォルツナ（1942），ミラマン（1946），サンタ・アリシア，サンタ・エレナ（1942），サンタ・イネス（1959），サンタ・モニカ（1976），トレオン・デ・パレデス（1979）
名門ワイナリー系列	5	コノ・スール（1993），エミリアーナ・ヴィンヤーズ（1986），マイポー（1968），オチャガビーア（1851），サンタ・エミリアーナ（1986）
チリ企業と外資の合弁企業	3	アルマビバ（1996），カリテラ（1996），セーニャ（1995）
1990年代以降チリ人によって設立	13	カンタルナ（1999），カサ・ブランカ（1992），ドス・アンデス，エチェベリーア（1993），ファレルニーア（1993），フランシスコ・デ・アギーレ（1993），ラウラ・ハートウィック（1990），モンテス（1988），モランデ（1996），ペレス・クルス（1994），ケブラダ・デ・マクール（1998），サンタ・ラウラ（1997），タマヤ（1997）
1990年代以降域外企業によって設立・買収	7	アナケナ（1998），ロス・ボルドス（2008），ロス・バスコス（1988），サンタ・リタ（1988），タバリ（1993），タラパカ（1992），ベンティスケーロ（1998）
1980年代後半以降海外の醸造技師によって設立	5	アキターニャ（1993），ディスカバー・ワイン（1988），ラ・ミシオン（1991），モントグラス（1992），ポール・ブルーノ・ドメーヌ（1993）
外資・外国人によって設立	5	アンクラ・オッドフェル，ラ・ロッシュ，ラポストール，ミゲル・トーレス（1978），ヴェラモンテ（1960）
その他	4	ビスケルト（1978），イタタ，アグリコーラ・イ・ビティビニコーラ（1991），サン・ペドロ，バルディビエソ

注：下線を引いた企業はPozo［1998］が指摘する「名門ワイナリー」。
　　（　）内に年の記載がないものは，設立年，最初の収穫年，最初の販売年等が不明のもの。
資料：山本・遠藤［2017：80-197］より筆者作成。

輸出量は確実に増加を続けている。2012年までは瓶詰め・パッケージワインがバルクワインを大きく凌駕していたが，2013年以降は前者が上回っているとはいえ，拮抗するようになっている。

　特筆すべきは，生産量に対して輸出量が占める比率の高さである[6]。同じく表9-2下段の【輸出比率】を見ると，2008年から11年までおよそ70%から

6）正確な輸出比率を算出するためには前年からの在庫量や翌年への繰越量なども勘案しなければならないが，ここではごく単純に生産量と輸出量で検討している。

80％を超える輸出比率で推移したのち，生産量が急増した12年に60％へと下落したものの，その後は70％以上を維持し，16年には97％を，17年には100％を超えている。世界市場での需要拡大に呼応して輸出を拡大したチリワイン産業は，その初期条件に規定されて非常に輸出志向型であるのが特徴的である。

　次にワイン輸出企業の特徴を考察していこう。**表9-3**は，山本・遠藤［2017］が紹介しているチリの主要67社のうち，来歴および設立年または収穫初年，販売初年が判明する61社をカテゴライズしたものである。同表から明らかなことは，第1に，チリワインに大きな可能性が見出され始めた1980年代後半以降に設立された企業が31社と，過半を占めていることである。ワイン輸出に大きなビジネスチャンスを見出したチリ人，チリ企業，海外醸造技師，外資がこぞってチリワイン産業に進出したことが窺える[7]。したがって，こうした新興企業は極めて輸出志向である。なお，外資に関しては，同表からは明示的に指摘できないが，スペイン，フランス，米国，オーストラリア，ノルウェーの企業がチリ企業と広範に提携している点も，ここで指摘しておきたい［山本・遠藤 2017：202］。

　第2に，19世紀にその原型が見出せる名門ワイナリーを含む「由緒あるワイン企業」には，時代の波に乗り大躍進を遂げる企業から他の企業の傘下に降ったものまで様々である。世界市場向けの輸出が拡大する過程で，名門ワイナリーというだけでは存続が保証されない，新興企業も含めて厳しい競争にさらされている経営環境がある。大成功をおさめた企業の典型例が，コンチャ・イ・トーロ社（以下トーロ社）である。同社はその原型が1883年にまで遡ることができる名門ワイナリーの1つである。圧倒的な生産量・輸出量を誇り，現在，チリ最大のワイン企業であることに疑いの余地はない。多く

7）ジェトロ［2017：264］によると，2017年5月，中国のYantai Changyu Pioneer Wine がチリで8番目の輸出企業Grupo Bethiaのワイン部門を約5,000万ドルで買収したという。今後は中国の動向も，チリワイン産業に大きな影響を与えていくこが予想される。

の企業をその傘下におさめており，たとえば，1993年に輸出に特化して設立され，現在は販売数量第2位を誇るコノスール社も傘下にある［Gwynne 2006：389-390］。また，外資との連携にも積極的で，ボルドーのバロン・フィリップ・ロスチャイルド社と合弁でアルマビバ・ワイナリーを設立している［山本・遠藤 2017：197］。一方で，他企業の傘下に降ってしまった名門ワイナリーの例として，オチャガビーア社がある。同社は，「チリワインの父」とも呼ばれるシルベストレ・オチャガビーアが1851年にその原型を作った，チリでも有数の名門ワイナリーだが［Pozo 1998：70］，現在は，同じく名門ワイナリーの一つであるサンタ・カロリーナの傘下にある［山本・遠藤 2017：118］。

　統計資料を基にした検討と各企業の紹介をふまえて，1990年代以降のチリワインの特徴を2点指摘したい。第1は，産業構造・企業経営の両面において著しく輸出志向型であること，第2に，チリ企業と外資が一体となって輸出企業群が構成されていることである。そこで次節では，これら2点の特徴を持つワイン産業が形成された背景を，政策の面から検討していこう。

3．輸出志向型ワイン産業育成政策

　1973年の軍事クーデターを経てチリに成立したピノチェト軍事政権は，新自由主義に基づく政策を，軍事力を国民に向けて使うことを厭うことなく強力に推し進めた。あまりに性急な政策転換は1980年代初頭に経済危機をもたらすが，80年代半ば以降には輸出主導の安定した経済成長を達成する。一方で政治的には，1980年代後半に軍政による凄惨な人権弾圧への批判が国内外で高まり，チリは1990年に民政に移管する。しかしここで注意しなければならない点は，軍政から民政へと政治のあり方は大きく変わったものの，軍政下でその緒についた輸出主導の経済成長を維持するべく，民主政権の下でも新自由主義に基づく経済政策の骨格部分は維持されたことである。政策の継続性のもとで，農業分野においてはテーブル・グレープをはじめとする生鮮

果実とワインが新たな輸出産品として頭角を現し，輸出主導の経済成長を牽引していくようになる。ワイン産業育成政策も，こうした文脈の中で考察する必要がある。

　外資と一体となった輸出志向型ワイン産業の出発点を提供し，その後の産業のあり様を規定するものとして機能し続けているのが，軍政下に制定された外資法（DL600号）である。よく知られているように，新自由主義においては，比較優位に基づく輸出主導の経済成長と，そのための政策として資本の自由化が重視される。それは，外資の進出を容易にしかつ自由な活動を保証し，彼らが持つ資本と技術を導入して比較優位産品の開発を促進し輸出を拡大することが，経済成長，ひいては人々の生活の安定に資する，との思考様式に基づく。チリでは，こうした新自由主義の論理を忠実に反映する外資法が1974年に制定された。その主な内容は，①外資を国内資本と区別しない，②投資分野の制限がない，③投資比率の制限がなく外資100％も可能，④利益の対外送金が自由，である。また外資に関する規制も緩和・撤廃され，たとえば，外国人あるいは外資による土地所有に関する制限もない［堀坂・細野　2002：188-199］。2016年には，外資法成立から41年が経ち，チリの政治・経済の現状に適さなくなったためとして，同法に代わり対内直接投資促進のための新外資法（法20848号）が制定されたものの，外資の活動に制限を設ける等の規定はなく，新自由主義の論理を，すなわち旧外資法を根本から転換するものではない。

　外資法のもとで，数多くの多国籍アグリビジネスがチリの農業部門に進出した。ワイン産業においてその嚆矢となったのは，世界でもリーディング・ワイナリーの一つであるスペインのミゲル・トーレス社である。1979年のマケウア農園購入を皮切りに，以後，チリ中央部に４つの農園を購入し，ワイン製造を開始した［Agosin and Bravo-Ortega 2009：15］。ミゲル・トーレス社がチリワインにもたらした影響は非常に大きい。第１に，技術革新であ

8）チリワインの技術革新においては，オーストラリアの技術コンサルタントも非常に大きな影響を与えた［Gwynne 2006：384］。

る[8]。20世紀を通じて旧式の技術体系にとどまっていたチリワインに，ステンレス製発酵槽，圧縮空気型プレス，冷却装置，熟成用の小樽といった世界レベルの技術をもたらした。第2に，輸出への戦略転換である。当初はチリ国内を主たる販売市場としていたが，1980年代半ば以降，チリ産プレミアムワインの輸出を開始し，成功をおさめていく。ミゲル・トーレス社の成功は，チリ内外のワイン企業を大いに刺激した。チリ国内では，同社に倣って技術革新が進み，輸出への志向が高まった。一方で，チリからの輸出を目的とするフランス，米国，オーストラリアなどのワイン企業をチリへと惹きつける誘因となった。そして後のチリ企業と外資が一体となったチリワインの世界市場進出へと結実していく。

　外資法に象徴されるように，軍政下の政策がワイン産業の全体像と制度設計を意図するものであったのに比して，民政下のワイン政策はより具体的かつ直接的な，「官民一体」とも呼べるような性格を帯びるようになる。その典型例は，チリ政府による通商政策に見出される。

　輸出志向型ワイン産業を育成し，輸出主導の経済成長を達成するには，輸出市場の開拓・確保が必須の条件である。そのための手段としてチリ政府が重視するのが多国間通商協定であり，自由貿易協定（FTA）・経済連携協定（EPA）である。1994年にAPEC，1995年にWTOに加盟したのをはじめとして，メルコスール（1996年，準加盟国），TPP（2005年に出発点となるP4経済連携協定に調印），太平洋同盟（2012年）と，チリは数多くの多国間通商協定に参加している。一方，FTA・EPAでは，1996年のカナダとのFTAを皮切りに，2002年にはEUとのEPAを，2003年には米国とのFTAを，2007年には日本とのEPAを締結した。これらを含めて現在では26の国・地域とFTA・EPA等の通商協定が発効されており，チリは世界でも有数の通商協定締結国である。

　重要な点は，締結された通商協定の数だけではない。チリの通商政策の特徴として指摘されるのが，政府と民間の強固な協力関係である。政府の交渉団に業界団体が随行し，業界団体に対して政府から交渉プロセスが逐次報告

され，業界団体からは政府に対して交渉材料が提供される［北野 2007：
238-242］[9]。世界市場向けの輸出を成長の原動力としているチリワイン産
業においては，業界団体Wines of Chile（ワイン輸出業者協会）が非常に積
極的に交渉に関与し，政府と一体となって輸出市場の開拓・確保を追求して
いる[10]。

　紙幅の都合上その内容をここで紹介する余裕はないが，この他にも，官民
一体の輸出志向型ワイン産業育成政策の例として，政府が管轄する研究機
関・国立大学と業界団体によるR&Dや，政府機関と業界団体が海外市場で
共催する販売促進イベント，そして前節で紹介した原産地呼称制度の整備な
どがあげられる。原産地呼称制度で重要な点は，DOワインの品質が動植物
検疫を担う農牧庁（Servicio Agrícola y Ganadero）によって保証されてい
ることである。チリ政府のお墨付きとともにチリの地名とワインを結びつけ
ることによってブランド力を高めていく，非常に重要な輸出戦略なのである
［Overton and Murray 2011：67］。

4．ワイン輸出農業が内包する問題点

　世界市場における需要増大に政府と外資を含む企業が一体となって対応し，
輸出を拡大し大躍進を遂げてきたチリワインは，途上国の輸出農業の成功例
として取り上げられることも多い。しかしその最も川上の部分，醸造用ブド
ウの生産現場に目を転じれば，そこには成功とは程遠い現実が広がっている。
なかでも最大の問題は，「持つ者と持たざる者」に二分されかつそれを土台
として形成される，植民地時代からチリ農村部に通徹する農村構造が再編強

9）なお，北野［2007：240］によると，チリの業界団体はチリ政府交渉団が滞在
　するホテルの部屋のすぐ近くに部屋をとるほどの緊密さから「別室」（Cuartos
　adjuntos）と呼ばれるという。
10）Fernandez-Stark［2016：371］も，チリワインの輸出増大は，チリ政府によ
　る一貫した輸出志向の通商政策と政府の輸出促進・支援機関に大いに助けら
　れてきたと指摘している。

化されていることである。

　「お手軽な価格であるわりに質が高い」と評価され，チリワインはその知名度を上げてきた。チリワインの国際競争力の源が「低価格」にあることは，消費者である私たちは大いに実感するところである。しかし，こうしたチリワインの低価格を可能にしている最大の要因は，生産現場における大量の季節労働者の存在である。そして，こうした季節労働者の存在と利用を可能にしているのは，雇用者の利益に沿う形で制定されている労働法である[11]。さらに憂慮すべきは，前節でも指摘した通り，政府と業界団体が一体となって輸出に邁進している現在のチリにおいては，政府が業界団体の意に沿わない方向へと労働法を抜本的に改正することが想像し難いことである[12]。

　一方で，原産地呼称制度の整備からも明らかなように，チリワイン企業が今後の経営戦略として最も重視しているのは，高付加価値化である。低価格帯ワインから，中価格帯，さらには高価格帯ワイン市場への参入が模索されている。そのためには原材料となる醸造用ブドウの品質管理が重要であり，ワイン企業は直営地を拡大して土地の集積を進めると同時に，契約農家への管理・指揮権を強化している［Gwynne 2006：392, Overton et al. 2012：54, Fernandez-Stark 2016：366］。

　こうして，現在のワイン生産地域では持つ者・輸出企業と持たざる者・季節労働者が対極に位置し，チリ農村部の構造問題が再編強化されている。ただし，これらの論点を明らかにするためには，チリ農村部の歴史に加えて，特に軍事政権に先立つ2つの政権で実施された農地改革と軍事政権下での反農地改革，私的所有権の確立と農地市場の流動化といった諸点の検討が必要である。より詳細な考察は稿を新たにしたい。

11）Fernandez-Stark［2016：372］はチリの労働規則は非常にフレキシブルであり，それが農繁期の季節労働者の雇用を可能にし，ひいてはチリワインの国際競争力の維持をもたらしていると指摘している。

12）2017年4月1日，チリでは労働改革法（20940号）が発効し，団体交渉の対象となる事項や参加者の範囲拡大，組合役員への女性参加の仕組みなどが定められた［ジェトロ 2017］。

　近年，この他にも様々な問題が浮かび上がっている。例えば，チリ政府も
その存在を認め，注目を集めている問題が，チリ農村部における土壌劣化で
ある。不適切な農地の使用方法がその主たる要因として指摘されているとこ
ろだが[13]，輸出農業との関連も含めて今後の議論の推移を見守る必要があ
るだろう。さらに，ワイン生産に付随する環境悪化も問題視され始めている。
そもそも，ワインはその生産および消費において多大な負荷を環境に与える。
新興の新世界ワイン輸出国の中でこの問題にまず取り組んだのは米国カリ
フォルニアであったが，それに比べるとチリの取り組みは遅かった。各企業
独自の，また官民を挙げての取り組みが広がりを見せていると指摘されては
いるが［Berry et al. 2016 : 251-265］，その推移や実効性を確認していく必
要がある。この他にも，輸出農業の隆盛の裏面で進行する，野菜や小麦など
の基礎的食料の生産基盤の脆弱化なども危機感をもって語られるようになっ
てきている。

おわりに

　以上，本章では輸入アルコール飲料の代表例であるチリワインに注目し，
現地社会の変容を浮き彫りにしてきた。チリでは，アグリビジネス主導で輸
出志向型ワイン産業が成長してきたが，すべての人がメリットを享受してい
るわけではない。その背後には越えがたい格差構造が存在しており，その底
辺に季節労働者が位置づけられている。しかも最近では，季節労働者の手配
は派遣業者経由で行われることが一般的になっている。すなわち，生産現場
で生じる問題・紛争は輸出企業の与り知らぬところとして処理され，私たち
消費者の目に触れることはない。こうして生産現場が食卓では不可視化され

---

13) CIREN［2017］によれば，チリにおける土壌劣化の背景には，地球温暖化に
　　よる砂漠化の拡大と（チリ北部には世界で最も乾燥しているといわれるアタ
　　カマ砂漠が広がっている），特に果実生産地域における不適切な農業経営があ
　　るという。

たまま，昨今の「チリワインブーム」は進んでいるのである。

　《生産の現場で最も弱い人々に多大な犠牲を強いて世界市場へと進出し，莫大な利益を上げていく巨大アグリビジネス》という構図は，チリワインに限られたことではなく，世界各地で作り出されている。このことを念頭に置くならば，世界中からありとあらゆる農産物・食料品を輸入し，それに依存している私たち日本人にこそ，どのようにして生産されたものを食しているのかを問う姿勢が求められている。一方で，日本農業の輸出産業化が声高に叫ばれ，第15章で示されるように外国人材の受入れが強引ともいえる方法で進められている今日，それが誰かの犠牲の上に成り立つような日本版「巨大アグリビジネス」の形成へと帰結せぬよう，目を光らせ続けていく必要もある。

　幸い，私たちが生きている「グローバリゼーションの時代」は，地球の反対側であろうとも情報を得ることは難しくない。また地球の反対側の人々も世界中の人々に向けて情報を発信している。チリのワイナリーにもオーガニックにこだわったマイクロワイナリーや生産者とのwin-winの関係を構築しようとするワイナリーも存在する。ただブームに流されるのではなく，消費者としての自覚と責任をもって何を購入するかを決断していくことが求められている。

参考文献

北野浩一［2007］「チリ──影響力の大きい部門別業界団体──」東茂樹編『FTAの政治経済学──アジア・ラテンアメリカ７カ国のFTA交渉──』（アジ研選書７）アジア経済研究所.

ジェトロ［2017］『アグロトレードハンドブック2017』日本貿易振興機構.

ジェトロ［2017］「労働改革法が発効，団体交渉参加者の範囲拡大──中南米の制度改定動向──（チリ）」（https://www.jetro.go.jp/biznews/2017/05/3b961b21742eaade.html，2019年１月８日参照）.

堀坂浩太郎・細野昭雄［2002］『ラテンアメリカ多国籍企業論』日本評論社.

山本博・遠藤誠［2017］『チリワイン』ガイアブックス.

Agosin, M. R. and Bravo-Ortega, C.［2009］*The Emergence of New Successful Export Activities in Latin America: The Case of Chile*. Washington, D.C. : Inter-

American Development Bank.

Berry, A., Mulder, N. and Olmos, X. [2016] "The Greening of Chilean Wineries Through Specialized Services," Jones, A. et al. *Services and the Green Economy*. Santiago : United Nations Economic Commission for Latin America and the Caribbean (ECLAC).

CIREN (Centro de Información de Recursos Nacionales) [2017] "El desafío para convertir a Chile en una potencia agroalimentaria sustentable," Ciren en la Prensa 07/ 06/2017 (https://www.ciren.cl/ciren-en-la-prensa/el-desafio-para-convertir-a-chile-en-una-potencia-agroalimentaria-sustentable/, 2018年12月28日参照).

Cusmano, L., Morrison, A. and Rabelloti, R. [2010] "Catching up Trajectories in the Wine Sector: A Comparative Study of Chile, Italy and South Africa," *World Development*, Vol.38, No.11.

Fernandez-Stark, K. and Bamber, P. [2016] "Wine Industry in Chile," Low, P. and Pasadilla, G. O. et al. *Services in Global Value Chains: Manufacturing-Related Services*. Singapore: World Scientific.

Gwynne, R. N. [2006] "Governance and the Wine Commodity Chain: Upstream and Downstream Strategies in New Zealand and Chilean Wine Firms," *Asia Pacific Viewpoint*, Vol.47, No.3.

Horta, C. B. y Pizarro, M. J. [2018] *Boletín del vino; producción, precios y comercio exterior – Avance a agosto de 2018*. ODEPA : Gobierno de Chile.

Overton, J. and Murray, W. E. [2011] "Playing the Scales: Regional Transformations and the Differentiation of Rural Space in the Chilean Wine Industry," *Journal of Rural Studies*, Vol.27.

Overton, J., Murray, W., and Silva, F. P. [2012] "The Remaking of Casablanca: the Sources and Impacts of Rapid Local Transformation in Chile's Wine Industry," *Journal of Wine Research*, Vol.23, No.1.

Pozo, J. [1998] *Historia del Vino Chileno*. Santiago de Chile: Editorial Universitaria.

第10章

食肉ビジネス
——国内鶏肉産業におけるアグリビジネスの新展開——

中野　謙

はじめに

　ブロイラーによる鶏肉生産は，国内の食肉生産量の過半を占めており，食肉ビジネスの中でも特に工業化が進んだ部門である。そのシステムは，生産の「川上」に当る雛の生産・飼養から，「川中」に当る食肉加工を経て，「川下」に当る流通・販売に至る過程を統合することによって成り立っている。本章の課題は，こうした日本における鶏肉産業の垂直的統合（インテグレーション）システムの問題点と変容を明らかにし，その将来的展望について考察することにある。

　研究方法は，まず，生産システムを統括するアグリビジネス（インテグレーター）と中小飼養農家との関連に焦点を当て，インテグレーションの問題を指摘する。その上で，これらの問題に対するオルタナティブとして持続可能な鶏肉生産を目指す取り組みが行われており，これがインテグレーターにも影響を及ぼしていることを明らかにする。

　本章の構成は，第1節では，国内の食肉生産における鶏肉産業の位置付けと生産の推移を概観する。第2節では，ブロイラー・インテグレーションの形成過程を概説し，主な問題点を指摘する。第3節では，消費者意識の変化に伴う持続可能な生産形態への揺り戻しと，その中でのインテグレーターの変容を明らかにする。その上で，これらの結果から，今後の鶏肉産業の展望を考察する。

1．国内の鶏肉産業の概況

（1）国内生産の推移

　最初に，国内の鶏肉産業を概観しておこう。農林水産省の『畜産物流通調査』〔e-Stat 2018a，2018b〕によると，食肉生産量における鶏肉の割合は，1965年の15.4％から2017年の54.1％へ増加し，食肉全体の過半を占めるようになった。また，2017年の鶏肉生産量は221万tであり，肉用若鶏92.6％，廃鶏6.5％[1]，その他の肉用鶏0.9％である。肉用若鶏とは，孵化後3ヵ月未満で食肉処理されるものであり，一般にブロイラーと呼ばれる。このブロイラーは特別な交配種を輸入して飼養したものであり，肉用若鶏のほぼすべてを占める。その他の肉用鶏は，これら以外の肉用鶏の総称であり，一般に地鶏や銘柄鶏と呼ばれるものが含まれる。

　そこで，まずブロイラーの動向を確認しよう。**図10-1**は，ブロイラーに

図10-1　ブロイラーによる鶏肉生産量の推移（1965～2017年）

注：2014年までは全数，それ以後は年間処理羽数30万羽以上の食鳥処理場の合計。
資料：e-Stat〔2018a〕『畜産物流通調査　確報　平成29年畜産物流通統計　累年統計畜産物と畜（処理）頭羽数及び生産量（明治10年～平成29年）』，e-Stat〔2018b〕『畜産物流通調査　確報　平成29年畜産物流通統計　食鳥流通統計調査　食鳥の処理羽数及び処理重量』より作成。

1）この廃鶏は採卵用に飼養している鶏と種鶏を廃用にしたものであり，肉用鶏として飼養されたものではないため，本章では捨象する。

よる鶏肉生産量の推移を表したものである。この図によると，年間処理羽数のピークは1987年の7億4,529万羽であり，2001年までは鶏肉輸入との競合で5億6,788万羽まで減少したが，2017年までに6億8,511万羽に回復した。一方，処理重量は1988年の187万tから2000年の155万tへと減少した後，2017年の205万tへと，ほぼ右肩上がりで増加している。これは，1羽から産出できる鶏肉の量が向上していることを示す。Zuidhof et al.［2014］によると，1957年から2005年の間に，品種改良によってブロイラーの飼料消費量は半減し，成長率は4倍（出荷までの成育期間が4分の1）以上になった。

（2）ブロイラー農場の飼養規模の推移

　次に，表10-1によって，2013年と2017年のブロイラー農場の変化を比べると，飼養規模が20万羽未満では戸数と出荷羽数の両方が減少し，20万羽以上ではどちらも増加したことがわかる。また，この4年間で122戸の減少と2,790万羽の出荷増が生じていることから，大規模化する農家と廃業を選択

表10-1　飼養規模別農場数と羽数の変化（2013年と2017年）

飼育規模	農場数と羽数	2013年	2017年	増減
3,000羽～5万羽未満	戸	316	270	▲ 46
	百万羽	8.2	7.6	▲ 0.6
5万羽～10万羽未満	戸	401	323	▲ 78
	百万羽	29.9	24.6	▲ 5.2
10万羽～20万羽未満	戸	795	698	▲ 97
	百万羽	121.8	109.6	▲ 12.2
20万羽～30万羽未満	戸	401	422	21
	百万羽	102.1	105.6	3.6
30万羽～50万羽未満	戸	298	333	35
	百万羽	117.1	133.7	16.6
50万羽以上	戸	225	268	43
	百万羽	270.8	296.6	25.8
計	戸	2,436	2,314	▲ 122
	百万羽	649.8	677.7	27.9

注：飼養規模3,000羽未満は統計データがない。
資料：e-Stat［2017］『畜産統計調査　確報　平成29年畜産統計　累年統計表5ブロイラー出荷羽数規模別出荷戸数，出荷羽数規模別出荷羽数（全国）（平成25～平成29年）』https://www.e-stat.go.jp/stat-search/files?page=1&layout=datalist&toukei=00500222&tstat=000001015614&cycle=7&year=20170&month=0&tclass1=000001020206&tclass2=000001107735, 2018年8月8日参照）より作成。

する農家の二極化が進行していることが読み取れる。

　一方，農林水産省［2018a］によると，地域別では，ブロイラーの出荷戸数と年間出荷羽数は九州が最多（1,110戸，3億3,073万羽）であり，次点である東北（487戸，1億7,088万羽）も出荷羽数では他地域より一桁多い。都道府県別では，鹿児島（365戸，1億3,614万羽），宮崎（466戸，1億3,498万羽），岩手（315戸，1億1,221万羽）の3県が，戸数と出荷数の双方で群を抜いている。

　長坂［1993］によると，国内のブロイラー生産は1950年頃にはじまり，1973年の石油危機による生産費の上昇を抑えるため，都市近郊（兵庫，静岡，茨城）から，比較的地価の安い鹿児島，宮崎，岩手へと推移し，新興地として定着した。前述の都道府県別の生産量は，現在でもこの3県が主要産地であることを示している。

（3）飼料生産の現状

　最後に，飼料生産についても触れておこう。『食料需給表』［農林水産省2018b］によると，濃厚飼料（穀物飼料）の国内自給量は259万tであり，輸入濃厚飼料（1,288万t）と輸入原料を用いた濃厚飼料（341万t）の合計は1,888万tである。したがって，濃厚飼料の国内自給率は13.7％であり，8割以上の飼料を輸入に頼っている。

　ただし，これは畜産用飼料の全体を表しており，ここからブロイラー用だけを抽出することはできない。そこで，『流通飼料価格等実態調査』［農林水産省 2011～2018］によってブロイラー用の配合飼料を見てみると，2017年度の出荷は390万tであり，畜産飼料全体の16.6％を占める。ブロイラーの年間出荷羽数は6億羽以上だが，他の家畜に比べて小型で成長が早く，飼料効率[2]も高いため，飼料消費量は他の家畜より少ない。しかし，飼料成分

2）ブロイラーの飼料効率は2（1kgの増体に必要な飼料が2kg）程度であり，豚の3や牛の10より効率が高く，孵化後6～8週間ほどで出荷できるため，飼養に必要な飼料の絶対量が少ない。

の過半を占めるトウモロコシは輸入依存度が高く，その価格がブロイラーの
飼料価格に与える影響は大きい。

2．アグリビジネスによる鶏肉生産システム

（1）日本におけるインテグレーションの形成

　ブロイラーの生産は米国で誕生した。藤野・本郷［1999］によると，1950
年代に飼料会社が孵卵場から買った雛と飼料をセットで飼養農家に販売し，
成鶏を買い取る契約生産を行なうようになった。これが，1960年代にインテ
グレーションへと発展するが，インテグレーターが競って契約生産を拡大し
たことで，ブロイラー価格の慢性的な低迷が生じた。こうした中で1972年に
世界的な穀物価格の暴騰が生じ，商品価格の下落と原料価格の高騰に見舞わ
れた飼料会社は，撤退を余儀なくされた。これに代わってインテグレーター
となったのは，機械化によって生産効率を高めた食肉加工業者であり，日本
のブロイラー生産は，その後を追う形で普及した。

　駒井ほか［1966］によると，国内の飼料会社が契約生産をはじめたのは
1950年代後半であり，1962年の輸入自由化によってブロイラー実用鶏[3]が
導入されると，これを用いた副業養鶏がブームとなった。その結果，ブロイ
ラーの供給量が急増し，鶏肉価格の暴落と飼養農家の淘汰が生じて，副業的
な飼養が主業・専業へと推移した。こうして1966年までにブロイラー生産量
の8割が契約生産で行われるようになり，各地で地場のインテグレーション
が形成された。

　一方，農林中金総合研究所［2001］によると，1985年のプラザ合意による
円高の影響で鶏肉輸入が急増したため，国内では，さらなる効率化に向けた
地場インテグレーターの再編が生じ，委託方式と社員派遣方式[4]による契

3）実用鶏は飼養して食肉にするための鶏であり，実用鶏を生産するための親鳥
　と区別している。

約生産が普及した。委託方式では，インテグレーターが養鶏場や雛を所有し，それを借り受けた飼養農家が成績（増体量や死亡率等）に応じて報酬を受け取る。社員派遣方式では，飼養農家が所有する養鶏場にインテグレーターが社員を派遣して経営指導を行う[5]。

　現在，国内最大手の鶏肉生産者である日本ハム㈱によると，同社は1968年に宮崎県に日本ブロイラー㈱を設立し，ブロイラー生産に参入した[6]。1981年には知床ファーム㈱を設立して北海道での生産を開始し，1986年から種鶏農場，孵卵場，食品工場を順次建設して，1988年までに札幌，知床，青森でインテグレーションを完成させた[7]。

（2）インテグレーションの弊害

1）契約生産による飼養農家の包摂

　こうしたインテグレーションについては，様々な弊害が浮上している。第1に，契約農家の自律性の喪失である。『農業経営統計調査』［e-Stat 2018c］によると，2016年のブロイラー生産原価は，投入財である飼料費（60.5％）と雛代（16.3％）が原価の8割近くを占めており，その他のコストを圧倒している。また，同年のブロイラー1万羽当たりの農業所得は38.7万円（全国平均）であり，大量生産による薄利多売の構造になっている。その結果，ブロイラーの飼育環境は悪化し，委託者と受託者の間で利益とリスク

4）農林中金総合研究所［2001］は「直営方式」と表記しているが，インテグレーターが所有・経営する農場を「直営農場」と呼ぶため，混同を避けるために「社員派遣方式」とした。
5）「日本ではインテグレーター自身が直営農場を所有する垂直統合型も存在している…（中略）…契約生産者の資金制約，担い手の有無，ブロイラーの均質性などの理由により，インテグレーターは生産契約に鶏舎リースを組み合わせた契約や直営農場による垂直統合を進めている」［清水 2012：14］。
6）日本ハム「沿革」（https://www.nipponham.co.jp/group/outline/history.html, 2018年8月17日参照）。
7）日本ホワイトファーム「沿革」（http://www.nhg-seisan4.jp/company/whitefarm.html, 2018年8月17日参照）。

を均衡させるための契約生産は，インテグレーターによる飼養農家の管理手段となっている。

　日本のブロイラー産業は雛と飼料の大部分を輸入に頼っているため，穀物の国際価格や為替の変動が経営に及ぼす影響が大きい。したがって，完全所有で生産規模を拡大すれば，それに伴ってリスクも大きくなる。そこでインテグレーターは，委託方式を通じて飼養の知識と技能を備えた労働力を確保し，社員派遣方式を通じて生産財を所有するリスクを回避している。こうした契約生産がブロイラーの品質維持と拡大再生産の原動力となる。

　堀内［2018］によると，価格競争の激しいブロイラー生産部門では，インテグレーションによる大規模化と中小契約農家の淘汰が継続している。しかし，インテグレーターは生産過程とブロイラー取引のほぼすべてを担っているため，ブロイラー生産を行うためには，契約生産を通じて既存のインテグレーターに包摂されるか，独自のインテグレーションを形成するしかない。だが，ブロイラーの実用鶏は3世代に渡る独自の交配を経て作出されるため，雛の生産部門を所有することが難しい。こうした構造がインテグレーターの支配力を強化しており，飼養農家はインテグレーションへの包摂を余儀なくされる。

2）飼育密度と動物福祉（アニマルウェルフェア）

　もう1つの弊害は，大規模化と合理化により，ブロイラーの飼育環境が悪化している点である。欧米の一般的なブロイラーの出荷体重は2kgであり，動物福祉の観点から出荷時期の飼育密度を33〜43kg/m^2と定めている。これを日本で用いられる坪当たりに換算すると108.9〜141.9kg/坪になるが，日本では，重量ではなく羽数で飼育密度が設定されている。欧米の基準を羽数に換算すると55〜71羽/坪になるが，畜産技術協会［2018：7］は「日本では，消費者ニーズ等から生体重2.5kg以上で出荷される」として55〜60羽/坪を推奨している。

　一見，これは欧米と同等以上の空間での飼養を推奨しているように思える

が，畜産技術協会の調査によると，出荷時期の坪当たり重量は，109kg未満が3.5%（995戸中35戸），109kg以上142kg未満が18.8%（同187戸），142kg以上が77.6%（同772戸）であり，欧米の基準を満たしているのは22.3%である（無回答1戸）［畜産技術協会 2015］。また，これらの平均は154.3kg/坪であり，これを最小密度の55羽/坪に換算すると，出荷時期の平均体重は2.8kgとなる。これは実際の出荷体重とほぼ一致していることから，面積当たりの羽数では欧米の基準と同等でも，重量では1.4倍であることを示す。それでも，日本のアニマルウェルフェアには面積当たり重量の規定はなく，飼育密度の超過についても罰則がない点が課題と言える。

3．持続可能な生産形態への揺り戻し

　このような中，鶏肉産業でも従来のシステムに対する揺り戻しが起きつつある。特に，1990年代初頭のバブル景気の崩壊以後，大量生産・大量消費に対する反省から，環境や社会の持続可能性が重視されるようになり，食料生産においても，消費者意識の変化に伴って，ブロイラーとの差別化を図る鶏肉に対する関心が高まっている。

　前述のとおり，肉用鶏はブロイラーとその他の鶏肉に大別され，後者は銘柄鶏と地鶏とに区分される。さらに，銘柄鶏には，外国で育種改良された鶏種を用いて日本食鳥協会のガイドライン[8]に沿ったもの（M1）と，国内で育種改良された鶏種を用いたもの（M2）とが混在している[9]。M1は，ブロイラー・インテグレーターが自前のブロイラーを用いて飼育期間，方法，密

8）日本食鳥協会のガイドラインは「我が国で飼育し，地鶏に比べ増体に優れた
　肉用種といわれるもので，通常の飼育方法（飼料内容，出荷日令等）と異な
　り工夫を加えたもの」であり，地鶏のような明確な規定はない（日本食鳥協
　会［1997］「5．国産品の銘柄鶏の定義について」（http://www.j-chicken.jp/
　museum/guideline/05.html, 2018年8月22日参照）。
9）M1とM2は説明のために筆者が独自に付けた。「M」は銘柄鶏の頭文字である。

度，飼料などを工夫したものだが，消費者にはM2との違いがわかりづらい。
以下では，M1，M2，地鶏の3種に注目して，最近の動きを検証してみよう。

（1）アグリビジネスの銘柄鶏インテグレーション

　堀内［2018：6-7］は，大手ブロイラー生産者が高付加価値の銘柄鶏を開
発し，健康志向の消費者を取り込もうとする近年の動向を指摘している。こ
の銘柄鶏はブロイラーを用いた銘柄鶏（M1）を指しており，消費者意識の
変化に対応するために考案された。地鶏はJAS規格によって血統，飼育期間，
方法，密度などの規定があり，大量生産には不向きだが，銘柄鶏にはJASほ
ど厳格な規定はなく，またブロイラーの生産財を流用できることなどから，
M1が生産されるようになった。

　例えば，日本ハムの子会社である知床ファームは，バブル景気崩壊後の
1992年に，ブロイラー実用鶏を用いた銘柄鶏「知床どり」（M1）の生産を開
始した。一方，その直後に，日本ブロイラーは社名を宮崎ファーム㈱に変更
し，1995年には知床ファームを含む複数のブロイラー部門を吸収合併して，
最終的に日本ホワイトファーム㈱へと社名を変更した[10]。こうした沿革から，
需要の変化に応じた商品開発（M1の作出）を行い，そのイメージに配慮
（社名の変更）しつつも，生産規模の拡大と合理化の追求は継続している様
子がうかがえる。

　ちなみに，日本ファームは知床ファームを吸収した後も銘柄鶏の開発を
行っており，2001年から「桜姫」（M1）を生産している。この桜姫と知床ど
りは，どちらも平均47日の飼育で2.9kgに成長する[11]。ブロイラーの飼育期
間は生産技術や出荷体重によって幅があるが，一般に孵化後7～8週間の飼
育で出荷されるため［堀内 2018：5］，これに鑑みれば，M1銘柄鶏にも同等

10）日本ホワイトファーム「沿革」（http://www.nhg-seisan4.jp/company/
　　whitefarm.html, 2018年8月17日参照）。
11）日本食鳥協会［2017］「知床どり」「桜姫」（https://www.j-chicken.jp/anshin/
　　sanchi1_01_05.html, 2018年8月17日参照）。

の経済合理性があると言える。

（2）鶏種の国産化に基づくインテグレーション

　ブロイラーの実用鶏は，飼養のたびに育種企業から購入する必要があるため[12]，消費者意識の変化とは別に，輸入依存からの脱却を目的とした国産鶏種（M2）の開発が行われていた。これを推進してきたのが（独）家畜改良センター兵庫牧場であり，肉用鶏の育種，改良，開発などを行い，各都道府県が所管する畜産技術センターに種畜や技術の提供を行っている[13]。

　兵庫牧場による国産鶏種開発の目的は，旨味と食感の強い鶏肉の作出と，その種鶏の国内自給である。海外では，鶏肉自体の旨味よりも柔らかさや栄養価が重視され，香辛料に馴染みやすい胸肉が好まれる。ブロイラーの胸肉は，こうした海外の需要に適っているが，日本では旨味や食感のある腿肉が好まれる。また，出汁を基本とした和食や郷土料理には，ブロイラーより旨味と食感の強い地鶏の肉が適しており，その需要は少なくない。

　一方，ブロイラーを羽毛の色で分けると白と茶褐色（赤鶏）に大別でき，前者はアメリカとイギリスから，後者はフランスから輸入している。しかし，2005年にアジアで発生した鳥インフルエンザが西方へと広がり，2006年2月にフランスへ伝播したことで，赤鶏の種鶏の輸入が停止した。この事態と鳥インフルエンザの世界的な拡散に危機感を覚えた赤鶏の生産者や流通業者の要望を受け，兵庫牧場は同年，赤鶏の国産化と安定供給を目指して「たつの」（M2）を開発した。こうして，当時すでに保有していた白系の「はりま」（M2）とあわせ，両系統の国産化が実現した。

　「はりま」の生産は2001年にはじまり，現在は生活クラブ事業連合生活協同組合連合会（以下，生活クラブ）が中心となって「はりま振興協議会」を

12）ブロイラー実用鶏の生産は育種企業であるコップ社とアビアジェン社がほぼ独占しており、インテグレーターであっても、何らかの形で育種企業と取引を行っている。

13）以下，兵庫牧場に関する記述は、2018年8月に筆者が実施した聞き取りに基づく。

組織している。組織では，㈱イシイが雛の生産，全農チキンフーズ㈱，群馬農協チキンフーズ㈱，㈱秋川牧園，㈱丸本が飼養，生活クラブと全農チキンフーズ㈱が流通・販売を担っている。「はりま」の肉は「丹精國鶏（たんせいくにどり）」のブランド名で販売されており，2017年の出荷羽数は178万羽，出荷日齢は55日以上である。

　また，「たつの」の生産は2007年にはじまり，現在は㈱ニチレイフレッシュが中心となって「たつの振興協議会」を組織している。組織では，イシイが雛の生産，赤鶏農業協同組合と㈱ニチレイフレッシュファームが飼養，ニチレイフレッシュが流通・販売を担っている。「たつの」の肉は「純和鶏」のブランド名で販売されており，2017年の出荷羽数は152万羽，出荷日齢は60日程度である。

　「はりま」と「たつの」の実用鶏は，兵庫牧場から原種鶏の提供を受けたイシイが生産しており，流通・販売業者である生活クラブ，全農チキンフーズ，ニチレイフレッシュが中心となって，個別のM2銘柄鶏インテグレーションを形成している。

（3）地鶏のインテグレーション

　以上の銘柄鶏とは違って，地鶏を扱う動きも注目される。福岡県の農事組合法人福栄組合（以下，福栄組合）は，JASに適合した地鶏を生産している。福田［2018］によると，福栄組合は1968年にブロイラー生産者として発足した。その後，1987年に「はかた地どり」が開発されたことを契機に，その食鳥処理を受託しはじめたが，当時のはかた地どりの飼養は農業の傍らで行われており，委託先に飼養規模を拡大してもらうことは困難であった。しかし，2006年に福栄組合とJA全農，行政の連携が実現し，福岡県はかた地どり推進協議会が発足したことによって生産拡大が実現し，販売までを統合した地鶏のインテグレーションが完成した[14]。

---

14) 福田［2018］は，福岡県はかた地どり推進協議会の発足を2001年としているが，福栄組合は2006年としている。

　福栄組合は現在までに8つの直営農場を建設し，3つの農家と契約生産を行っている。また，同組合は直営と契約の生産管理を統一しており，雛，専用飼料，ワクチン等の投入財もすべて同一のものを供給している。2018年3月時点での年間出荷羽数は1,100万羽であり，JAS規格に準拠しながら均質な地鶏の大量生産を実現している。

　これらの事例から，地鶏と銘柄鶏の生産においてもインテグレーションが形成され，価格競争力のあるブロイラーに対して，価格以外での差別化を図っている様子がうかがえる。

おわりに

　以上，本章では，日本の鶏肉産業におけるブロイラー・インテグレーションの現状と，それとは異なる新たな動きの登場について検討してきた。戦後，日本に導入されたブロイラー生産は，契約方式によって飼養農家を包摂することでインテグレーションを形成し，急速に成長を遂げた。しかし，生産規模の拡大に伴ってブロイラーの飼育環境は悪化しており，それに呼応するように，食料生産の持続性や動物福祉を重視する消費者が現れている。1990年代以降，こうした変化に応じて地鶏や銘柄鶏の生産に進出したブロイラー生産者は，そこでもインテグレーションを形成し，低価格と安定供給を実現した。だが，これらの新たなインテグレーションにも課題がある。

　ブロイラーを用いたM1銘柄鶏の飼育期間はブロイラーと同等の45〜50日程度であり，国産鶏種によるM2銘柄鶏は60日前後である。また，地鶏のJAS規格は飼育期間を75日以上としているが，これは，改良によって成長が早まったことから，2015年に従来の「80日以上」の規定を短縮したものである。つまり，これらの出荷日数の差は，需要に適した体重に成長する期間の違いであり，ブロイラー以外の鶏肉生産も経済合理性を無視しては成り立たない。

　しかし，地鶏やM2銘柄鶏の生産者の中には，飼育環境や鶏の健康にこだ

わり，150日以上の飼養を行う小規模な生産者がいる。当然，これらの鶏肉は，鶏本来の旨味と食感を兼ね備えていると言えるが，一般的な家庭が日常的に消費できる価格とは言い難い[15]。その意味では，インテグレーターが生産するリーズナブルな地鶏や銘柄鶏の肉は，より多くの消費者が気軽に利用できる選択肢を提供していると言える[16]。また，これらの鶏肉の消費を機に，食の安全性や食料生産の持続可能性に意識を向ける消費者が増えることも期待できる。

　他方，これまでの消費者意識の変化により，環境，健康，動物福祉などに対する関心が高まっていることに鑑みると，地鶏や銘柄鶏の生産がブロイラーに淘汰されるとは考えにくい。また，これらの鶏肉生産が，圧倒的な低価格を実現しているブロイラー生産を淘汰することも考えにくいことから，双方の市場は消費選択に応じて増減しながら，今後も併存するであろう。したがって，今後の持続可能な食料生産のためには，アグリビジネスの動向を注視し，消費者サイドからの選択を通じた意思表示を継続することが重要である。

---

15)　例えば，ハピー農場の「比内地鶏」の飼育規模は2,000羽であり，飼育期間は160〜180日，1羽分の丸屠体（内臓を含む）は税込5,616円である（http://musubi-ichiba.jp/hapi-nojyo, 2018年9月14日参照）。また，地鶏食味コンテストで全国1位の評価を得た井上農場の「さつま地鶏」の飼育期間は，雄150日以上，雌180日以上であり，1羽分の丸屠体の価格は税込7,236円である（Rakuten「さつま地鶏」〔https://item.rakuten.co.jp/musubi-lb/ksin011/?scid=af_pc_etc&sc2id=af_109_1_10000237, 2018年9月14日参照〕）。

16)　駒井［2007］によると，ブロイラーの腿肉が平均541円/kgであるのに対し，銘柄鶏は同857円/kg，地鶏は同2,162円/kgである。なお，ブロイラー以外の鶏肉の価格に関する統計は，筆者の調べが及ぶ範囲では入手できなかったため，このデータを参照した。

参考文献

駒井亨［2007］「鶏肉の生産，処理加工および流通の現状」農畜産業振興機構『月報　畜産の情報（国内編）』2007年9月（http://lin.alic.go.jp/alic/month/dome/2007/sep/chousa1.htm，2018年9月14日参照）.

駒井亨・麻生和衛・小野邦雄・小野浩臣・中村英一郎［1966］『ブロイラー』養賢堂.

清水達也［2012］「ブロイラー・インテグレーションの範囲と拡大過程」日本フードシステム学会編『フードシステム研究』第19巻第1号.

畜産技術協会［2015］『ブロイラーの飼養実態アンケート調査』畜産技術協会，2015年3月.

畜産技術協会［2018］『アニマルウェルフェアの考え方に対応したブロイラーの飼養管理指針（第4版）』畜産技術協会，2018年3月.

長坂政信［1993］『アグリビジネスの地域展開』古今書院.

日本食鳥協会［1997］「5．国産品の銘柄鶏の定義について」（http://www.j-chicken.jp/museum/guideline/05.html，2018年8月22日参照）.

日本食鳥協会［2017］「知床どり」「桜姫」（https://www.j-chicken.jp/anshin/sanchi1_01_05.html，2018年8月17日参照）.

日本ハム「沿革」（https://www.nipponham.co.jp/group/outline/history.html，2018年8月17日参照）.

日本ホワイトファーム「沿革」（http://www.nhg-seisan4.jp/company/whitefarm.html，2018年8月17日参照）.

農林水産省［2011～2018］『流通飼料価格等実態調査』農林水産省.

農林水産省［2018a］『農林水産統計　畜産統計（平成30年2月1日現在）』農林水産省.

農林水産省［2018b］『平成28年度食料需給表』農林水産省.

農林中金総合研究所編［2001］『国内農産物の先物取引』家の光協会.

福田彩乃［2018］「生産から販売に至る地鶏の一貫経営」農林中金総合研究所編『農中総研　調査と情報』第66号.

藤野哲也・本郷秀毅［1999］「海外駐在員レポート　米国のブロイラー産業におけるインテグレーション」農畜産業振興機構編『月報　畜産の情報（海外編）』（http://lin.alic.go.jp/alic/month/fore/1999/jul/rep-us.htm，2018年8月14日参照）.

堀内芳彦［2018］「地域特性を生かした肉用鶏経営の事業戦略」農林中金総合研究所編『農林金融』第71巻第7号（通巻869号），2018年7月号.

むすび「生産者の素顔」（http://musubi-ichiba.jp/hapi-nojyo，2018年9月14日参照）.

e-Stat［2018a］『畜産物流通調査　確報　平成29年畜産物流通統計　累年統計　畜産物と畜（処理）頭羽数及び生産量（明治10年～平成29年）』（https://www.e-stat.go.jp/stat-search/files?page=1&layout=datalist&toukei=00500227&tstat=00000

1044816&cycle=7&year=20170&month=0&tclass1=000001044818&tclass2=0000
01117355&stat_infid=000031737802&tclass3val=0, 2018年8月9日参照).

e-Stat ［2018b］『畜産物流通調査 確報 平成29年畜産物流通統計 食鳥流通統計調査 食鳥の処理羽数及び処理重量』(https://www.e-stat.go.jp/stat-search/files?page =1&layout=datalist&toukei=00500227&tstat=000001044816&cycle=7&year=20 170&month=0&tclass1=000001044818&tclass2=000001117355&stat_infid=00003 1737801&tclass3val=0, 2018年8月9日参照).

e-Stat ［2018c］『農業経営統計調査 営農類型別経営統計（組織経営）確報 平成28 年営農類型別経営統計（組織経営編）1-10ブロイラー養鶏経営（全国）損益の状 況』(https://www.e-stat.go.jp/stat-search/files?page=1&layout=datalist&touke i=00500201&tstat=000001013460&cycle=7&year=20160&month=0&tclass1=000 001033232&tclass2=000001035996&tclass3=000001113295&tclass4val=0, 2018年 8月9日参照).

Rakuten「さつま地鶏」(https://item.rakuten.co.jp/musubi-lb/ksin011/?scid=af_ pc_etc&sc2id=af_109_1_10000237, 2018年9月14日参照).

Zuidhof, M. J., Schneider, B. L., Carney, V. L., Korver, D. R. and Robinson, F. E. ［2014］ "Growth, Efficiency, and Yield of Commercial Broilers from 1957, 1978, and 2005," *Poultry Science*, Vol. 93.

第11章

植物油ビジネス
——油脂を食生活に浸透させた政治経済動向——

平賀　緑

はじめに

　「いまどき油を一滴も口にしない人など，いるのだろうか。」そう思わせる
くらい，油は食生活には欠かせない素材である。台所にはサラダ油や揚げ油
が常備され，冷蔵庫にはマーガリンやマヨネーズ，ドレッシング，焼肉のタ
レなどが入っているだろう。外食に行くと，和洋中いずれも油料理が出てく
るし，中食にも唐揚げやフライ，卵焼きやサラダに油が使われている。加工
食品にも「隠れ油」と呼ばれるほど，見えないところに油が使われている。
私たちの食生活は油脂とは切り離せない関係となっており，とくに限られた
予算で空腹を満たそうとすると，低価格で高カロリーな食事には安価な植物
油が使われていることが多い。

　本章では，この植物油とアグリビジネスとの密接な関係を取り上げてみた
い。中でも世界で消費量の多い油の1つである大豆油に焦点を絞り，生産と
消費を拡大させてきた政治経済的な背景を歴史的に検討する。本章を通じて，
油脂を食生活に浸透させてきたのは，産業革命や植民地，戦争までを含んだ
近代以降の政治経済動向と油脂関連アグリビジネスが大きく影響していたこ
とが垣間見えるだろう。そこから，資本主義的経済に組み込まれて発展して
きた現在の食料システムの課題についても考えてもらいたい。

１．植物油ビジネスの特徴

（１）食生活に「欠かせない」植物油

　脂質は炭水化物，タンパク質とともに三大栄養素の一つであり，グラム当たりのカロリー数が高いことからも，食生活には「欠かせない」素材といわれている。

　農林水産省の『食料需給表』［2019］によると，現在日本において油脂類の１人１年当たり供給量（純食料）は約14kg，つまり一斗缶一杯に近い量を１年間に食している。一般的な植物油のイメージをたずねてみると，日本ではナタネ油やゴマ油を筆頭にあげる人が多いだろう。しかし，実際にはナタネ油は食用油の41％を占める一方，パーム油は22％，大豆油は16％を占めており，実際にはかなりの量のパーム油と大豆油も消費している。パーム油はアブラヤシの果実から採れる油であるが，消費の自覚はないかもしれない。それはこの油が単体油（例えば商品名に「パーム」と記載あるもの）ではなく，加工食品の原料や調理用として使われているからである（図11-1）。

（２）輸入原料に依存する植物油消費

　これだけ日常的に消費しているにもかかわらず，日本は植物油の原料の大半を海外に依存している。カロリーベース総合食料自給率は４割弱にすぎないが，なかでも植物油は２％（重量ベース食料自給率）と最低レベルである[1]。日本だけではない。パーム油，大豆油，ナタネ油は，世界的に消費されている植物油だが，その原料生産はごく限られた数ヵ国が担っており，多くの国が輸入に依存している。例えば，パーム油は，インドネシアとマレーシアの２ヵ国だけで世界生産量の８割以上を生産し，その大部分を輸出している。大豆は，米国とブラジルとアルゼンチンの３ヵ国だけで世界全体の７～８割

1）ここの数値は，農林水産省［2019］に基づく。

図11-1　日本におけるナタネ油・大豆油・パーム油の用途別割合
（2014年油脂消費実績）

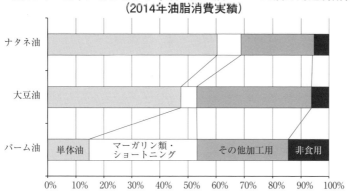

資料：農林水産省［2015］『我が国の油脂事情（2015年版）』より筆者作成。

を占めており，国内畜産業向け飼料として使われることも多いが，かなりの
量が輸出されてもいる。日本もこれらの国々からパーム油や大豆を輸入して
いる。ところが，これらの主産地は，もともと原産国であったわけではない。
いずれも生産が本格化したのは，ここ100年以内のことだ。

　そもそもパーム油や大豆油が食用として広まったのも，歴史が浅い。日本
で大豆由来の食用油が発売されたのは1920年代であり，100年ほど前までは
大豆油の食用はほとんどなかった。パーム油も，原産地のアフリカでは赤い
パームの実を潰して食されていたが，今日のような無色透明の油に精製して
大量使用されるのは近代以降だった。

　では，わずか1世紀ほどの間に植物油が世界の食生活に浸透したのはなぜ
だろうか。そこには，幅広い産業を組み込む形でビジネスを形成してきた政
治経済主体が存在していた。つぎに，植物油ビジネスの構成要素に触れてみ
よう。

（3）幅広い産業で構成される植物油ビジネス

　食物油ビジネスの要には，原料から油を搾油・精製する製油産業がある。
しかし，油はそのまま飲み食いするモノではない。そのため，油を使って惣

菜や加工食品を製造する食品加工業や，揚げ物や炒め物を提供する外食産業
が重要なプレーヤーとして加わっている。また，油は石けんや塗料，医薬品
など，非食用の工業原料としても使用されるため，化学工業もビジネスに関
与している。さらに，原料の輸入依存度が高いことから，貿易を担う商社の
動向も重要である。加えて，大豆やナタネを砕いて油を絞り出すと，油と粕
が同時に生産されるが，後者はかつては肥料として，現在はタンパク質を含
んだ「脱脂大豆」として食用・非食用の原料や家畜飼料に使われている。

　一般的には，経済発展・所得向上に伴う「食の洋風化」が，油脂類の需要
を高めるといわれている。つまり，国民が豊かになれば，油料理や動物性食
品を嗜好するようになるため，植物油の消費も増加するというものである。
このことは，第二次世界大戦後の日本だけでなく，近年では植物油・油糧種
子の輸入大国となった中国やインドについても説明されている。両国とも
1980年代までは植物油をほぼ自給していたが，現在では中国が世界の大豆輸
入の6割を占めており，インドは世界最大のパーム油輸入国になっている。

　しかし，植物油の需要増加は，豊かになると脂質を求めるという人間の本
能的欲求だけによるものなのだろうか。搾り出すことが難しく本来貴重なは
ずの植物油が，これほど安価・大量に供給されるようになったのはなぜなの
か。わずか数カ国の産地に頼りながら，植物油が世界の食生活にこれほど浸
透したのはなぜだろうか。背景には植物油ビジネスの存在がある。

　以下では植物油ビジネスの歴史と現在を，大豆油に焦点を絞って検討する。
まず，日本における近代的植物油ビジネスの発展を，歴史的に振り返る。次
に，油脂類や動物性食品の大量消費を促す現在の植物油ビジネスのグローバ
ル展開を，中国を中心に概観する。その際，植物油ビジネスに関わる多数の
プレーヤーに着目し，各プレーヤーの成長戦略が，全体としての植物油の増
大に寄与していることに注目していきたい。

２．日本における大豆油ビジネスの形成[2]

（1）ターゲットとなった満洲産大豆：
粕の肥料利用と輸入拡大（19世紀〜第一次大戦期）

　日本でも古来より，比較的含油量の多いゴマやエゴマをはじめ，ナタネや綿実などから植物油が搾油されてきた。そのため食用油がなかったわけではないが，近代以前における植物油は主に燈明用として使われており，石油も電気もなかった時代の貴重なエネルギー源として，権力者が生産・流通を保護・統制するものだった。ちなみに，和食の代表格である天ぷらは，江戸中期にゴマ油で揚げたものが屋台で提供されるようになったのが始まりといわれている。

　一方，大豆は水田の畔で栽培されたことから「畔豆」とも呼ばれ，主に味噌や醤油など発酵食品として食されていた。コメと大豆を食することが健康的にも優れ，稲と大豆をともに栽培することが環境的にも健全な共生関係を築いていたといわれている。この時点では大豆の利用は国内産に限られており，大豆はそのまま，もしくは発酵させて食するもので，油や油粕の原料目的ではなかった。

　このような状況が一変し，大豆が大量輸入されるようになったのは，19世紀後半の「開国」以降である。当時の目的は，食用でも油用でもなく，農業近代化のための肥料利用であり，しかも満洲[3]から大豆粕を輸入したのが始まりだった。満洲を含む中国大陸でも，大豆は主に食用とみなされていたが，明朝後期からナタネやゴマの搾油業者が大豆の搾油も始め（開始時期は

2）この節の詳細および参考文献は，平賀［2019］を参照のこと。
3）「満洲」とは，中国東北部の三省（遼寧・吉林・黒竜江）を指し，19〜20世紀初頭に日本人が用いた俗称である。中国では使われない語であり学術的には「満洲」と表記すべきではあるが，煩雑さを避けるため，本章ではカッコなしで表記する［安冨・深尾 2009，朱 2014］。

諸説ある），上海周辺の木綿や華南のサトウキビなど商品作物用の肥料として大豆粕が利用されるようになっていた。日本でも，農業近代化のために購入肥料（金肥）の多用を推奨したとき，満洲の大豆粕を有望な肥料として目をつけたのである。

　さらに，欧米列強の植民地化を退けながら富国強兵を推進していた日本国内から，国際貿易の拡大とアジア進出という国策を背景に，満洲への進出が相次ぐようになった。まず日本領事館と横浜正金銀行，三井・三菱などの「政商」が進出し，満洲−日本間に通商ルートを築いた。その中で肥料用大豆粕貿易の商機を見いだし，日清戦争（1894〜95年）前後に満洲産大豆粕の日本輸入を急増させた。さらに日露戦争（1904〜05年）後には日本が満洲における権益を得たことで，大豆粕輸入にとどまらず，日系資本の満洲投資も拡大していった。当時，満洲の搾油工場で生産を始めたのが，日清製油と豊年製油である。

　まず，日露戦争後の1907年に，国策に則って満洲への進出を狙っていた大倉財閥の大倉喜八郎と，満洲の大豆粕という新たな肥料原料に注目した肥料業者の松下久治郎とが創業したのが，現在の食用油大手・日清オイリオグループの起源である日清製油である。当時の社名は「日清豆粕製造株式会社」であり，油よりも粕の生産を主目的としていた。同社は創立直後，満洲の営口に出張所を開設し，大連に工場を建設した。1908年に試運転を開始した同工場は，機械圧搾式で豆粕を１日当たり7,000枚（約200t）製造できる能力を持ち，敗戦まで満洲大豆産業の代表的工場として活躍した[4]。

　他方，日本の国策会社として設立された南満洲鉄道株式会社（満鉄）の中央試験所から，ベンジン抽出法と設備払い下げを1916年に受けたのが，当時の鈴木商店製油部，その後の豊年製油の始まりだった（現在のJ-オイルミルズに繋がる）。当時は日本最大の財閥だった鈴木商店は，大連工場の製造規模を１日当たり原料処理量250tまで拡張した。

4）一方，在来油房の豆粕製造能力は，1860年時点で１日当たり100〜200枚だったといわれている。

このように，当初は大豆粕ビジネスとして形成された日本の大豆油産業は，国内産大豆よりも満洲産大豆を原料基盤に誕生したのである。しかも，当初満洲に建設した工場に加えて，日本内地にも輸入原料を処理しやすい臨海部に「海工場」と呼ばれる大規模搾油工場が建設されるようになった。こうして，日本の近代的な大豆油ビジネスは，国家と財閥を推進力として，農業の近代化，国際貿易の発展とアジア進出，さらには満洲支配という近代的国家建設プロジェクトの一環として形成されたのである。

（2）油と粕の用途拡大と軍需利用（戦間期～第二次大戦期）

ただし，大豆粕とは対照的に，大豆油の食用利用については，当時はまだ広まっていなかった。国内に市場がほとんどないため，油は主に欧米へ輸出されていた。そのような状況が次第に変わっていったのが，戦間期である。

石油化学工業が本格的に発展する前，動物・魚・植物を原料とする油脂は，産業発展や戦争遂行のための貴重な物資であった。油脂からは爆薬の原料となるグリセリンが製造できるだけでなく，機械を稼働するための潤滑油や鉄の焼入れ油，防水や塗料，さまざまな物質の素材など，今日の石油が担う役割の多くを動植物由来の油脂が担っていた。そのため，第一次世界大戦期には欧米で特需が起こり，満洲や日本から大量の油脂が輸出され，大豆が「油糧種子（oilseed）」として認識されるきっかけとなった[5]。

ところが，終戦によって製油企業は欧米特需を失い，輸出に代わる油の市場開拓の必要に迫られた。加えて，化学肥料の普及に伴って，大豆粕も肥料以外の市場開拓が求められていた。満洲における大豆製品（大豆・油・粕）の生産・貿易は日本の満洲支配において重要であったため，満鉄中央試験所も大豆製品の可能性と工業化の研究に取り組んだ。こうした懸命な研究開発

5）第一次世界大戦時にアジアから大豆油が大量に輸入されたことをきっかけに米国で輸入大豆からの搾油が始まり，1930年代には大豆の生産も奨励された。これが第二次世界大戦後に米国が世界的な大豆生産国へと発展することに繋がっていった。

努力によって，大豆粕は肥料・醸造用やグルタミン酸ナトリウム（味の素）の原料へ，大豆油は石けん・ろうそく原料の硬化油へ，大豆は塗料や可塑性物質（プラスチック），膠着剤（グルー）へ用途を拡げていった。その過程で大豆油を精製した食用油が開発され，1923年に豊年製油から「大豆白絞油」が，1924年に日清製油から「日清サラダ油」が発売された。

　やがて日本が日中戦争・アジア太平洋戦争へと突き進むにつれ，油脂は政府・軍部の統制対象となり，軍の管理のもとに大手製油企業は軍需物資の生産と研究開発を続けていった。「戦争と大豆とは離れる事の出来ない密接な関係があって大豆は平時といわず戦時といわず極めて大切なる資源である」［増野 1942：1］といわれたほど，大豆は庶民の食べものというよりも国家総動員体制の重要物資として認識されていたのである。

（3）米国産大豆と食用市場を基盤とする製油産業の再建（第二次世界大戦後）

　1945年，日本は敗戦を迎え，植物油ビジネスは満洲の大豆や朝鮮の魚油など，植民地・勢力圏における重要資源と軍需市場を失った。大手製油企業は，戦災で被害を受けたものの，国内に巨大な生産設備を保持しており，政府や帝国油糧（後の油糧配給公団）などと協力しながら，原料を米国産大豆に切り換えることで，数年のうちに再建を果たした。米国産大豆は，当初は食料援助として輸入されたが，サンフランシスコ講和条約後には商品として恒常的に輸入されるようになった。加えて，1955年に関税及び貿易に関する一般協定（GATT）に加盟して開放経済へ移行する中，1961年には大豆輸入が自由化された。

　一方，市場面では，それまでの工業用市場や海外市場から方向転換し，国内食用市場へ植物油を大量供給しはじめたのも大きな特徴である。**図11-2**は，戦後の油脂消費量の用途別推移を示したものである。1950年代半ばから工業用や輸出用を引き離す形で食用が急増していることがわかるだろう。

　こうして，第二次世界大戦後，とくに高度経済成長期になると，日本国内で食用油消費が急増し，庶民がほぼ毎日のように揚げ物や油を含む加工食品

図11-2　油脂消費量の用途別推移（1953〜1971年）

資料：食糧庁［1963］『油糧統計年報（昭和38年版）』および農林省農林経済局［1971］『油糧統計年報（昭和46年版）』より作成。

を食べられるほど油脂が身近な食品となった。では，なぜ食用油の消費が急激に拡大したのだろうか。

　第1に，植物油ビジネスによる消費増進活動があった。米国産大豆の輸入は1960年代の輸入自由化以前より増加しており，米国側が動き出す前から日本の油脂関連企業が積極的に消費拡大キャンペーンを始めていた。まずは油脂販売業者たちが1951年から「東京油まつり」などのイベントを開催し，1952年には農林省に設置された油脂消費増進部会が「油脂週間」や「毎月一日油の日」などを定めて消費増加を促した。そして1953年には，製油や製粉，乳業，マーガリンなど大手食品企業から支援を受けた厚生省外郭団体「栄養改善普及会」が発足した。同会が中心となって，1960年代初頭から「フライパン運動」など，より継続的に油料理を推奨する活動が進められたのである。

　第2に，加工食品や外食など，油脂を大量に使う関連産業の発展が大口需要を押し上げた。例えば，マーガリンやショートニングは，戦前から製造・販売されていたが，パンや洋菓子を中心とした業務用需要を背景に1950年代

から供給量が急増した。また，1958年の「チキンラーメン」発売に始まる即席麺の急成長も，油脂需要を押し上げた。戦後，安価で豊富に供給されるようになった小麦粉と油を大量に使い，工場で大量生産できる即席麺は，スーパーマーケットなどの大量販売ルートやテレビなどの新しい広報手段も活用しながら普及していった。さらに，ポテトチップスやかっぱえびせんなど，小麦粉と揚げ油を使うスナック菓子や，チョコレートやアイスクリーム，カレールウ，レトルト食品などの加工食品も次々と発売された。あわせて，「素」となる加工食品を使った洋風・中華風の炒め物・揚げ物の油料理法が広がり，家庭の内外で「食の洋風化」を広めながら，日本における油脂需要を増加させていったのである。

　第3に，大豆粕やトウモロコシなど輸入飼料に基づく加工型畜産が急成長し，油と同時に粕を生産する製油産業の発展に貢献した。このような工業化した食品産業や畜産業に総合商社が参画したことも見逃せない。原料となる穀物・油糧種子の輸入から，製粉・製油・製糖・飼料製造，食品加工・流通，さらに加工型畜産や卸小売・外食までを組み込んだインテグレーションの発展に関わっていたからである。こうして幅広い産業が組み合わさりながら植物油ビジネスが発展し，油や粕を多用する食料システムが構築されていったのである。

3．植物油ビジネスのグローバル展開：現代中国を中心に

　このように，日本では近代以降，油脂関連産業に加えて政府や財閥，軍部，戦後は総合商社も関与しながら植物油ビジネスが形成された。とくに戦後は，食品加工産業や外食産業，加工型畜産業など関連産業の発展を組み込みながら，油と粕を多用する食料システムが構築された。現在，こうした油脂・動物性食品を多く食する「食の高度化」がアジアやアフリカなど新興国に広がっており，日本で経験を積んだ油脂関連企業もグローバルに展開している。本節ではその一例として，近年の中国を中心に検討し，植物油ビジネスのグ

ローバル展開を概観する。

（1）大豆輸出国から輸入大国へ

　中国は大豆の原産地であり，かつては植物油を自給していたが，1990年代後半から油糧種子（主に大豆）および植物油（主にパーム油）の輸入を急増させた。この変化も，一般的には経済発展に伴う需要増加によるものと説明されている。しかしその背後には，国内外における政策決定と企業活動があった点を無視するわけにはいかない。

　中国は第二次世界大戦後の国共内戦や「大躍進」等の混乱を乗り越え，1980年代までには農業生産体制を立て直し，穀物・油糧種子の自給をほぼ達成した。当時は農業全体を政府が管理していた。しかし，1978年の改革・開放政策以降，農業生産や農産物取引に関する統制を段階的に自由化していった［阮 2010, Gulati and Fan 2007］。

　また，対外的には，貿易自由化へ向けて国内市場を開放する政策変更も進められた。1986年にGATT加盟を申請し，2001年にWTO加盟が承認された。その一環として，政府が管理していた農産物貿易[6]の自由化も進められた。大豆に関しては，1996年に輸入関税を40％から3％まで大幅に引き下げたことから，それを機に中国は大豆輸入大国へと転じていったのである［阮 2003, IATP 2011］。

　さらに，外資誘致の政策も，大豆輸入を促した。1990年代後半から2000年代にかけて外国資本が中国に進出し，大規模搾油工場を輸入大豆の処理に適した沿海部に建設した。ADM，カーギル，ブンゲなどの欧米系穀物メジャーは，華人資本のWilmarや中国最大の国有食品企業グループCOFCO（中糧集団有限公司）などと提携しながら，中国を含むアジア進出を本格化した。

6）中国の農産物貿易は1949年に設立された国有企業 COFCO（China National Cereals, Oils and Foodstuffs Corporation: 中糧集団有限公司）が一手に担っていた。その後規制緩和され，COFCOは現在は持株会社となり，農業，食品，および関係分野に多数の企業を有し，中国の最大手穀物商社，中国最大の食品会社グループとして大きな影響力を持っている。

　こうして，中国でも，北米・南米からの輸入大豆を華南の大規模「海工場」で搾油し，食品加工業や外食産業，加工型畜産業につなげる植物油ビジネスが発展するようになった。その過程で，先の欧米系穀物メジャーや大手食品・畜産企業に加えて，タイのCPグループなどアジア系資本，中国国内や台湾・香港資本などが中国市場に進出した。

（2）日系植物油ビジネスの展開

　このような発展の中に，日系の植物油ビジネスも参入していった。まず第1に，総合商社が，日本向け中心の穀物・油糧種子事業を，北米・南米から中国へ仕向ける戦略へシフトした点が挙げられる。

　なかでも「穀物取扱数量総合商社ナンバーワン」の丸紅は［丸紅 2017：66］，2012年には年間5,500万tに上る中国輸入大豆の約2割（1,000万t）を取り扱ったと報告している［丸紅 2012：38］。中国向け取扱量の増加に加えて，2009年に中国最大級の穀物備蓄会社SINOGRAINグループの中儲糧油脂有限公司，2010年には中国最大級の農牧企業の山東六和集団と提携するなど，輸入大豆を国内流通網や飼料・畜産インテグレーションへと拡げている［丸紅 2012］。

　一方，伊藤忠商事は「中国最強商社」として「中国・アジアで稼ぐ」戦略を打ち出しており［伊藤忠商事 2016：3，23，40］，アジア最大の農産物インテグレーターを目指している［伊藤忠商事 2016：84］。そのための手段として，CITIC（中国国際信託投資公司）グループおよびCPグループとの戦略的業務・資本提携を掲げている[7]。さらに同社は，中国最大の穀物商社COFCOとともに原料・素材を扱う一方，即席麺製造の頂新グループとも連携しながら，製造から卸・小売まで事業を広げるなど，アジア各国でも食料

───────────────

7）中国最大のコングロマリットであるCITICグループは中国政府と緊密な関係を持つとされ，その傘下に政府系企業を多数保有している。CPグループはタイ華僑出身者によって設立されたアジア最大のアグリビジネスであり，中国の飼料・畜産部門に早くから投資・進出し，現在では中国最大規模の鶏肉輸出業者として中国のほぼ全省に事業基盤を構築している。

バリューチェーンを構築しつつある［伊藤忠商事 2016：83］

　三井物産も，小麦・大豆の3国間貿易に力を入れている。大豆については，日本向け取扱量が40～50万tであるのに対して，3国間取引が約400万tまで増えている[8]。穀物・油糧種子の貿易事業に加えて，農薬や飼料添加物事業も取り込み，南北アメリカに加えてロシアから調達した原料をアジア，欧州，中東・アフリカ市場へ供給するグローバル戦略を描いている［三井物産 2017：38-41］。

　最後に，三菱商事は，米国・ブラジル・オーストラリアに穀物集荷・販売・輸出を担うAgrex社を子会社として持ち，中国のAgrex Beijingなどアジア市場側にも拠点を構えている。同社も，原料生産・集荷・加工から製品製造，流通，小売までのバリューチェーン構築経験を活かし，現在は，アジア市場においても穀物販売や即席麺・調味料の製造等に投資するなど，グローバルに事業展開している［三菱商事 2016：90］。

　このように，日系総合商社は，油糧種子の中国向け取扱量を増やすことに加えて，これらを多用する食品産業や畜産業にも投資することで，油・粕需要を推進している。また，中国系，アジア系，欧米系資本とも提携しながらグローバル展開しているのも特徴だろう。

　第2に，油脂を多用する食品製造業の代表例として，即席麺企業の中国進出がある。中国には麺を食する伝統文化はあったが，即席麺製造業は1990年代まで存在していなかった。しかし現在，中国は世界最大の即席麺生産・消費国へと成長した。きっかけは，外資系の即席麺企業の進出である。例えば日清食品は，1990年代に中国進出を本格化させ，広東省に2ヵ所と上海市，北京近郊に計4工場を建設し，1990年代末までに年間7億食の生産を実現した［川邉 2014］。ただし，それを上回る勢いで中国市場を獲得したのは，台湾の頂新グループだった。同グループは1992年から中国での生産・販売を始め，2013年には中国最大の外資系食品企業となった［姚 2015］。しかも同社

8）月刊『油脂』2015年10月号，29ページ。

は，即席麺企業のサンヨー食品をはじめ，伊藤忠商事やアサヒビール，亀田製菓，不二製油，敷島製パン，カルビー，ケンコーマヨネーズなどの日本の大手食品メーカーとも提携しながら，中国での生産・販売を拡大しているのも特徴的である［姚 2015］。

　他方で，日系製油企業は，成熟化した国内市場を調整しつつ，海外にも量より質を重視した，技術力を活かす形で事業展開している。例えば，日清オイリオグループは，「かけるオイル」やMCT（中鎖脂肪酸油）などの開発経験を活かして，上海など都市部で「日本スペックの高品質のサラダ油」や健康オイルなど，高付加価値商品で利益を上げる戦略をとっている［日清オイリオグループ 2019，菊池 2013］。そのような中，より積極的にグローバル展開している日系製油企業に，不二製油がある。同社は，伊藤忠商事の出資で南方系油脂事業から着手し，油脂の加工度を上げながら成長してきた。現在も筆頭株主である伊藤忠商事の国際ネットワークを活かしつつ，近年では大豆などから作る「植物肉」事業や世界３位の業務用チョコ事業など，より付加価値の高い油脂関連製品に焦点を当てて事業展開している[9]。このように，日系の植物油ビジネスのプレーヤーは，戦後日本で培った経験や技術力を活かしつつ，より付加価値の高い分野に焦点を当てながら，中国をはじめ各地の植物油ビジネスに参画しているといえるだろう。

おわりに

　以上，本章では，大豆油を中心に植物油ビジネスの歴史と現状を検討してきた。脂質は必須栄養素ではあるが，大豆やナタネなど固い油糧種子から効率良く搾油して大量生産が可能となったのは，近代以降のことである。日本の植物油ビジネスは，戦前は肥料用や工業・軍需用として，戦後は食用として市場拡大が図られ，油脂の大量供給がもたらされるようになった。現在で

9）『日本経済新聞』2018年11月19日付。

はバイオ燃料やバイオ素材なども注目されており，植物油の新たな商品・市場を求める企業活動がとどまる気配はない。

　ビジネスの狙いは利潤獲得であり，そのために新たなニーズを探り出し，研究開発に励み，新商品・サービスを提案して次々と消費を促す。それは企業として当たり前の活動だろう。こうした植物油ビジネスの成長努力の結果が，私たちの食生活を輸入依存に基づく油脂の大量消費へと促してきたことは，本章が示したとおりである。

　一般的に，油脂や動物性食品の消費が増えたとき，消費者の嗜好や食文化の変化が「需要増加」の要因として説明されることが多い。しかし，本章が明らかにしたように，植物油ビジネスは製油産業に加えて，総合商社から食品加工・外食産業，畜産業までの幅広い産業や，ときには国策会社や軍部までもが組み合わさりながら消費構造を変え，ビジネス全体を拡張してきたのである。それは日本だけでなく，現在も中国や他の新興国において，植物油ビジネスは拡大し続けている。

　植物油は，製品も用途も原料も多種多様であり，代替が効く商品である。そのため，工業や軍需用も含む幅広い分野を対象とした供給体制が，油と粕の生産可能量を増加し，その供給量に見合う市場形成のための努力が食生活にも大きな影響を与えてきたという，特殊な例かもしれない。しかし，一見，消費者の嗜好の変化による「需要増加」の背景にも，その食品の生産と消費を拡大させてきた政治・経済関係を意識することが，資本主義的経済に組み込まれて発展してきた現在の食料システムを考える上でますます重要になっているのである。

参考文献
川邉信雄［2014］「即席麺の国際経営史――日清食品のグローバル展開――」文京学院大学総合研究所編『経営論集』第24巻第 1 号.

菊池奉行［2013］「日清オイリオグループの中国市場開拓」亜細亜大学大学院アジア・国際経営戦略研究科『AIBSジャーナル』第 7 巻.

日本植物油協会・幸書房［2012］『製油産業と日本植物油協会50年の歩み』日本植物油協会.

平賀緑［2019］『植物油の政治経済学──大豆と油から考える資本主義的食料システム──』昭和堂.

増野實［1942］『世界の大豆と工業』河出書房.

油脂製造業会［1963］『油脂製造業会小史』油脂製造業会.

阮蔚［2003］「WTO加盟の中国農業への影響──土地集約型農産物の輸入拡大と労働集約型農産物の輸出競争力──」東京大学『社會科學研究』第54巻第3号.

阮蔚［2010］「中国・インドの穀物需給動向──中印の輸出入動向に揺さぶられる国際穀物市場──」農林中金総合研究所『農林金融』第63巻第3号.

朱美栄［2014］「20世紀初頭から第2次世界大戦終結に至るまでの日系製油企業の満洲進出とその展開──日清製油を中心に──」愛知淑徳大学博士学位取得論文.

安冨歩・深尾葉子編［2009］『「満洲」の成立──森林の消尽と近代空間の形成──』名古屋大学出版会.

姚国利［2015］「食をめぐる日中経済関係と台湾──食料品分野での貿易と投資事情を中心として──」『人文社会科学論叢』第24号.

Gulati, A. and Fan, S.［Eds.］［2007］*The Dragon and the Elephant: Agricultural and Rural Reforms in China and India.* International Food Policy Research Institute. Baltimore: Johns Hopkins University Press.

IATP（Institute for Agriculture and Trade Policy）［2011］*Feeding China's Pigs: Implications for the Environment, China's Smallholder Farmers and Food Security.* Institute for Agriculture and Trade Policy.

【企業情報】

日清オイリオグループ株式会社［2019］「日清オイリオグループコーポレートレポート2019（2019年3月期）」日清オイリオグループ.

丸紅株式会社［2012］「アニュアルレポート2012（2012年3月期）」丸紅.

丸紅株式会社［2017］「統合報告書2017（2017年3月期）」丸紅.

伊藤忠商事株式会社［2016］「アニュアルレポート2016（2016年3月期）」伊藤忠商事.

三井物産株式会社［2017］「アニュアルレポート2017（2017年3月期）」三井物産.

三菱商事株式会社［2016］「統合報告書2016（2016年3月期）」三菱商事.

【統計資料】

食糧庁［1963, 1965, 1967, 1971］『油糧統計年報』食糧庁.

農林水産省［2015］『我が国の油脂事情（平成27年10月）』農林水産省.

農林水産省［2019］『食料需給表（平成29年度）』農林水産省.

第Ⅲ部
食べ物の源流を追って

第12章

植物遺伝資源と種子ビジネス

久野　秀二

はじめに

　有用な植物の育成を目的とする農業には土地と水と種子が欠かせない。とくに種子は，農業生産の目的である植物体の有用性を決める重要な情報を含んだ遺伝資源として「農業の起点」であり，それが食料供給のあり方を決めるという意味で「食の根幹」であり，したがって「すべての生命の源」である。そのため「種子を制する者は農業を制し，世界を制する」と言われ，さらに生命科学・バイオテクノロジーが急速に発展した1980〜90年代以降は「遺伝子を制する者は世界を制する」とまで言われてきた。実際，そうした言葉が示唆したとおりに，農作物の優良品種を開発するのに必要な遺伝資源と技術を掌握した多国籍企業の種子市場での影響力は強まる一方であり，彼らが制する農業・食料システムから生産者や消費者が疎外される状況が生まれている。

　本章の課題は，種子の商品化とそれに伴う資源と技術の囲い込みが強まる中で，私たちはどこに対抗軸を見定めるべきかを考えることにある。この課題に接近するために，まず第1節で，多国籍企業による種子市場の寡占化が進んできた背景と現状を概観する。第2節では，そうした「資本による種子の包摂」が農業生産と食料消費の現場にもたらしている諸問題を，とくに遺伝子組換え（GM）作物の開発と普及に焦点を当てながら批判的に分析する。第3節では，日本の種子市場にみられる制度的・構造的な特徴を，とくに主

要農作物種子制度に関わる最近の動向に注目しながら明らかにする。そして最後に，種子をめぐるオルタナティブな議論と運動の意義および今後の課題について考察を加える。

1．強まる種子の支配：公的種子事業の変容と種子ビジネスの拡大

　本章では，遺伝資源の収集・管理から品種の改良・普及，種子の生産・調整・流通・認証・販売に至る一連の活動を種子事業と呼び，種子事業を支える組織や法制度を含めて種子システムと呼ぶことにする［西川 2017］。種子システムは大きく，農民の自家採種と農民間の交換によって在来品種等の種子が供給されるインフォーマル種子システムと，近代的な技術と制度に支えられた種子事業を通じて改良品種の種子が供給されるフォーマル種子システムに分けられる。後者はさらに，政府機関が責任を持って管理する公的種子事業と，民間企業が営利目的に種子を生産・販売する民間種子ビジネスとに分けられる。

　公的種子事業は19世紀後半から20世紀初頭にかけて，欧米諸国や日本などで国民国家建設の柱として農業の近代化が進められる過程で確立した。米国では農務省（USDA）設置と同じ1862年のモリル法により設立された土地交付大学（LGU）と1887年のハッチ法により設立された州立農業試験場（SAES）が公的種子事業の礎を築き，今日に至っている[1]。日本では国立農事試験場が1893年に設置されたのを嚆矢とするが，種子対策事業が制度化され道府県レベルで種子生産普及体制が確立するのは，主要食糧農作物改良増殖奨励規則が公布された1919年以降である。戦時下に公的種子事業は機能

1）久野［2002］，第2章を参照。なお，ハイブリッド化の進展でいち早く民間主導となったトウモロコシや野菜はもちろん，綿花や大豆においても公的種子事業から民間種子ビジネスへの転換が進んだ。小麦やコメについてはなお公的機関が重要な役割を担っていることは本文で後述するとおりだが，2000年代半ば以降，その機能と役割を大幅に低下させている。詳しくは，久野［2017b：16-26］を参照されたい。

停止を余儀なくされたが，1952年の主要農作物種子法制定により，今日まで続く公的な主要農作物種子事業が整備された。世界的には，主にコメ・小麦・トウモロコシの3大作物の多収量品種および灌漑，化学肥料，農薬，農業機械等を構成要素とする一連の技術体系の開発とその世界的普及をもたらし，中南米諸国やアジア諸国で食料増産を導いた「緑の革命」が果たした役割も重要である。1960年にフィリピンに設立された国際稲研究所（IRRI）と1966年にメキシコに設立された国際トウモロコシ・小麦改良センター（CIMMYT）をはじめ，世界銀行と国連食糧農業機関（FAO）等の国連機関が主導する国際農業研究協議グループ（CGIAR）傘下の国際農業研究センターがその中心を担ってきた。

　これに対して，民間の種子ビジネスは，トウモロコシや野菜類を中心にハイブリッド技術の実用化に成功して種子市場形成のための技術的障壁が取り払われた1930〜40年代，「緑の革命」やFAO国際種子事業によって開発途上国に種子市場を開拓する可能性が生まれた1960年代，新品種保護制度の確立と強化によって民間企業の本格的参入に対する制度的障壁が取り払われた1970年代を画期として徐々に拡大した。さらに，1980年代以降のM&Aブームと業界再編の波，1990年代以降のGM技術の開発と普及を契機に，それまで多数の中小種子企業で構成されていた主要各国の種子市場は，異業種から参入した少数の巨大多国籍企業が寡占化を強めるグローバル市場へと変貌を遂げてきた［久野 2002］。それは，財政負担の軽減と規制緩和・民営化を原理主義的に掲げる新自由主義的な政策転換によって公的種子事業の縮小・弱体化が進んだ時期とも重なる。米国では1980年代を通じて公的農業研究予算と民間の農業研究開発投資が逆転し，折からのプロパテント政策によって，土地交付大学や州立農業試験場等による研究成果の知的財産化と民間企業への技術移転が進められた。英国でも公的種子事業を担っていた植物育種研究所（PBI）と国立種子開発機関（NSDO）が，サッチャー政権下の1987年に民営化された。

　2014年の商品種子市場は世界全体で約400億ドル，このうちモンサント，

表12-1　バイオメジャーの農薬・種子販売額と市場シェア（2018年）

	種子販売額/シェア		農薬販売額/シェア		合計
	百万ドル	%	百万ドル	%	百万ドル
バイエル（ドイツ）	10,773	25.9	9,641	16.7	20,414
シンジェンタ（スイス）	3,004	7.2	13,526	23.5	16,530
コルデバ（米国）	8,007	19.2	6,445	11.2	14,452
BASF（ドイツ）	1,800	4.3	6,916	12.0	8,716
リマグレン（フランス）	1,821	4.4	–	–	–
KWS（ドイツ）	1,573	3.8	–	–	–
FMC（米国）	–	–	4,285	7.4	–
UPL（インド）	–	–	2,741	4.8	–
上位4社計	23,584	56.6	36,528	63.5	–
上位6社計	26,978	64.7	43,554	75.7	–
世界市場規模	41,670	100.0	57,561	100.0	–

資料：各社販売額は AgMagazine, "2019 Market Insight," October 2019，世界市場規模は Phillips McDougall 資料を参照した。BASF の種子販売額はバイエル過去実績に基づく推計。

デュポン，シンジェンタの3社を筆頭とする上位7社の占有率68.5％に達していた。これら3社にバイエル・クロップサイエンス，BASF，ダウ・アグロサイエンスを加えた6社は，世界農薬市場の8割近くを支配する農業化学企業であり，世界各地の種子企業を次々に買収して主要作物の遺伝資源や種子商品の販路を囲い込むとともに，農業バイオテクノロジー分野で巨額の研究開発投資を進めてきた農業バイオ企業（バイオメジャー）である。その数から「ビッグ6」とも呼ばれてきたが，2016～18年に大きな業界再編が進んだ（**表12-1**）。モンサントは長らくバイオメジャーの代名詞となっていたが，本体事業規模ではるかに巨大なバイエルに630億ドルで買収される一方，モンサントが2015年に買収を試みたことのあるシンジェンタは，中国化工集団ケムチャイナに430億ドルで吸収合併された。他方，ダウとデュポンは対等合併し，農業部門会社コルテバが設立された。BASFは業界再編に直接巻き込まれることはなかったが，バイエルによるモンサント買収で懸念された独占禁止法（米国反トラスト法，欧州連合競争法）違反を回避するため，同社の一部事業の売却先となった。こうして，種子産業と農薬産業はいずれも，新たな「ビッグ4」が6割前後を支配することになったのだが，国・地域別や作物別にみると，寡占化の状況はより深刻である。2015年時点で，モンサ

ントとデュポンの２社が米国トウモロコシ種子市場の71％（ダウとシンジェンタを加えると82％），米国大豆種子市場の61％（同じく76％）を占めていた。EUのトウモロコシ種子市場では，農協系企業のKWSとリマグレンを含む上位５社で76％（2014年）となっていた。

　農薬規制の強化と新規有効成分開発の長期化・コスト増に直面した農薬企業にとって，種子とくにGM品種は重要な戦略商品である。ドル箱商品であるグリホサート系除草剤の有効活用を最大の動機にしながら除草剤耐性品種の開発と普及に邁進してきたモンサントは，その典型である。同社はGM技術の実用化を見据えて1980年代初頭から種子事業への参入を開始，GM作物の開発に成功した1990年代後半以降は主要作物（トウモロコシ，大豆，綿花，菜種）の大手種子企業を次々に買収し，GM技術を商品化するのに必要な優良品種系統と種子市場を確実に押さえてきた。2000年代半ば以降は，やはり企業買収を通じて野菜種苗などに事業の手を広げる一方で，資本系列のない各地の中堅種子企業にも遺伝形質や技術をライセンス供与することで影響力を拡大してきた。これらのルートを通じて販売される同社の品種が米国種子市場に占める割合は，2015年の時点でトウモロコシ37％（１位。２位はデュポン），大豆30％（２位。１位はデュポン），綿花で31％（２位。１位はバイエル）だが［Maisashvili, et. al. 2016］，モンサントのGM形質が組み込まれた品種系統の種子の割合をみると，他社ブランドを含めて９割前後に達する。ちなみに，世界全体では大豆の74％，トウモロコシの31％，綿花の79％，菜種の27％がGM品種で占められているが，その大半に同社のGM形質が組み込まれているとみられる［James 2019］[2]。

2）これら３大作物の米国の全作付面積に占めるGM品種の割合は９割前後であるから，そのほぼすべてに同社のGM形質が組み込まれている計算になる。但し，複数の企業の複数のGM形質が同時に組み込まれた品種も増えているので，この数字は同社の独占状態を意味するものではない。なお，同報告書を発行しているISAAA（国際アグリバイオ事業団）はバイオ産業界の支援を受けた非営利団体であり，そのデータの真偽は定かではないが，現在入手しうるほぼ唯一の「国際統計」であるため，これに依拠するのが一般的である。

　バイオメジャーの次なる標的は小麦と言われている。大規模農家の多い米国では，専用設備を備えた農家や専門業者が自家採種を行う割合が高く，認証を受けて市場流通する小麦種子の割合は３割程度にとどまる。2000年代半ばまでは，そのうち６割が大学や公的試験研究機関の，４割が民間種子企業の育成品種だったが，近年は民間品種の割合が急速に高まっている［久野2017b］。大豆も1980年頃は７割が公共種子ないし自家採種で占められていたが，短期間で業界再編が進み，その割合も1998年時点で10％，2010年に６％となり，現在では２％台にまで下がっている。主に植物油脂や飼料に使われる大豆と違い，主要な食用作物でもある小麦についてはGM品種の開発と普及に対する消費者の抵抗は強く，従来技術による育種素材の供給に果たす公的種子事業の役割は現在も小さくない。それでも，バイオメジャーには「広大な未開拓市場」と映っている。小麦で成功すれば，その次にはコメが控えており[3]，日本にとってもよそ事ではなくなるかもしれない。

　他方，食品機能性や医薬品・バイオ燃料等の工業原料適性を高めた品種の開発によって，農業を起点とする多様な商品連鎖を通じた利潤獲得機会の拡大が企図されたこともあったが，事業としては必ずしも成功していない。GM技術の実用化当初は期待されていた干魃や冷害，水害，土壌塩化といっ

3）GM技術を用いたコメについては，ビタミンAの前駆物質であるβカロチンを多く含み，ビタミンA欠乏症（盲目症等）に苦しむ途上国の人々（とくに子どもたち）を救うものとして世界の注目を集めてきた「ゴールデン・ライス」の開発が2000年頃から進められてきた。まだ実用化に至っていないが，食品としての安全性はもとより，その効果も疑問視されている。栄養不良（慢性的飢餓）のような問題には，個別的・技術的な対応ではなく，根幹にある貧困の問題や政治的・経済的・社会的な資源の不公平な分配への対応こそが必要である。コメや小麦など主要穀物の増産と引き換えに農業の生態学的多様性と食生活の文化的多様性を喪失させてきた「緑の革命」型の開発アプローチを改め，地域で伝統的に食してきた栄養豊かな緑黄色野菜や甘藷，果物等の生産と消費を復活させるための普及活動に取り組む方が経済的に合理的であるだけでなく，農民の自律性と地域社会の活性化を図るという意味で，社会的にも波及効果が大きいと思われる。久野［2018a：27-28］を参照されたい。

た環境ストレスに耐性をもつ品種についても，遺伝子間の複雑な相互作用を
GM技術やゲノム編集等の新しい育種技術によって制御するのは難しく，バ
イオメジャーによる事業化は進んでいない。しかし，限られた資源から持続
可能な方法で食料を生産し，気候変動へのレジリエンス（適応力，復元力）
を高め，農業から排出される温室効果ガスを削減・除去することを課題とす
る「気候変動対応型農業（Climate Smart Agriculture）」に向けた議論と実
践が国際的・業界横断的に進められている。GM技術の正当化言説への利用
を含め，これを新たなビジネス機会と捉えるバイオメジャーの今後の動向が
注目される［久野 2017a，2019，2020］。

2．種子の支配とGM化が農業・食料に及ぼす影響

　こうした種子市場の寡占化とGM品種の生産拡大[4]は，農業生産と食料消
費の現場に多くの矛盾をもたらしている［久野 2018a，2020］。第1に，種
子価格の大幅な上昇を招いている。米国では，大豆・トウモロコシ・綿花の
3大作物の単位面積あたり種子費用が，GM品種が普及し始めた1990年代後
半から2014年までの間に3〜4倍も跳ね上がり，物財費に占める種子費用の
割合は3割前後に達した。公共品種が大きな割合を占め，GM品種も実用化
されていない小麦・ソルガム・大麦では2倍前後，種子費用の割合も10〜
12％にとどまっているのと対照的である。種子小売価格をみると，同一作物
でもGM品種と非GM品種の価格差が拡大している。高まる批判に対して，
モンサント等の開発企業はGM形質の機能向上によって付加価値が高まって
いるのだから値上げは当然であると反論しているが，イノベーションの停滞
傾向が業界筋でも指摘されている［久野 2020］。また，開発されたGM形質
はそもそも多収性を目的としておらず，次にみるように，大きな便益として
喧伝された除草剤耐性や害虫抵抗性についても疑問が持たれている。

4）日本ではGM作物の商業栽培は行われていないが，主要生産・輸出国である北
　米や南米から輸入された大量のGM作物が国内で消費されている。

　第2に，除草剤耐性品種の便益は，グリホサート（商品名ラウンドアップ）等の非選択性除草剤に耐性をもつことで複数の選択性除草剤を何度も散布しなければならなかった従来の雑草防除を簡便化し，除草剤の削減と労力の軽減が図れるという点にあった。ところが，当該除草剤への耐性を獲得した雑草が次々と出現し，農家は散布量の増加と不要になったはずの高リスク除草剤（2,4-Dやジカンバ）の追加散布を余儀なくされている［Friends of the Earth International 2011，GRAIN 2013］。バイオメジャーはこれら高リスク除草剤に耐性をもつGM品種を新たに開発し，防除作業の軽減を図ろうとしているが，再び耐性雑草が出現し拡散すれば，高リスク除草剤の散布量が増えるだけである。すでにこれらの除草剤による周辺圃場や生態系，健康への被害が報告され，訴訟も起きている。グリホサートについては発癌性も指摘されており，フランスをはじめEU諸国では販売・使用を禁止する動きが生まれているほか[5]，カリフォルニア州の損害賠償請求訴訟ではモンサントに巨額の支払いを命じる判決が2018年8月に出され，その後も訴訟が相次いでいる[6]。害虫抵抗性（Bt）品種については，例えばアワノメイガ等の難防除害虫に悩まされてきたトウモロコシで大きな殺虫剤削減効果と収量回復効果がみられたし，最近では土壌中の線虫に抵抗性をもつ品種の開発が農家に恩恵をもたらしている。しかし，組み込まれたGM形質が産生する殺虫成分（Btトキシン）に常時晒される標的害虫は容易に抵抗性を獲得するし，標的害虫を防除できても標的外の副次的害虫による被害は避けられない。複数のGM形質を組み込んだスタック品種の開発と普及も進んでいるが，抵抗性害虫の出現と拡散に拍車がかかるだけであろう[7]。

　このような除草剤と雑草，殺虫剤と害虫との悪循環は，必ずしもGM技術

5）EU諸国ではグリホサートへの規制が強化される方向にあるが，日本では逆に残留基準値が2017年12月に大幅緩和されることになった。
6）バイエルはモンサント買収と同時に米国で健康被害等を訴える農家から起こされた5万件を超える訴訟を抱え込むことになった。さらに2016年に認可されたジカンバ耐性品種の認可無効の訴えを認める判決もあり，各社とも対応に追われている。

に固有の問題とは言えない。むしろ，多様な防除技術や栽培上の工夫を適宜
組み合わせて総合的に対策を講じるのではなく，問題の背景にあるモノカル
チャー的大規模生産と生産効率性の一面的追求というやり方を続けながら，
新たな装いでパッケージ化された単一の技術商品＝GM品種を導入して問題
解決を図ろうとしてきたことの必然的帰結である。ゲノム編集等の新育種技
術を用いても，前提となる農業生産システムを転換しない限り，同じ問題を
繰り返すだけである。

　第3に，農家が非GM品種を選択しづらくなる状況が生まれている［久野
2018a：19-20］。モンサント等の開発企業は系列企業や他の種子企業を通じ
てGM種子を販売する際に農家から特許使用料を徴収するとともに，農家の
自家採種や種子譲渡を禁じ，企業側に圃場の随時査察やサンプルの採取と検
査を行う権限を与えるなどの条項を含んだ技術使用契約を結ばせている。非
契約農家の圃場で当該GM形質が見つかれば，それが非意図的な混入であっ
ても特許侵害で訴えられる可能性がある。すでに北米では訴訟が相次いでお
り，農家に萎縮効果をもたらしている。特許侵害で訴えられなくても，市場
での有利販売に頼る有機栽培農家や非GM品種の契約栽培農家にとっては，
GM品種の交雑・混入は大きな経済的損失をもたらす。また，有機種子や非
GM種子の入手が難しくなっていることも懸念されている。

　第4に，日本を含む多くの国で，GM作物を原料に含む食品への表示が義
務付けられているが[8]，GM作物の主要生産・輸出国である米国では表示義
務がそもそも存在しない。各種世論調査から米国の消費者がGM表示を強く
求めていることは明らかであり，一部の州が表示義務化を決定したものの，
その全面化を避けたい業界団体の猛烈なロビー活動によって，州政府や自治
体がGM表示に関する独自の条例や規則を導入することを禁止する連邦法

7）Btトキシンの人体への影響を懸念する声も根強く存在する。これまでリスク
　を示す科学的な確証は得られていないが，そもそもリスクアセスメントのあ
　り方に不備があることを指摘する研究者も存在する。例えば，Then and
　Bauer-Panskus［2017］など。

（2016年）が成立してしまった。消費者団体は「米国人の知る権利を否定する」の頭文字に暗闇・秘匿を意味する単語をかけて「DARK法」と名付けてこれを批判してきた。2020年現在も「消費者の知る権利」を要求する運動が続けられているが，その一方で，米国政府は自由貿易投資協定の交渉を通じて相手国にGM義務表示の撤回を要求しており，不十分ながら義務表示のある日本にとっても予断を許さない状況となっている。

　第5に，2007/08年の世界食料価格高騰を契機に，農業開発援助に対する国際的な関心が改めて高まっている。とくに豊かな地下資源と大きな経済成長ポテンシャルのあるアフリカは「最後のフロンティア」として先進国の政府開発援助（ODA）や多国籍企業の対外直接投資（FDI）を呼び込んでいる（本書第14章）。なかでもG8が提唱した「食料安全保障及び栄養のためのニューアライアンス」やビル＆メリダ・ゲイツ財団等が出資する「アフリカ緑の革命のためのアライアンス」，世界経済フォーラムが主導する「農業ニュービジョン・イニシアチブ」など，農業開発援助ガバナンスのための官民連携モデルが勢いづいている［久野 2019］。バイオメジャーも，カーギル（農産物取引）やユニリーバ（油脂・食品加工），ヤラ（化学肥料）をはじめとする他の多国籍アグリビジネスとともに各地の開発プロジェクトに参画している。そこでは，アフリカ農業の近代化（小規模農業の多投入型農業への転換）と商業化（小規模生産者の原料供給者化，大規模生産者のグローバル

8）但し，日本ではGM表示が免除される非意図的混入の許容率が5％未満と緩く，トウモロコシの主要用途である飼料や大豆や菜種の主要用途である植物油に表示義務はなく，原材料の上位3位以内かつ全重量の5％以上でない場合も表示義務がないのに対して，EUではすべての食品を対象に非意図的混入の許容率が0.9％未満に設定されるなど，国・地域によって規制内容は異なる。日本でも2023年4月から許容率を混入不検出となる水準に引き下げることが決定されたが，緩く設定されている表示対象や義務表示の範囲はそのままとされた一方，これまで分別管理を徹底して5％未満の混入率に抑えてきた事業者が「遺伝子組換えでない」という表示を使えなくなるため，むしろ非GM原料調達努力に水を差すのではないか，消費者の知る権利に結びつかないのではないかとの懸念もある。

市場への包摂）の一環として，改良品種を普及するための種子市場インフラ
や育種者権保護制度，GM品種認可手続きの整備を通じたフォーマル種子シ
ステムの確立が進められており，広く行われてきた農民の自家採種・種子交
換の違法化や，公的に管理すべき植物遺伝資源の商品化・知財化，多様な地
方在来品種（生物多様性）の喪失などの影響が懸念されている。

3．日本の種子システム：野菜種苗市場と主要農作物種子制度

　日本の食料自給率の低さはよく知られているが，農業生産に不可欠な種子
の自給率もまた極端に低い水準となっている。作物としての自給率が低い
麦・大豆を含め主要農作物の種子はほぼ100％の自給率だが，作物の自給率
が75％を維持している野菜については，種子自給率が10％を切る水準まで落
ち込んでいる。原生地が世界各地に広がる野菜の場合，日本国内が採種適地
とは限らない品目もあるし，採種に適した気候条件や交雑防止に適した地理
的条件を求めて，あるいはリスク分散のために，海外採種を戦略的に進める
国内企業も少なくないが，国内有数の伝統的な種子産地が都市化と高齢化に
直面して国内採種の維持が難しくなったという事情もある。
　野菜・花卉など園芸作物の種子システムは，新品種の権利保護と種子の品
質管理を目的とする種苗法の下で，種苗メーカーが品種開発し，国内外の採
種農家に委託して生産した種苗が，種苗卸と種苗小売店や農協を経由して生
産者へと流通するピラミッド構造になっている。業界団体の日本種苗協会に
は約1,000社が会員登録しているが，自社品種を開発するメーカーは約50社
に限られ，さらに多品目の品種を開発し，グローバルに事業展開する大手企
業はタキイ種苗，サカタのタネ，カネコ種苗など数社程度しかない。これ以
外に，デュポン種子部門パイオニアの日本法人（パイオニアエコサイエンス[9]）

9）現在は日本法人が100％の資本を取得。同社はゲノム編集による品種開発を目
　的としたサナテックシードを2018年に設立している。

やシンジェンタの日本法人（シンジェンタジャパン）が日本向けの種子事業
を行っており，フランスの農協系種子最大手リマグレンもみかど協和を通じ
て日本で事業を拡大しているが，国内市場での影響力は限られている[10]。

　生産者が農協や種苗店を通じて購入する種苗や一般消費者が家庭園芸用に
購入する種苗のほとんどはハイブリッド（F1）品種である。毎回購入しな
ければならないし，大量生産・大量流通に適合的な農産物の規格化・画一化
をもたらした全国ブランドのF1品種への批判もあるが，収量の高さや揃い
の良さ，高い機能性といったF1品種の特性が，栽培農家や消費者に大きな
恩恵をもたらしてきたことは否定できない。その一方で，各地の気候と風土
に根ざした豊かな食文化を育んできた伝統野菜（地方在来品種）が近年あら
ためて注目を集めている［香坂・冨吉 2015］。伝統野菜の生産振興や食文化
を活かした観光振興を通じて地域農業・地域経済を活性化しようとする都道
府県・地方自治体の政策がその背景にある。京野菜や大和野菜，信州野菜，
加賀野菜はその代表例である。各地の農家が細々と継承してきた地方在来品
種の多くは高齢化と後継者難に直面しており，制度的な保全と利用の必要性
が指摘されていた。そのため，都道府県農業試験場や地元の種子企業の協力
によって，地方在来品種の良さを残しながら栽培適性を高めるための品種改
良を進め，安定的に種子を供給する取り組みも生まれている。

　他方，コメ・麦・大豆など主要農作物の種子については，「国民の食料を
確保する食料安全保障に対する国の意思」と「その実行を生産現場である都
道府県に義務付ける法的根拠」［田中 2018：70］を示すために1952年に制定
された主要農作物種子法（以下，種子法）の下で公的種子事業として扱われ
てきたが，2018年４月に同法が廃止され，民間企業の参入が政府によって目
論まれている。これまで都道府県は各地域で普及すべき主要農作物の奨励品

10）モンサントの日本法人（日本モンサント）はバイエルに事業統合されたが，
　　これまで自社研究農場等で品種開発の実績はあるものの，事業としては農薬
　　部門にほぼ限られていた。

種を指定し，公的試験研究機関や農協，農業改良普及センターなど関係機関と連携しながら，その優良な種子の生産と安定供給に責任を果たしてきた。主要農作物は野菜と比べて種子の増殖率が低く，しかも毎年安定的に大量の種子を準備する必要がある。純度と発芽率の高い種子を一般生産農家に供給するためには種子増殖の過程で自然交雑や異品種の混入，病虫害の発生等の種子事故を防がなければならない。これらの作業に多大な時間と労力を要するため，育種家種子から原原種を，原原種から原種を，原種から一般種子を，段階ごとに綿密な計画に基づいて生産するシステムが整備されてきたのである。全国で300品種を超えるコメが栽培されているように，国土が南北に長く，平坦部や山間部が入り乱れ，各地で多様な農業が営まれている日本では，多様な品種の開発と緻密な種子の生産管理が不可欠であり，地域ならではのユニークな命名などマーケティング努力も含め，多様な優良品種が地域農業の活性化に繋がってきたし，そのようなものとして品種開発の努力が重ねられてきた。そこに民間企業が参入できていないことが政府および規制改革推進会議によって問題視され，「民間事業者が行う技術開発及び新品種の育成その他の種苗の生産及び供給を促進するとともに，独立行政法人の試験研究機関及び都道府県が有する種苗の生産に関する知見の民間事業者への提供を促進する」ことを明記した農業競争力強化支援法の制定と引き換えに，種子法は廃止されてしまったのである［久野 2017b］。

　実は表12-2にみられるように，業務用向けの超多収米品種を商品化している三井化学アグロをはじめ，住友化学や日本モンサント，豊田通商などの大手民間企業が，主に大規模栽培と低コスト栽培に適したコメ品種の開発に成功し，種子生産・販売事業に乗り出している。他方，飼料や植物油脂，工業原料，バイオ燃料など非食用の少品種大量生産型農業を得意とするバイオメジャーが，地域特性が強く消費者需要向けの多品種少量生産を特徴とする日本の主要農作物種子市場への参入をビジネス機会と捉えるかどうかは分からない。それでも，公的種子事業の縮小・弱体化が進み，「民間事業者への知見の提供」が強引に進められることになれば，事業を拡大した国内企業と

表 12-2　主な民間育成コメ品種（2018 年 8 月時点）

企業名	品種名	備考
三菱化学・植物工学研究所	夢ごこち（1995），花キラリ（2000），夢いっぱい（2003），夢の華（2004），夢みらい（2006）等	2003 年に中島美雄商店に事業譲渡。他に熊青西九州青果，親愛コーポレーション，西坂農機，はくばく等が継承。
中島美雄商店	光寿無量（2010），新生夢ごこち（2011），ほむすめ舞（2016）等	2010 年に倒産。但木米店，先端情報技術企画等が継承。
日本たばこ	いわた 11 号（2000），いわた 15 号（2001），いわた 13 号（2002）	JT 植物イノベーションセンターで基礎研究を継続。「いわた 13 号」は「たかたのゆめ」として陸前高田市の震災復興プロジェクトに譲渡。
三井化学アグロ	みつひかり 2003（2000），みつひかり 2005（2000），みつひかり 3001（2006）	旧三井東圧化学から事業継承。すべてハイブリッド品種。
住友化学	つくば SD1 号（2008），同 HD1 号（2010），同 SD2 号（2012），同 SDHD（2017），同 HD2 号（2018）	植物ゲノムセンターから事業取得。
日本モンサント	とねのめぐみ（2005），たべごこち（2005），ほうじょうのめぐみ（2017）	
豊田通商・水稲生産技術研究所	ハイブリッドとうごう 1～4 号（2014）＝しきゆたか	本田技研と名古屋大学の共同開発。すべてハイブリッド品種。
全農	はるみ	神奈川県奨励品種

注：括弧内は品種登録年。「夢ごこち」と「いわた」シリーズは 2018 年 8 月時点で育種者権が消滅している。これらの民間育成品種の多くは親系統を公共品種に依存している。例えば日本モンサントの「とねのめぐみ」は「どんとこい」（農研機構）と「コシヒカリ」（福井県）の交配，「ほうじょうのめぐみ」は「とねのめぐみ」と「ふさおとめ」（千葉県）の交配，住友化学の品種はコシヒカリ系統，三井化学の「みつひかり 2003」は日本晴（愛知県）系統，「みつひかり 2005」はコシヒカリ系統，日本たばこの「いわた 13 号」は「葵の風」（愛知県）と「あきたこまち」（秋田県）を交配した「いわた 3 号」と「ひとめぼれ」（宮城県）の交配，三菱化学が開発した「夢ごこち」はコシヒカリ系統，中島美雄商店が開発した「ほむすめ舞」は「月の光」（愛知県）系統と「夢ごこち」の交配，全農の「はるみ」は「キヌヒカリ」（農研機構）と「コシヒカリ」の交配，など。
資料：各社資料，メディア資料および農林水産省品種登録データを参照して作成した。

の提携や事業買収を通じてバイオメジャーが参入し，やがて種子市場の寡占化とGM化が進むのではないかといった一部の懸念が現実となる可能性は否定できない[11]。

　主要農作物種子制度はある意味で，農家の種子に対する自律性を損ない，種子の生産と供給を都道府県と農協に依存する仕組みでもあったが，これに批判的だった有機農家や自家採種農家も含め，公的種子事業を重要な社会的インフラと位置づけ，そこで保全・改良・生産・供給されてきた主要農作物の遺伝資源を社会の共有財産と捉える多くの生産者や消費者，市民社会組織が種子法廃止を批判し，改めて種子の大切さを学び，都道府県や公的試験研究機関，農協組織などとともに同制度の再評価と維持・再生に向けた活動を始めている[12]。新潟県や兵庫県，富山県，北海道など2021年3月までに26道県で，主要農作物種子の開発・生産等を奨励する独自の条例を制定しており，他の県でもこれに続く動きを見せている。

おわりに：種子は誰のものか

　栽培植物のすべてが最初から今のようなかたちで有用だったわけではない。人類の農耕の歴史は，有用な植物の種子を収集して利用するだけでなく，それを改良して更なる有用性を獲得しようとする営みの歴史でもあった。西アジア原産の小麦やアンデス地方原産のジャガイモ，中央アメリカ原産のトウ

---

11) とわのめぐみを商品化した日本モンサントのコメ種子事業が親会社モンサントのグローバル事業に位置づけられる可能性はあったが，バイエルによる買収と事業統合により，日本法人を通じた種子ビジネスは中断を余儀なくされたようである。過去，日本たばこがシンジェンタと共同でコメ品種を開発したこともあるが，出願後すぐに取り下げられた。
12) 2017年3月に採種組合を抱えるJAや生活クラブ連合会などの生協組織，大地を守る会等の有機農業団体が「日本の種子を守る会」を結成した。また，以前からGM食品をめぐって活動を続けてきた「たねと人と食＠フォーラム」も種子法に関する活動を行っており，2018年4月と2019年4月に種子法廃止後の種子事業に関する都道府県アンケートを実施している。

モロコシ，東アジア原産のコメや大豆など，食用作物の多くは豊かな生物多様性を抱える開発途上地域に由来する。機能性食品や医薬品の原料として利用される伝統作物も同様である。原生地に今でも存在する多種多様な作物品種は，その地域の人々が何千年もの歳月をかけて改良し利用してきた農民的営為の産物である。先進国はこうした植物遺伝資源を取得し，食料や医薬品の生産に利用し，その莫大な利益を得てきた。取得した遺伝資源を元に新品種の開発や有用成分の抽出と商品化に成功した育種家や企業が自らの知的財産権を主張し，地域の共有資源や伝統的な知識として保全し利用してきた人々が自分たちの権利と利益を侵害されるような事態も生まれている［久野2018b］。しかし，いかに最先端の技術を用いて改良や工夫を施そうとも，その元になっている遺伝資源は彼らが発明したものではない。そのため「種子（遺伝資源）は誰のものか」をめぐって国際社会で議論が続けられてきた。

　例えば，1992年の国連環境開発会議（地球サミット）で採択された生物多様性条約および2010年の名古屋議定書，あるいは2001年に採択されたFAO食料農業植物遺伝資源条約は，遺伝資源や伝統的知識に対する資源国の主権的権利を認める一方で，それを人類の共有財産として保全・利用し，その利益を公正かつ衡平に配分するためのルールを定めたものである。FAO条約では「農民の権利」も謳われたが，むしろ種子に対する農民の権利を「食料への権利（the right to food for all）」をはじめとする国際人権法規範の一つに位置づけ，それを尊重・保護・充足する国際的義務を国家は負っているとする国連人権理事会での議論が重要である［久野 2011］。2018年9月に同理事会で採択された「小農及び農村で働く人々の権利に関する国連宣言」には，「締約国は，種子政策，植物品種保護その他の知的財産法，認証制度，種子流通規制が，小農の権利，とくに種子の権利を尊重し，小農の必要と現実を考慮するようにしなければならない」と明記されている。

　他方，「食料主権（food sovereignty）」を掲げてグローバルな小農連帯運動を展開しているビア・カンペシーナをはじめ，世界各地の小農組織や環境保護団体，市民社会組織も「資本による種子の包摂」を批判し，種子を自分

たちの手に取り戻すための運動を重視している。彼らの運動に貫かれる「種子主権」の考え方は，次の4点に整理できる［Kloppenburg 2014］。第1に，種子を自家採種して保全・利用する権利。これは農民の主体的自立性に関わる。第2に，種子を共有する権利。これは種子の私有化に対抗して公共財・コモンズとして種子を守ることにつながる。第3に，種子を元に新たな品種をつくり出す権利。多様な生産条件に適した多様な品種をつくり出す上で農民的育種の役割が欠かせないが，激しい気候変動下でレジリエンスのある持続可能な農業を実現していくためには科学的知識との相乗的関係も重要である。これはアグロエコロジーの考え方にも通底する。第4に，種子に関する政策形成過程に参加する権利。食料主権がそうであるように，種子主権においても民主主義的な参加と権利侵害への法制度的な対抗措置が重視される。

翻って，主要農作物種子法が廃止された日本の動きも，植物遺伝資源を囲い込み，種子事業を民営化し，公共品種や在来品種を多国籍企業の特許品種・GM品種に置き換えようとする世界の動きと軌を一にするものと理解できる。そうである以上，国内や地域の問題だけに議論を限定するのではなく，国際的な視野と連帯が求められる。他方で，主要農作物種子法の廃止は，岩盤規制の緩和・撤廃によって農業競争力を強化することを標榜して政府・財界によって仕掛けられている新たな農業・農協攻撃の一環であり，農業・食料を含む広範な生活関連分野における公的セクターや協同組合セクターに対する攻撃を強める強権的新自由主義政策の一環でもある。そうである以上，種子の問題だけに議論を限定するのではなく，生活と健康と環境を脅かすあらゆる企てに対抗し，オルタナティブな農と食，そして社会のしくみを展望していくことが求められる。

参考文献
香坂玲・冨吉満之［2015］『伝統野菜の今——地域の取り組み，地理的表示の保護と遺伝資源——』清水弘文堂書房．
田中義則［2018］「種子法が果たしてきた役割と廃止後の課題」荒谷明子ほか『種子法廃止と北海道の食と農』寿郎社．

西川芳昭［2017］『種子が消えれば　あなたも消える——共有か独占か——』コモンズ.

久野秀二［2002］『アグリビジネスと遺伝子組換え作物——政治経済学アプローチ——』日本経済評論社.

久野秀二［2011］「国連『食料への権利』論と国際人権レジームの可能性」村田武編『食料主権のグランドデザイン——自由貿易に抗する日本と世界の新たな潮流——』農文協.

久野秀二［2017a］「遺伝子組換え作物の正当化言説とその批判的検証」『農業と経済』2017年3月臨時増刊号.

久野秀二［2017b］「主要農作物種子法廃止の経緯と問題点——公的種子事業の役割を改めて考える——」『京都大学大学院経済学研究科ディスカッションペーパーシリーズ』J-17-001，2017年4月.

久野秀二［2018a］「種子をめぐる攻防——農業バイオテクノロジーの政治経済学——」『京都大学経済学研究科ディスカッションペーパーシリーズ』J-18-001，2018年6月.

久野秀二［2018b］「農業知財に関するバイオパイラシー問題の潮流と今後の課題」『農業と経済』2018年11月号.

久野秀二［2019］「世界食料安全保障の政治経済学」田代洋一・田畑保編『食料・農業・農村の政策課題』筑波書房.

久野秀二［2020］「多国籍アグリビジネスによる農業包摂の新たな段階・試論——農業資材産業を中心に——」『京都大学大学院経済学研究科ディスカッションペーパーシリーズ』J-20-005，2020年8月.

Friends of the Earth International［2011］*Who Benefits from GM Crops?: An Industry Built on Myths*. February 2011, Issue 121, Amsterdam: Friends of the Earth International.

GRAIN［2013］*The United Republic of Soybeans: Take Two*, July 2013. Barcelona: GRAIN.

James, C.［2019］Global Status of Commercialized Biotech/GM Crops: 2019, ISAAA Briefs, No.55.

Kloppenburg, J.［2014］"Re-purposing the Master's Tools: the Open Source Seed Initiative and the Struggle for Seed Sovereignty," *Journal of Peasant Studies*, Vol.41, No.6.

Maisashvili, A., et al.［2016］"Seed Prices, Proposed Mergers and Acquisitions among Biotech Firms," *CHOICES*, Vol.31, No.4.

Then, C. and A. Bauer-Panskus［2017］"Possible Health Impacts of Bt Toxins and Residues from Spraying with Complementary Herbicides in Genetically Engineered Soybeans and Risk Assessment as Performed by the European Food Safety Authority EFSA," *Environmental Sciences Europe*, Vol.29, No.1.

第13章

スマート農業
——農業関連資材産業の新展開——

関根　佳恵

はじめに

　今日の日本農業の危機，すなわち農業生産者の減少と高齢化，耕作放棄地の増加，生産基盤の脆弱化等を解決するため，日本政府はロボット技術や情報通信技術（ICT）等の先端技術を活用し，超省力化や高品質生産を実現する新たな農業として「スマート農業」を産官学あげて推進している［農林水産省 2013］。これにより，競争力の高い農業を実現し，農業経験のない新規就農者でも高品質の農産物を安定的に生産できると期待されている。スマート農業の推進と並行して，企業の農業参入を促す規制緩和も進められており，非農業分野の企業による農業関連産業への参入が急速に拡大してきた［関根 2016，Sekine & Bonanno 2016］。

　農と食の政治経済学や社会学の分野では，アグリビジネス（資本）による農業の包摂や農業の工業化に関する研究が行われてきた［中野 1998，Magdoff et al. 2000（中野監訳 2004）］。この視点に立てば，近年の日本で起きている農外企業の参入は「非アグリビジネスのアグリビジネス化」「農業の工業化」の深化として位置づけることができるだろう。国内では，情報学分野の解説書［農業情報学会 2014，2019，神成 2017，渡邊 2018］，民間シンクタンクや産業界による手引書［平栗ほか 2016，三輪ほか 2016，上田 2016，日経ビジネス 2017］，ジャーナリストによる現場報告［青山 2004，読売新聞経済部 2017，窪田 2017］，研究者らによる事例分析［石田ほか

2015，南石ほか 2016］等のスマート農業に関する出版が相次いでいる。こうした中，アグリビジネス論の視点からも，スマート農業を論じる必要性が高まっている。

　そこで本章は，第1に，国際的に推進されている気候スマート農業と日本で推進されているスマート農業の違いを指摘し（第1節），第2に，日本におけるスマート農業推進政策の展開と代表的な技術および参入企業を示し（第2節），第3に，自動車部品製造の多国籍企業である株式会社デンソー（以下，デンソー）の農業関連事業への参入事例を通して，参入の目的や展望を明らかにする（第3節）ことを課題とする。なお，事例分析は2018年3月に愛知県において実施した，デンソーとトヨタネ株式会社（以下，トヨタネ）の担当者に対するインタビュー調査にもとづいている。最後に，ますます重装備化する農業関連資材産業について，農業生産者の経営の視点，環境の視点，コミュニティの視点からスマート農業の可能性と矛盾を検討し，オルタナティブとしてのアグロエコロジーの可能性について触れる（おわりに）。

1．世界における気候スマート農業の展開

　日本で推進されているスマート農業が指す内容は，国際的にはデジタル農業（Digital Agriculture）や精密農業（Precision Agriculture）と呼ばれている。国連食糧農業機関（FAO）は，ICTやリモートセンシング技術等の可能性を認めつつも，その技術の利用にあたってはサイバーセキュリティやデータ保護，機械化が雇用機会を奪うリスク，利用者の再教育の必要性，国や産業部門，個人の間のデジタルデバイド（情報技術の格差）等の諸課題への注意を促している［FAO 2019］。

　他方で，FAO等の国際機関が積極的に推進しているのは「気候スマート農業」（Climate Smart Agriculture: CSA）である［FAO 2013, 2017, FAO & IsDB 2019］。FAOは，2010年にオランダのハーグで開催された「農業・食料安全保障・気候変動に関する国際会議」でCSAの概念を発表して以来，

気候変動に対する緩和策と適応策をとりつつ，持続可能な食料生産に転換するための具体的な取り組みとして推進している。2015年に国連の「持続可能な開発目標」（SDGs）が採択されてからは，持続可能な農業・食料システムへの転換に対する各国の意識改革が一層進んでいる。特に欧州連合（EU）は，2019年12月に発足した新体制のEU委員会の下で，共通農業政策（CAP）のグリーン化（環境対策の強化）を強めている［関根 2020a］。

　CSAは3つの方針，すなわち「持続可能な方法で農業生産性と農業所得を向上する」「気候変動に適応し，気候変動に対するレジリエンス（回復力）を構築する」「温室効果ガスを可能な限り除去・削減する」を掲げ，世界各国の状況に応じた解決策を促している［FAO 2013, 2017, FAO & IsDB 2019］。CSAを普及するためには，従来の農業開発戦略を見直し，より長期的な視点に立つことが求められる。CSAは，新たな技術や生産システムを導入することではなく，既存の農法の中から気候変動問題に最もよく対応できるものを選ぶ行為であるとされる。具体例として，農業と林業を組み合わせた「アグロフォレストリー」や環境と社会に優しい農業としての「アグロエコロジー」，作目の多様性がある有畜複合農業，バイオマス利用等があげられている。つまり，CSAの中身は，伝統的な農業，特に有機農業や自然農法，環境保全型農業であることが分かる。

　気候変動に関する政府間パネル（IPCC）は，グローバルな農業・食料システムが人間の活動由来の温室効果ガスの3分の1を排出していると指摘する［IPCC 2018］。このような中，農法を変えることによって大気中の温室効果ガスを土壌や作物の中に固定する機能を高めること，および農業におけるエネルギー効率性を高めることが急務となっている［FAO 2013, 2017, FAO & IsDB 2019］。そのためには，土壌中の有機物の割合を高め，微生物の活動を活性化して生態系サービスを活用し，レジリエンスの高い農業生態系をつくることが求められる。また，農業・食料システムにおけるエネルギーの効率性を高めるためには，生産資材である肥料や機械の製造・利用・廃棄，灌漑の利用，農産物・食品の保管，加工，流通の過程で消費されるエ

ネルギー，特に化石燃料への依存を減らしていくことが課題となる[1]。これ
までの農法を続けると，2030年までに現在より40％も多くの水とエネルギー
が必要となることから，農法の転換は急務となっている。しかし，他方でア
グリビジネス等の産業界による巻き返しもみられ，FAOが提唱したアグロ
エコロジー的CSAを工業的農業にすりかえようとする動きもみられる［久
野 2019］。

　従来日本政府は，国内では労働力不足，高齢化，および「農業の成長産業
化」等をスマート農業導入の理由としてあげており，環境負荷の低減や気候
変動対応に触れることはほとんどなかった。しかし，興味深いことに，海外
では「スマート農業」を「デジタル農業」として紹介し，「持続可能な農業
に貢献」することを積極的にアピールしている［The Government of Japan
2020］。さらに，2021年9月の食料システム・サミットを見越して，同年5
月に農林水産省が打ち出したみどりの食料システム戦略では，スマート農業
を気候変動対策として位置づけた。

　しかし，SDGs等に言及しながら農外企業が先端技術を農業に導入しよう
とする動きに対して，アグロエコロジーを推進する世界最大の農民団体ビ
ア・カンペシーナは警戒感を強めている。また，Pimbert［2015］は，資本
によるCSAの換骨奪胎を受けて，CSAの実践はアグロエコロジーと重なる
部分が少なくないが，前者がアグリビジネスや金融機関の利益に資するのに
対して，後者はコミュニティを強化して経済的・政治的民主化に貢献すると
して，両者は基本的に相容れないものだと指摘している。

1）1900年から2000年の間に，世界の農地は2倍に，食用作物の総生産量（カロ
　　リーベース）は6倍に，農地単位面積当たりのエネルギー投入量は85倍に増
　　加した［FAO & IsDB 2019］。これは，20世紀の農業近代化の下で農業のエネ
　　ルギー効率性が著しく低下してきたことを示している。

2．日本におけるスマート農業の展開

（1）スマート農業推進政策の展開

　日本においてスマート農業が政策文書に明確に位置づけられるようになったのは，2013年の「スマート農業の実現に向けた研究会」の設置以降である［農林水産省 2013］。しかし，センサーやICT等を利用した農業の推進政策は，もう少し遡ることができる。2008年に導入された農商工連携促進法にもとづいて，農外企業と農業生産者が連携する際に大型の補助金がつけられたことから，施設内の環境を制御した「植物工場」等に関心が集まるようになったのがその始まりである［伊藤 2011］[2]。

　2009年の農地法改正によって企業の農業参入の障壁が引き下げられたことも，この流れを後押しした。同年には自公連立政権から民主党に政権交代したが，政府のIT戦略本部の下で，引き続き農業における情報技術の活用，すなわちAI（アグリ・インフォマティクス）農業が推進された［農林水産省 2012］。2011年に起きた東日本大震災の際には，津波や放射能汚染に見舞われた被災地で土壌を使わない植物工場が注目され，復興事業で企業の農業参入が促された［Sekine & Bonanno 2016］。農業は天候や土壌条件の影響を受けるため，工業製品と異なって計画的な生産や均質な品質の維持が困難であるが，光や水，栄養素，気温，湿度，二酸化炭素濃度等を管理できる植物工場では，不確定要素を可能な限り排して工業生産に近づけることが目指されている（本書第8章も参照）。

　2012年12月に自公政権が復活してからは，安倍内閣による「攻めの農林水産業」のかけ声の下で，先端技術の農業への導入は一層強力に進められるようになった［農林水産省 2014a］。政府が掲げる「日本再興戦略」（2013年6

2）これは植物工場の「第3次ブーム」といわれ，決して2000年代末に始まったことではないが，スマート農業推進政策との関連では嚆矢と位置づけられるだろう。

月）では，10年後に⑴農地の８割（現状５割）を担い手に集約し，⑵担い手のコメの生産費を現状の４割に削減し，⑶法人経営体を５万法人（現状１万2500法人）に増やすこと等を目指している。同年12月に策定された「農林水産業・地域の活力創造プラン」では，一連の農政改革が打ち出され，異業種連携によるロボット技術やICTを活用したスマート農業の推進も明確に位置付けられた。これは，環太平洋経済連携協定（TPP）から，後に日欧EPA，日米「FTA」へと続く農産物貿易の自由化拡大・輸出戦略をはじめ，農協や農業委員会の抜本的改革，卸売市場制度の見直し，農地法や主要農作物種子法・種苗法等の改廃等による農業の新自由主義的構造改革をともなっていた。

　国際的には伝統的な農業の価値が見直されている中で，日本政府が先端技術を農業に積極的に導入しようとする背景には，国全体の将来構想がある。2013年に閣議決定された「世界最先端IT国家創出宣言」や2016年に閣議決定された第５期科学技術基本計画の中で示された目指すべき未来社会としての「Society 5.0」[3]がそれに当たる。これに基づいて，政府は2019年３月から２年間，全国69ヵ所のスマート実証農場で技術導入の効果を検証したが，その中間報告の結果は導入コストの高さによる利益の減少等の課題を示している［農林水産省・農業・食品産業技術総合研究機構 2020, 2021］。

　以上のように，スマート農業推進政策は，一連の情報技術やロボット技術の国家的支援政策や推進戦略に沿うかたちで農業分野の規制を取り払い，補助金を導入しながら，非アグリビジネスの農業関連産業への参入，すなわちアグリビジネス化を進める政策であり，資本による農業の工業化，農業包摂の一層の深化をもたらすものであるといえよう。

---

3) Society 5.0は，狩猟社会（Society 1.0），農耕社会（Society 2.0），工業社会（Society 3.0），情報社会（Society 4.0）に続く新たな社会であり，「サイバー空間（仮想空間）とフィジカル空間（現実空間）を高度に融合させたシステムにより，経済発展と社会的課題の解決を両立する，人間中心の社会」であるとされる。

（2）「スマート農業」の技術と参入企業

　スマート農業は多様な技術の総称である。農林水産省（2014年3月）によると，スマート農業の技術は，目的および適用対象別に**表13-1**のように整理することができる。

表 13-1　スマート農業の5つの目的と対応技術

	目的	技術	主な適用対象
1	超省力・大規模生産を実現	GPS の導入による自動走行機械	大規模な耕種農業（水田，畑作）
2	作物の能力を最大限に発揮（多収・高品質生産）	センシング技術　過去のデータを活用した精密農業	植物工場，施設型園芸（蔬菜，花卉）
3	きつい作業，危険な作業から解放	アシストスーツ，除草ロボット	果樹，傾斜地農業
4	誰もが取り組みやすい農業を実現	農機の運転アシスト装置，技術継承のための栽培ノウハウのデータ化	水稲の田植え　その他農業全般
5	消費者・実需者に安心と信頼を提供	クラウドシステムによる生産情報の提供	バリューチェーン全体

資料：農林水産省［2014b］をもとに筆者作成。

表 13-2　スマート農業に参入する企業の例

分野	企業名	参入事業例
農業機械	ヤンマー，井関農機，クボタ	ロボットトラクター
農業関連製品	アクティブリンク，ニッカリ，イノフィス，フューチャーアグリ	アシストスーツ　収穫ロボット
ICT 関連	NTTドコモ，富士通，大和コンピューター，日立，NEC	センサー，クラウド，統合環境制御システム
製造業	デンソー，トヨタ自動車，RICOH，Panasonic	統合環境制御システム，農業用ロボット，農業管理システム
ベンチャー企業	CYBERDYNE，リモート，グランパ，SenSprout	アシストスーツ，家畜監視システム，生産管理システム
外資系企業	Mahindra&Mahindra（印），NVIDIA（米），Edyn Garden Sensor（米），GoPro（米），Philips Lighting（蘭），Bosch（独）	ロボットトラクター，農業用ロボット，土壌センサー，ドローン，LED照明，モニタリング

資料：JETRO［2017］をもとに筆者作成。

　このような多様な技術を農業に適用しようと，アグリビジネスも非アグリビジネスも農業参入のための研究開発に取り組んでいる（**表13-2**）。また，それにともなって，日本のシンクタンクが農業関連ビジネスの研究やアドバイスに乗り出している。21世紀に入ってから経済成長が世界全体で低迷する中で，農業・医療・教育産業が「最後の成長のフロンティア」として位置づけられ，日系のみならず外資系多国籍企業の熱い視線を集めていることが分かる。

3．デンソーによる統合環境制御システムの開発

　多数の異業種が農業関連産業に参入する中，自動車部品製造の日系多国籍企業であるデンソーは，新事業創出の一環として，2011年からアグリビジネスに参入している。本節では同社の事業展開について検討してみよう。

　デンソーは，1949年設立の愛知県刈谷市に本社を置く世界トップクラスの自動車部品メーカーである[4]。世界の自動車市場の飽和化，新興国メーカーの台頭，若者世代の車離れ，気候変動対応による公共交通機関へのシフト，自動運転や電気自動車等の次世代自動車への移行による業界再編の中で，製造業の花形である自動車関連産業も，新たな成長事業を模索している。農業という異業種への参入に当たっては，同じく愛知県三河地方の豊橋市に本社を置き，農業関連資材の卸を手掛けるトヨタネ[5]と連携している。施設園芸が盛んなこの地方で，トヨタネは種苗や施設資材，農薬等を，地元ならびに全国の農業協同組合や農業生産者に販売している。

　デンソーは自動車部品製造で培ったセンシング技術や制御技術を活かし，トヨタネは農業資材の全国販売網や自社の研究農場で積み重ねてきた農業技

4）2018年度の売上は5兆円を超え，世界211の子会社で17万人を超える従業員を雇用している。

5）1968年設立のトヨタネは，東海地方を中心に15の事業所を展開し，280名を雇用している。

術を活かし，2011年から共同でトマトやパプリカ等の施設向け環境制御装置の開発に乗り出しており，2015年から「プロファーム」（Profarm）という商品として販売している。両社は合弁会社を設立せず，デンソーのAgTech推進部とトヨタネの担当者らが集まって，プロファームの利用農家向けのサポート組織を作っている。

　プロファームは，園芸施設内の日射量，温度，湿度，二酸化炭素濃度をセンサーで計測し，クラウドを通じて遠隔地のパソコンやタブレット端末に通知する「プロファームモニター」と，センサーで収集したデータをもとに天窓・側窓とカーテンの開閉，CO_2発生機，暖房機，循環扇，ヒートポンプ，換気扇，ミスト発生機，灌水等を遠隔で管理できる統合環境制御装置「プロファームコントローラー」の 2 種類がある。後者の小売価格は 1 棟分で370万円，2 棟分で425万円（工事費，通信費除く）となっている。

　2018年 3 月現在，プロファームコントローラーは，愛知県を中心に関東から九州の15都県，143件の導入実績がある。導入しているのは，トマト，イチゴ，キュウリ，ナス等の果菜類や花きを生産する農業経営体である。販売後は，デンソーとトヨタネの担当スタッフがアフターサービスとサポート業務に当たる。しかし，新規事業であり，開発費用が高くついても販売価格を抑えなければ販売は伸びにくいことから，まだプロファーム事業として採算がとれる段階にはなっていないという。

　開発担当者によると，日本農業の大勢を占めるのは中小零細の家族農業であり，プロファームはそうした家族農業のためのシステムを目指してきた。しかし，近年の政府の政策は経営規模の拡大や法人化に向かっており，技術開発の方向性に戸惑いを感じているという。スマート農業の是非を含めて，より大局的な視点から日本農業の将来像について再考するときがきているのではないだろうか。

おわりに：オルタナティブとしてのアグロエコロジー

　以上をふまえて，本節では，日本で推進されているスマート農業の課題を検証してみよう。スマート農業の大義として常に掲げられるのが，日本の農業生産者の減少と高齢化の克服である。貿易自由化を前提として，国際競争力を高めるために省力化（人件費削減）による農業生産費の削減を目指し，不足する農業労働力を補うために，ロボットやICT，人工知能（AI）の導入による農業の機械化と工業化は必然であるとされる。スマート農業によって収益性が向上し，若い農業の担い手が増えることも期待されている。また，失われつつある篤農家の技術（匠の技）を農業経験の少ない若手に効率的に継承するためにも，農業技術のデータベース化やそれにもとづいたアドバイス，コンサルティング事業が必要になるという。しかし，スマート農業の普及によって見えてきた課題は，「日本農業が直面する危機をスマート農業が解決できるのか」という根本的な問いを投げかけているように思われる。

　第1に，スマート農業は導入や利用継続の費用が高い技術が多く，本当に経営収支の改善につながるのかという問題である[6]。導入費用には，機械や設備だけでなく，研修のための費用や設備更新の費用も必要である。さらに，維持にはクラウドへのアクセスやアドバイスの費用だけでなく，機械やシステムの保守点検・改修費用も必要となる。システムの高度化により，故障時に農業生産者自らが修理できないケースも多い。第2に，省力化を謳いながら，実際にはデータ入力等の新たな仕事が増えて，労働時間の節減には必ずしもつながっていないことも指摘される。第3に，情報セキュリティや，収集したデータの所有権や標準化，機械の安全性を確保するためのルール整備にも課題がある。

6）日本施設園芸協会の調査（2019年）によると，植物工場と大規模施設園芸の49％が赤字であり，人工光利用型では54％が赤字となっている（『日本農業新聞』2019年6月21日付）。

　以上の課題は，スマート農業の推進主体である政府や企業，実践している農業経営者によってすでに指摘されている。しかし，その他にもスマート農業の課題はある。それは，第1に，日本の農村において，農業の省力化を進めるべきなのかという根本的問題だ。人口も生産年齢人口も減少局面にある日本において，省力化を目指すことは自明のように考えられている。しかし，農業の省力化を進めるほど，農業生産者も農村人口も減少に拍車がかかることにならないだろうか。農村人口の減少は，農村地域において生活に必要な教育・医療・商店・金融サービス，ひいては行政サービスも維持できなくなる可能性が高まることを意味している。「攻めの農林水産業」という政策が産業政策を重視するあまり，地域政策をおろそかにしてきたという批判がなされる所以である。スマート農業が持っている根本的矛盾がここにある。

　第2に，スマート農業の技術の多くが，環境負荷を低減するというより，むしろ増大する可能性が高いという問題である。これは，世界全体が気候変動対策に乗り出している潮流に逆行していることを意味する。土壌センシング技術等は，利用の仕方によっては環境保全的な農法の推進に役立つ可能性があるが，スマート農業の技術の多くは資本集約的かつ資源・エネルギー集約的農業技術であり，必要資材の製造のための原料輸入や製造，輸送，運転，廃棄の過程で利用されるエネルギー熱量に比べて，そこから取り出される農産物のエネルギー熱量（エネルギー収支）が伝統的な農業に比べて極めて非効率であることは否めない。特に，環境制御システムを導入した植物工場で，温度調節のために窓を開放しながら二酸化炭素発生装置を稼働することに，どこまで消費者や諸外国の理解が得られるだろうか。日本は農産物・食品の輸出を拡大する計画だが，すでにEUは気候変動に適切な対応をしない国からの輸入品に対して国境炭素税を新たに課税する方針を示している。さらに，大型施設型農業はスーパー台風のような気象災害に脆弱であり，災害に対するレジリエンスの高い農業とはいえない。

　第3に，政策に誘導された非アグリビジネスのアグリビジネス化によって，農業の工業化が一層進むことになり，農業生産者がますます農場外の資源へ

の依存を強め，自律性を低下させるリスクが高まることが懸念される。

　私たちは今一度立ち止まって，日本の農業生産者が高齢化している本当の
理由はどこにあるのかを問い直し，諸外国や国連の枠組みに学びながら，推
進すべき政策を考えるべきではないだろうか。その際，気候変動に対応しな
がら食料需要に応えることができる農業として国際的に評価が高まっている
小規模・家族農業によるアグロエコロジーへの転換を真剣に検討する必要が
ある[7]。

参考文献

青山浩子［2004］『「農」が変える食ビジネス──生販協業という新たな取り組み
　　──』日本経済新聞社.
石田一喜・吉田誠・松尾雅彦・吉原佐也香・高辻正基・中村謙治・辻昭久［2015］
　　『農業への企業参入──新たな挑戦-農業ビジネスの先進事例と技術革新──』ミ
　　ネルヴァ書房.
伊藤保［2011］「植物工場の動向と事業化に向けた課題とリスク」『Business
　　Trend』2011年.
上田祥子編［2016］『農業ビジネスマガジン』イカロス出版株式会社，第12号.
神成淳司［2017］『ITと熟練農家の技で稼ぐAI農業』日経BP社.
窪田新之助［2017］『日本発「ロボットAI農業」の凄い未来──2020年に激変する
　　国土・GDP・生活──』講談社.
JETRO［2017］「マーケットレポート：スマート農業」JETRO，2017年10月.
関根佳恵［2016］「多国籍アグリビジネスの事業展開と日本農業の変化──新自由
　　主義的制度改革とレジスタンス──」安藤光義・北原克宣編『多国籍アグリビ
　　ジネスと農業・食料支配』明石書店.
関根佳恵［2020a］「持続可能な社会に資する農業経営体とその多面的価値──
　　2040年にむけたシナリオ・プランニングの試み──」『農業経済研究』第92巻第
　　3号.
関根佳恵［2020b］『13歳からの食と農──家族農業が世界を変える──』かもが
　　わ出版.
中野一新編［1998］『アグリビジネス論』有斐閣.
南石晃明・長命洋佑・松江勇次編［2016］『TPP時代の稲作経営革新とスマート農
　　業──営農技術パッケージとICT活用──』養賢堂.
日経ビジネス編［2017］『稼げる農業──AIと人材がここまで変える──』日経

7）アグロエコロジーの国際的評価については，関根［2020b］を参照されたい。

BP社.

農業情報学会編［2014］『スマート農業——農業・農村のイノベーションとサスティナビリティ——』農林統計出版.

農業情報学会編［2019］『新スマート農業——進化する農業情報利用——』農林統計協会.

農林水産省［2012］「AI農業の取り組みについて」農林水産省，2012年5月.

農林水産省［2013］「『スマート農業の実現に向けた研究会』の設置について」農林水産省，2013年11月26日.

農林水産省［2014a］「安倍内閣の農業改革」農林水産省，2014年7月.

農林水産省［2014b］「『スマート農業の実現に向けた研究会』検討結果の中間とりまとめ」農林水産省，2014年3月.

農林水産省・農業・食品産業技術総合研究機構［2020］『スマート農業実証プロジェクト　水田作の実証成果（中間報告）』農林水産省・農業・食品産業技術総合研究機構.

農林水産省・農業・食品産業技術総合研究機構［2021］『令和元年度スマート農業実証プロジェクト　水田以外の実証成果（中間報告)』農林水産省・農業・食品産業技術総合研究機構.

久野秀二［2019］「世界食料安全保障の政治経済学」田代洋一・田畑保編『食料・農業・農村の政策課題』筑波書房.

平栗裕規・分部陽介・波並雅広・加茂未亜編［2016］『スマート農業バイブル——「見える化」で切り拓く経営＆育成改革——』産業開発機構株式会社.

三輪泰史・井熊均・木通秀樹［2016］『IoTが拓く次世代農業——アグリカルチャー4.0の時代——』日刊工業新聞社.

読売新聞経済部［2017］『ルポ　農業新時代』中央公論新社.

渡邊智之［2018］『スマート農業のすすめ——次世代農業人【スマートファーマー】の心得——』産業開発機構.

FAO［2013］*Sourcebook: Climate Smart Agriculture*. Rome: FAO.

FAO［2017］*Sourcebook: Climate Smart Agriculture: Second Edition*. Rome: FAO.

FAO［2019］*Digital Agriculture*（Retrieved at http://www.fao.org/digital-agriculture/en/ on 3 May 2019）.

FAO and IsDB［2019］*Climate-Smart Agriculture in Action: From Concepts to Investments*. FAO and IsBD.

IPCC［2018］*Global Warning of 1.5° C.* IPCC.

The Government of Japan［2020］*Digital Farming Makes Agriculture Sustainable*.（Retrieved at https://www.japan.go.jp/technology/innovation/digitalfarming.html on 7 January 2020）.

Magdoff, F., Foster J. B., and Buttel, F.［Eds］.［2000］*Hungry for Profit : The*

Agribusiness Threat to Farmers, Food, and the Environment. New York: Monthly Review Press（中野一新監訳［2004］『利潤への渇望——アグリビジネスは農民・食料・環境を脅かす——』大月書店）.

Pimbert, M.［2015］"Agroecology as an Alternative Vision to Conventional Development and Climate-smart Agriculture." *Development*, Vol.58, No.2-3.

Sekine, K. and Bonanno A.［2016］*The Contradictions of Neoliberal Agri-Food: Corporations, Resistance, and Disasters in Japan.* WV: West Virginia University Press.

第14章

多国籍アグリビジネスと海外農業投資
——土地投資を中心に——

池上　甲一

はじめに：農民・農村にとっての土地

　2010年に，NHKの特集番組「ランドラッシュ：世界農地争奪戦」が放映された。この番組は，食料輸入国や人口大国が，ウクライナやアフリカで食料生産のための農地獲得競争を繰り広げている様子を生々しく伝えた[1]。その背景には食料需給の構造的な変化があり，とくに2007・08年の穀物価格高騰は，その具体的な表れだったといってよい。

　ランドラッシュの特集では，契約に基づく通常の農地取引のほかに，タンザニアの人びとが政府から土地の引き渡しを迫られ，強制的な収用に激しく抗議する映像も流された。タンザニアに限らず，ほかのアフリカ諸国やアジアでも土地の公的な所有権は政府に属するところが多く，農民たちの利用権や用益権は無視されることがある。外国からの農業投資を受け入れたい政府が，多国籍アグリビジネスなどが求める大規模な農地を確保するために，伝統的な土地利用の実態を無視して立ち退きを迫ろうとするからである。

　農民たちは，なぜ，こうした大規模な土地「取引」[2]を強行する政府に

1）このNHKスペシャルは，のちにNHK食料危機取材班［2010］として刊行された。

2）きちんとした契約や相互の納得に基づく正常な取引ではなく，あとで述べるように一方的な通告や立場の弱さに付け込んだ収用とでもいうべき取引が広く行われているので，こうした不正常な取引を鍵カッコつきで表現することとしたい。

対して，命の危険を賭してまで抵抗し，そこに住み続けようとするのだろうか。もちろん，きちんとした補償がないという理由もあるが，ことはそれほど単純ではない。農民にとって，農地は生存の基盤そのものにほかならず，しかも世代を超えて住み続けた場所であり，祖先と一緒に暮らしている場所でもある。家族も親戚も友達も含めたネットワークの拠点，つまり暮らしそのものでもある。だから，仮に代替の土地が与えられたとしても，そこには自分たちの生きてきた世界がないのである。

　生産をともなう海外農業投資には，購入にせよ借地にせよ譲許（コンセッション）にせよ，土地の取得が前提条件となる。その際に，土地の多義的な意味をふまえておかないと，思わぬ社会的緊張や紛争を引き起こしかねない。実際に，そうした例が世界中で頻発している。本章では，土地の多面的な意味をふまえて，土地投資を中心とする海外農業投資が，とくにいわゆる途上国の農民世界をどのように変えようとしているのか，またそれに伴う諸問題の発生と社会変容がどのような意味を持つのかについて考えてみたい。

　具体的には，はじめに日本の海外農業投資の特徴をおさえた後，事例としてアフリカのモザンビークと東南アジアのラオスを取り上げる。モザンビークは，アフリカの中でも大規模土地「取引」が集中しており，政府も海外からの農業直接投資を積極的に誘致している。さらに，モザンビーク北部の広大な地域を対象に，日本とブラジルがODAとして始めた大規模農業開発事業（通称，プロサバンナ）では，農民の権利侵害などの土地をめぐる深刻な問題が発生していることにも留意したい[3]。モザンビークの調査は2013年の8月にプロサバンナの対象地域であるニアサ，ナンプーラ，ザンベジアの3州を訪問し[4]，さらに2015年8月にはナンプーラ州で調査を行った［Ikegami

3）プロサバンナ事業は，付記のように，2020年7月16日に中止された。
4）調査結果は2014年8月に横浜で開催された第18回国際社会学会大会で，"What is happening in the Northern Mozambique under the ProSAVANA Program and Agricultural Growth Corridor: An Implication to the Large Scale Land Acquisition in the Southeast Asia" と題して報告している。

2015]。ラオスは，カンボジアとともに，東南アジアにおける大規模土地取引の集中国であるが，モザンビークと比べると比較的小規模の土地取引件数が多いという特徴がある。ラオスの調査は，2012〜14年に小規模な聞き取りを実施してきたが，海外農業投資について集中的な聞き取り・資料収集を実施できたのは2015年8月のことである。この章での記述は主として各種組織・機関への聞き取りと収集した文書資料に基づいていることを断っておきたい。最後に，以上の論述をふまえて本章の結論を述べる。

1．海外直接投資と農業投資の動向

（1）農業への海外直接投資

　海外直接投資（FDI）は経済発展にとって不可欠だとみなされてきた。FDIとは自国以外の企業に出資をしたり，自ら会社を設立したりして，自国以外で経済活動を行うことを意味する。前者は主としてM&Aの形態をとることが多い。後者はグリーンフィールド投資と呼ばれる。外国企業の株を取得したり証券を購入したりするのは間接投資と呼ばれる。一般的なFDIはいわゆる先進国＝北側諸国で行われているが，FDIの一部をなす海外農業投資は，その大半がいわゆる途上国＝南側諸国に対して行われることが多い。

（2）日本の海外農業投資

　表14-1は，業種別の日本のFDI（ネット）の動きを整理したものである。非製造業全体のFDIに占める農林業の割合は1％にも満たない状況で，もっとも投資額の多かった2011年でも0.4％に過ぎなかった。2010年代の前半は従来になく活発なFDIが行われたが，2016年以降は逆に売却などにより純減に転じている。他方，食品産業によるFDIはだいたい一定程度の実績を保っているが，ほかの分野と比べると，製造業のFDIに占める食品産業の割合は少ない。食品産業によるグリーンフィールド投資は，明確に北米からアジアにシフトしており，それに伴って従業員数でも売上でもアジアが過半を占め

235

表 14-1　日本の業種別対外直接投資（国際収支ベース，ネット，フロー）

単位：100 万ドル

	2007	2008	2009	2010	2011	2012	2013	2014	2015	2016	2017
製造業	39,515	45,268	32,934	17,803	57,952	49,250	42,473	65,505	51,027	52,881	54,967
食料品	12,776	3,601	8,954	2,017	8,149	2,364	3,528	18,821	3,564	2,976	8,798
繊　維	371	716	477	377	672	927	486	1,231	403	1,574	690
木材・パルプ	745	734	1,207	1,068	1,268	1,166	512	1,579	1,015	1,183	165
非製造業	33,968	85,533	41,717	39,420	57,780	73,102	92,577	65,455	85,237	98,354	105,491
農・林業	93	59	10	145	250	101	124	220	191	▲118	▲91
漁業・水産業	64	119	36	47	▲7	40	8	1,447	91	171	4

注：1）原資料は財務省「国際収支状況」，日本銀行「外国為替相場」。
　　2）国際収支統計の基準変更により，2013 年以前と 2014 年以降の数値に連続性はない。それ以外にも計上方法の変更によって，経年ごとの数値が異なる場合がある。その場合には最新年の報告に合わせて掲載している。詳細は出典の JETRO『報告』を参照のこと。
資料：JETRO『ジェトロ世界貿易投資報告』各年版より作成。

るに至っている。

　総じて，日本のアグリビジネスによる FDI は，水産加工や鶏肉加工を除くと，食品加工への投資も含めて活発ではなかった。ましてや生産過程を含む農業投資はたいへん限定的で，1980 年代以降の FDI 全体の 8 ％以下だったと報告されている［農林水産省大臣官房国際部 2013］。21 世紀に入ってからは少し状況が変わったが，それでも農業投資に占める生産向けの投資は 2008 年に 15 ％弱だった［農林水産省大臣官房国際部 2013］。海外農業投資の対象地域は東アジアおよび東南アジアが中心で，中南米，アフリカはまれだった。この点では，日本のアグリビジネスによる調達網は東アジアと東南アジアに限られており，世界をまたぐほどのグローバル展開を果たしているわけではない。

　そこで，日本政府はこのような状況を変えようと，いろいろな手段を講じてきた。ひとつは海外農業投資を促すような政策であり，もうひとつは ODA（政府開発援助）の活用である。前者については，まず 2006 年に「財政・経済一体改革会議」が決めた「経済成長戦略」に「東アジア食品産業海

外展開支援事業」が盛り込まれた。これを受けて，翌2007年には農林水産省の「21世紀新農政」の中に「東アジア食品産業共同体構想」が位置づけられた。後述するように2007・08年の国際穀物価格の高騰（食料価格ショック）が世界経済を震撼させたが，この出来事を背景にして，2009年に外務省の「食料安全保障のための海外投資促進会議」が発足し，大豆とトウモロコシを対象に，「食料安全保障のための海外投資促進に関する指針」が制定された。同会議は2010年の「食料・農業・農村基本計画」に位置づけられることとなった。

　さらに，和食の世界文化遺産登録（2013年）や官邸主導の「儲かる農業」論を機に，日本産農産物の輸出促進が強調されるようになり，農林水産省はそのために官民連携（Public Private Partnership: PPP）による「グローバル・フードバリューチェーン戦略」（GFVC戦略）を2014年に策定した。GFVC戦略は，ODAなどの開発協力と民間企業のビジネスとをPPPの名のもとに結びつけ，外国のフードチェーンへの関与と世界的なFVCの構築を目指すものである。具体的には官民合同ミッションを派遣し，ODAによる物流網などのインフラ整備によって，日本企業によるFDIを促そうとしている。これは次に述べるような従来からのODAによる海外農業投資誘発型開発の延長線上にある。

　海外農業投資を推進するもうひとつの柱が，ODAの活用である。日本は世界最大規模の食料純輸入国である。食料価格ショックの時には，中国や韓国が活発に海外の農地を取得して食料確保を図った。これらの動きに対して，「中国や韓国に乗り遅れるな」という扇情的なキャンペーンも展開されたが，意外なほどに日本の農地投資・農業投資は低調だった［Hall 2012］。その代わりに，ODAが民間投資の代役を果たした。日本の多国籍アグリビジネスはリスク回避傾向が強く，FDIに対して消極的だったので，ODAがFDIの先導役を果たしたと評価されている［Kana 2015］。日本政府自身も，「民間投資とODAをパッケージ」［時事ドットコム 2014］として供与することを開発協力大綱に盛り込み，PPPの推進を謳っている。ODAを民間投資の呼び

水にしようということである[5]。GFVC戦略はまさにこの路線に沿っている。

2．大規模土地取引の現在

（1）ランドグラブの現代的特質

　大規模土地取引はしばしば「ランドグラブ」（land grab）と呼ばれる。ランドグラブとは土地を「つかみ取る」とか「奪い取る」とかいう意味で，土地の所有者または利用者の実質的な同意なしに，あるいは適切な補償なしに土地に関する諸権利が他者に移転することを指している。その意味で，ランドグラブは多分に批判的な意味を込めて使われることが多い。ほかにも，地球温暖化と気候変動への関心増大をいいことに，それを独占的なビジネスに変えようとする動きに対しては「地球の収奪」［ETC Group 2011］と呼ぶことがある。

　ランドグラブという用語は，マスコミや市民社会組織のキャンペーン用語として始まった［Hett et al. 2015: 1］。研究者や政治家の中には，ランドグラブという表現を嫌って大規模土地「取引」とか大規模土地集積と表現する人たちもいる。また，ゴールドラッシュに倣って，「ランドラッシュ」ということもある。いずれも同じ行為を表す表現である。

　土地をめぐる紛争は古くから存在する。歴史上，最も大規模なランドグラブを行ったのは植民地開発競争に邁進した西欧列強である。植民地期のランドグラブは国家が前面に出て，それが経営する国策会社が実際の土地収奪に関与した。その背後には，拡張を内在論理として抱える資本主義と「未開社会の文明化」を使命と捉えたキリスト教的価値観（のちには民主主義的価値観）を両輪とする西欧近代の膨張メカニズムがあった［池上 2016：331-333］。

　これに対して，現代のランドグラブでは，国家が前面に出る「むき出しの

5）1980年代半ばころまでは，日本のODAが日本の民間企業を支援する事業になっているとして国内外から批判されたことを想起すべきだろう。

国家主義的｜な当初の形態と異なって多国籍企業が実質的な推進役となり，そこにFDIホスト国（投資の受け入れ国）の政府や地方エリートが関与している。こうしたランドグラブを動かしているメカニズムは，利潤の極大化にしてもFDI誘致による経済発展志向にしても，経済グローバリゼーションへの統合深化だといってよさそうである。そこでは「低開発の開発」が貫かれており，この意味で現代のランドグラブは新植民地主義の具体的出現形態だと位置づけられる［池上 2016：335］。

　現代的なランドグラブが目立つようになったのは，2007/08年の食料価格の高騰以後のことである。2000年代後半から2010/11年，2012年と続けて食料価格が高騰した。その理由としては食料需給の構造的転換（逼迫基調へ），バイオ燃料作物（とくにトウモロコシ），投機資金の流入などが指摘できる［Cohen and Smale 2012, Franco et al. 2011］。その後，トウモロコシのような食料作物をバイオ燃料に使うことは国際的な批判にさらされ，バイオ燃料政策は方針を転換している。しかし，それでもランドグラブは現在も確実に進展している。

（2）統計からみるランドグラブ

　世界規模でその実相を正確に把握できる統計はない。唯一の手掛かりは，GRAINという国際NGOがイニシアティブをとったランドマトリックス（LANDMATRIX）の取組である[6]。ランドマトリックスはメディアに現れた情報や研究者などから提供された情報をもとに継続的にデータを更新している。厳密な意味での正確さには欠けるが，大きな傾向を把握できる優れた情報源である。ランドマトリックスでは規模が20ha以上の取引が対象とされ，契約完了，計画中（交渉中），取り止めの3種類に分けて整理されている。

　表14-2はランドマトリックスから作成したもので，取引件数と計画面積

6）ランドマトリックスは，国際NGOのGRAINを中心に2012年から始まった大規模土地取引に関するデータベース・プロジェクトである。ランドマトリックスのウェブサイト（https://landmatrix.org/en/）を参照のこと。

表 14-2　大規模土地取引の件数と計画面積の上位 10ヵ国

2015 年 5 月末現在				2018 年 9 月末現在			
投資件数（件）		計画面積（1,000ha）		投資件数（件）		計画面積（1,000ha）	
インドネシア	120	パプアニューギニア	3,799	アルゼンチン	194	コンゴ民主共和国	1,003
カンボジア	104	インドネシア	3,636	カンボジア	175	ウクライナ	759
モザンビーク	73	南スーダン	3,491	インドネシア	158	インドネシア	557
エチオピア	58	コンゴ民主共和国	2,765	モザンビーク	149	ブラジル	497
ラオス	55	モザンビーク	2,209	エチオピア	126	モザンビーク	487
ブラジル	46	コンゴ	2,132	ウクライナ	116	エチオピア	406
ウルグアイ	39	ロシア	1,772	ベトナム	114	アルゼンチン	379
パプアニューギニア	39	ウクライナ	1,711	ルーマニア	86	マダガスカル	361
アルゼンチン	30	リベリア	1,341	ブラジル	86	ガーナ	289
ガーナ	30	スーダン	1,269	インド	85	ナイジェリア	187

注：数値は 2015 年 5 月 31 日と 2018 年 9 月 30 日に把握されていた大規模土地取引についてのものである。
　　したがってその時点での累積値を示す。
資料：Landmatrix データより作成。

のそれぞれについて上位10か国の推移を整理している。2015年時のデータで
は，件数についてはインドネシアがトップで120件，次いでカンボジアが104
件と図抜けていた。計画面積ではパプアニューギニア，インドネシア，南
スーダンの 3 カ国が300万haを超えたほか，件数ではトップ10に入らなかっ
たコンゴ民主共和国（DRC）が277万haで 4 位に入っている。2015年段階の
上位国は東南アジアとサブサハラ・アフリカに集中する傾向にあった。ブラ
ジルやウルグアイの件数はわりあいに少なく，面積ではトップ10に入ってい
なかった。

　ところが，2018年にはアルゼンチンとウクライナ，ルーマニアの件数が著
増した。投資件数ではアルゼンチンが194件でトップになったほか，ウクラ
イナが116件で 6 位，ルーマニアが86件で 8 位とトップ10ヵ国にランクイン
した。カンボジア，インドネシア，モザンビークも件数が大きく増えている。
計画面積ではDRCが1,000万haを越え，ウクライナが759万haで続いた。表示
していないが，DRCは 1 件当たりの平均面積も大きく，パプアニューギニ
アがそれに続いている。DRCやパプアニューギニアで面積が大きいのは，
主としてユーカリやアカシアなどの植林用に使われるためである。南スーダ

ンでは，168万haの土地（用途は不明）と100万haの土地（ジャトロファ，アブラヤシ，チーク）が移転され，この２件だけで国全体のランドグラブ面積の半分を占めている。ブラジルでは国内外からの農地投資が進んだ結果，2010年から2015年の間に農地価格が２倍から３倍に高騰している［米元・横田 2016：5］。

　ランドグラブの目的も変わってきている。ランドグラブが拡大した直接のきっかけは，先に述べたように2007/08年の食料価格ショックだったので，当初の目的は国レベルでの食料安全保障の確保が中心だった。そのことは，初期の投資主体が食料生産に不安があるか，食料農産物を大量に輸入している湾岸諸国や中国，韓国だったことに端的に表れている。その後，サトウキビやジャトロファのようなバイオ燃料用作物の生産が目的に付け加わった。

　さらに，最近では上述のような製紙・パルプ産業が広大な植林用地を入手する例も増えている。植林なので，一見したところ環境保全に貢献しそうであるが，成長速度の速いアカシアやユーカリばかりが植林されるので［Hall 2013：177］，生態系上は好ましいことではない。さらにそれは数万ha以上にも及ぶプランテーションとして経営されるので，伝統的に森林を利用してきた先住民を筆頭に地域社会に与える影響はたいへん大きい。だから，こうした大規模植林目当ての土地取得は，ランドグラブの範疇に含まれる「グリーングラブ」と捉えることができる。ほかにも，観光業による土地の囲い込みや野生生物保護のための住民，牧畜民の締め出し，あるいはCO_2クレジットの取得を目指す森林の権利移転など，さまざまな形でのグリーングラブが進展している。

　以上のように，ランドグラブは相変わらず進行中であり，ピーク時の2000年代後半に勝るとも劣らないレベルで土地が取引されている。しかも，初期のころはアジアやサブサハラ・アフリカに集中していたが，現在ではラテンアメリカや東欧でも拡大傾向にある。また目的が多様化する中で，投資主体も変化してきている。こうした新しい動きをどのように評価するのかが，研究上の課題として浮上している。

3．ODA・アグリビジネス・小農：
モザンビーク北部地域で何が起きているか

（1）プロサバンナ事業のねらいとその国際的な背景

　日本人にとって，モザンビークは一般的になじみの薄い国である。だが，投資活動についてみると，モザンビークは，日本にとってアフリカにおけるFDIの主要対象国のひとつとなっているだけでなく，実際に日本と深い関係を作っている。例えば，三菱商事によるアルミ精錬事業への投資が，「アフリカの奇跡」と呼ばれるほどの急激な経済成長に大きく寄与している。また北部３州（ナンプーラ，ニアサ，ザンベジア）では，日本も積極的に関与しているナカラ回廊開発計画（以下，ナカラ回廊開発）が進んでいる。

　プロサバンナ事業（以下，プロサバンナ）はこの周辺地域の開発事業として位置づけられる。ナカラ回廊開発とプロサバンナは，対モザンビーク投資の誘導役を果たすものと期待され，2012年にはプロサバンナ向けの官民合同ミッションがモザンビークを訪問している。2018年10月現在は，プロサバンナにさまざまの問題が浮上して，事業の進捗が見通せない状況となっているためか，日本の多国籍アグリビジネスは今のところ姿を潜めている。

　しかし，TICAD Ⅴ[7]（2013年６月，横浜）の開催を前に，日本政府はPPPによるアフリカへの投資促進を打ち上げた。その手段として，まず国際協力銀行（JBIC）の中にTICAD Ⅳで設置したアフリカ貿易投資促進ファシリティを増強し，2013〜17年で金融支援を50億ドルへ倍増することが表明された。その具体的な投資先としては，日本，モザンビーク，ブラジル間の農産物物流網整備事業が明示された。これはまさにプロサバンナと重なっている。さらに，世界銀行とアフリカ開発銀行（AfDB）の中に設けられている日本信託基金の活用やその他機関投資家の誘導も打ち出された。そして，民

---

7) Tokyo International Conference on African Development（アフリカ開発会議）の略称。1993年に日本のイニシアティブで始まった。およそ５年に１回の頻度で開催されている。2019年８月にはTICAD Ⅶが横浜で開催された。

間企業の投資促進に向けた具体化策として，2014年には日本・モザンビーク投資協定が発効した。

　こうした制度の整備と軌を一にするように，日本政府によるナカラ回廊開発への本格的な関与がスタートする。ナカラ回廊開発は，2008年に国連総会の場で多国籍アグリビジネスのヤラ・インターナショナルによって提起されたアフリカ農業成長回廊（African Agricultural Growth Corridor）のひとつとしてスタートした[8]。ナカラ回廊開発はその後世界経済フォーラム（WEF）の支援を得て具体化されるに至った。ナカラ市はモザンビーク北部のインド洋に接する都市で，天然の良港を抱えていて，国際的な物流の拠点となりえるので，多くのドナーや多国籍アグリビジネスの関心を集めてきた。ナカラ回廊開発では，港湾の整備に加え，鉄道網と舗装された道路網を内陸部に拡張することで，石炭や周辺の農産物の運輸条件を向上させることを目指している。日本政府は，ナカラ回廊経済戦略というマスタープランの作成をはじめとして，この事業に深く関与してきた。

　ナカラ回廊経済戦略は広範なインフラストラクチャーの整備，発電，鉱山など多彩な内容を含むが，その中で熱帯サバンナ農業開発計画（正式には日本・ブラジル・モザンビーク3国間協力〔Japan-Brazil-Mozambique Triangular Cooperation: ProSAVANA-JBM〕通称，プロサバンナ）を，ナカラ回廊開発地域における主要事業として位置づけた。プロサバンナの目的は，モザンビーク北部の10万haを越える広大な熱帯サバンナ地域を対象に農業生産能力を強化することである。事業計画は技術の開発と移転，マスタープランの作成，望ましい農業開発モデルの実証という3本柱からなる［ProSAVANA P-D 2013］。

　こうした事業構成はほかのODA事業にも共通しているもので，ことさら

8）ほかに，タンザニアのSAGCOT，モザンビークのベイラ回廊，ザンベジ回廊がある。4つの計画のうち，3つがモザンビークであることは興味深い。SAGCOTのパートナーにはモンサント，シンジェンタ，ユニリバーといった多国籍アグリビジネスが名を連ねている［SAGCOTウェブサイト］。

に目新しい項目が追加されているわけではない。しかし，プロサバンナは日本にとって最初の本格的な３国間協力であると同時に，ブラジルがドナーの側に回るという意味での大規模な南々協力に日本が関与するという点で，従来のODAとは大きく異なっている。さらに，PPPによるFDIの推進を前面に掲げたことも大きな特徴である。これらの特徴はほかの国の開発協力でもあまり例がなく，その点で国際的なフード・ガバナンスの面から高い評価を得てきた。たとえば，ビル・ゲイツは2011年のG20サミットで，プロサバンナを革新的なPPPの好例であると述べたし，またヒラリー・クリントン米国国務長官（当時）は2011年のプサン会合で３国間協力のモデルだと絶賛した[細野 2012]。しかし，国際政治の舞台での高評価とは裏腹に，実際の事業運営と事業実施による悪影響は止めどない広がりと深化を見せている。

（2）事業地域における土地紛争と小農の生活崩壊

　プロサバンナは，実施過程で生じたさまざまな問題によって，2018年現在，ODA事業としてはほとんど中断状況にある。とはいえ，実証のためのモデル事業やプロサバンナ関連事業は進行中であり，事業地域の小農とコミュニティに深刻な影響を与えている。それだけではなく，モザンビーク農民組合連合（UNAC）からの連絡によると，事業計画地域ではプロサバンナの推進・実施過程をめぐる不透明さや説明責任の放棄に対する抗議や，現実に発生しているランドグラブへの異議申し立てが圧殺されたり，農民組合のリーダーやそれを支援する市民社会組織，さらには研究者にも強権的な対応が行われたりしている。このため，人権の面からも国際的な批判が寄せられている。いまや事態は非常にこじれており，修復が極めて難しい状況に陥っている。

　将来的な解決の道筋が見えにくくなっているにもかかわらず，プロサバンナを当て込んだ先行投資や関連事業によるランドグラブ，あるいは契約栽培はどんどん進んでいる。以下では，そこで生じている問題を整理しておこう。

　第１に，プロサバンナがもつ基本認識と計画の枠組みそのものに大きな問

題がある。プロサバンナの要諦は、現存している「未利用」「低利用」の土地に農業投資をし、そのことによって「生産性の高い」大規模農場を作って、小農はこの農場との契約栽培や労働者として働くことで所得向上を図ろうという点にある。こうした枠組みの前提には、小農が営む伝統的農業は遅れていて変革が望めないし、生産性の低い土地が放置されているという認識がある。だから、国全体の食料安全保障は確保できないし、外貨を稼ぐだけの生産をあげることもできないというのである。

　しかし、小農の生産性はけっして低くない。たとえば、ザンベジア州の小農たちは、アグリビジネスによって農地を奪われる前には自分たちの土地で生産される農産物で十分食べ、余剰物の販売で子供たちに中学校や高校の教育を受けさせることができた。それだけの生産性をあげていたのである。ところが民間企業に農地を「取り上げられた」現在では教育資金が確保できなくなったばかりか、1日に1回の食事さえままならない状態に追いやられてしまった［池上 2015］。アグリビジネスと小農とのウィンウィンという予定調和的な関係はまったく存在せず、民間企業による一方的収奪という構図が現実なのである。このことは、アグリビジネスとの契約栽培においてもかなりの程度妥当する［池上 2015］。圧倒的に強い立場にあるアグリビジネスと小農との間には、明らかに非対称的な関係が存在している。この関係が続く限り、契約栽培のもつ小農発展に向けた理論的可能性を実現することはできない。

　また、プロサバンナ地域に「未利用」「低利用」の土地は存在しない。「未利用」「低利用」に見える土地も共同の放牧地として利用されていたり、移動耕作のための休閑地であったりする。そうした土地では、長いあいだの経験に基づいて蓄積されたローカル・ナレッジに沿った土地利用を行うことで、環境上の持続性や社会的な衡平化を確保・実現している。それなのに、モノカルチャーの大規模耕作に示される近代農業に転換することは、生態的・社会的持続性を脆弱化することになる恐れが強い。

　さらに農地と草地や林地は明確に区別できる概念ではなく、輪作を通じて

時間的に連続したものとして捉えられている。プロサバンナでは，こうした土地をある時点の利用実績に基づいて区分し，個人とコミュニティの両者で権利登記を進めようとしているが，それは伝統的な小農の土地概念に反するものであり，サステイナブルな生計基盤を崩すことになりかねない。さらに，この区分方法はかなりの程度意図的に「未利用地」を生み出すことができるので，投資者の求めにこたえられるだけの土地面積を「合法的」に生み出すことができる。

　第2に，土地制度をめぐる法律上の規定と地方の現場レベルにおける土地取引との間には大きな乖離がある。モザンビークの土地法はコミュニティの農地保有を認めるという点で先進的な意義を持つし，土地取引を行う際の事前手続きもきちんと定めている。多国籍アグリビジネスが土地を取得する際には政府機関に対する申請とともに，関連するコミュニティへの説明と，計画変更や拒否を含む意思決定のための機会を提供しなければならないし，説明会の議事録は投資者，政府関係者，コミュニティの合意のもとに保管される [Fairbairn 2013：145-146]。

　しかしながら，実際の土地取引は同法の規程とは関係なく進められている [Ikegami 2015]。プロサバンナ計画の公聴会でも同様で，不信と混乱を生み出す原因のひとつになっている。また形式的には土地の売買や代替地の補償などを「合意」しても，実際の支払価格が不当に切り下げられたり，村からかなり離れた場所に代替地が提示されたり，条件の悪い土地が提供されたりする。遠方の場合には実質的に日常的な利用が困難になる。それでも代替地が提供されればまだましな方で，補償されないこともしばしばである。農場労働者として働く場合には，労働契約書が作成されなかったり，常勤の約束が一時雇用に変えられたりもしている。小農の知識の不足や字が読めないことにつけ込んだり，威圧的な交渉を行ったりするような「契約以前の行為」がかなりの頻度でまかり通っている。そこには農民の権利という国際人権規約を持ち出しても通用しない現実がある。

　以上のような事態は，地方政府の行政能力の不足や小農の伝統への固執と

いった問題に還元されるべきではない。最大の問題は，小農を客体化し，主体的な存在として捉えようとしない開発協力やアグリビジネスのあり方にある。小農は遅れた存在なので進んだ技術を教えてやり，市場経済に接合させて「儲かる」農業への意欲を掻き立てなければならないというのである。だが，こうしたドナーや投資家の試みが成功したためしはない。確かに，プロサバンナの農業モデル構想には小規模農民の組合や集落ベースの農業も含まれているが，小農の自立を想定しているわけではない。いま望まれているのは，モザンビークの文脈に即して，サステイナブルな小農の自律的発展の経路を小農たちとともに模索するという地道な取り組みである。

4．小規模越境型のアグリビジネス：ラオス・中国・ベトナム

アジアでも，ランドグラブと呼ばれる土地取引が発生している。すでに述べたように，アジアではアフリカやラテンアメリカほどの大規模土地取引の件数は多くない。むしろ中小規模の取引と国内での取引が比較的多い点に特徴がある。またマレーシアやベトナム，あるいは中国のように，投資の受け入れ国であると同時に投資国としての存在感を示す国もある。この節では，ほぼ純投資受け入れ国といってよいラオスで行われている海外からの農業投資の実情と特徴について考える。

（1）ラオスの投資促進策および土地政策と農民の生業構造

ラオスは「国家社会経済開発 5 ヵ年計画」に基づいて開発を進めてきている。2016年には第 8 次の「5 ヵ年計画」が国会で認められた。これを上位計画として，農業では「2025年を目標とする農業開発戦略および2030年に向けたビジョン」と「農林業開発 5 ヵ年計画」が定められている。横井［2018］は，その詳細な内容を紹介している。それによると，農業政策の基本路線は稲作を中心とする食料生産の強化（食料安全保障）と加工や輸出用の商品作物生産の推進である。クリーン農業や有機農業の推進を実施方針のひとつに

247

加えている一方で，地域ごとに部門を集中させるといったモノカルチャーに
よる競争力強化も併存している。それは主に，国内外の民間投資によるもの
である。

　ラオスは，2020年までに後発開発途上国（LDC）からの脱却を国家目標
に定めており，そのためにとくに外資誘導による経済発展を目指している。
2009年には投資奨励法（Law on Investment Promotion No.20/Na）を定め，
それ以降，特別経済区（Special Economic Zone）および特定経済区（Specific
Economic Zone）首相令をはじめとする法制度を整えてきた［Government's
Office, Lao National Committee for Special Economic Zone 2015］[9]。2012
年現在で，２カ所の特別経済区と８ヵ所の特定経済区が設定され（2015年に
１カ所追加），ほとんどのところで農業は重点的な投資対象に位置づけられ
ている［Investment Calling Guide Book, SEZ, Investment LAO PDR 2012］。
その結果，第７次計画の実施状況評価では，国内外の民間投資（直接投資）
が250％近い伸びを示したことを報告している［横井 2018：26］。主な投資
国は中国，タイ，ベトナムであり，この３カ国が群を抜いている
［Government's Office, Lao National Committee for Special Economic Zone
2015］。

　農業投資には土地がつきものである。早くも2006年には，ラオス人民革命
党第８回大会において「『土地を資本に』という政策」［山田 2017：8］の本
格的実施が決定された。その背景には，人口が少ないので土地は余っている
という基本認識がある。土地への投資は，コンセッション供与に基づいて行
われる。コンセッションとは，法人による開発や事業のために国有の財産ま
たはその他の権利の利用に対する承認のことである（投資奨励法第３条およ
び第15条，ラオス国家経済特区委員会［2011］に所収）。

9）筆者が訪問時に担当者から入手した資料［Government's Office, Lao National
　Committee for Special Economic Zone 2015］による。投資者向けのパワーポ
　イントスライドで，作成日は記載がないが，ファイル名によると2015年夏に
　作成されたものとみられる。

　1989年から2015年の間の外国投資の実績は，電力をトップに，鉱業，農業（農業プランテーション）が上位3位までを占めており，外資による農業開発にも力を入れていることが分かる。いずれの分野も広大な土地を必要とする。ラオスの土地はすべて政府に帰属しているので，コンセッションの対象となる点に注意が必要である。

　ラオス政府は，土地投資を伴う農業投資を円滑化するために，マクロの農業政策とは別に，農地や森林という農村住民にとって死活を制する領域についても，近代的な枠組みを持ち込む必要があると考えている。人々は土地の利用権を付与されるだけである。この利用権は相続，移転が可能である。ところが，後述するように，焼き畑システムに依存する生業形態では，ある土地を個人が独占的に使用するわけではないので，利用権登録に不可欠の境界画定が難しい。その際に，しばしば個人としては登録されない土地（共同利用地として維持されてきた土地）が，多数生み出され，コンセッション用の土地としてリザーブされることも珍しくない。そして，そのことが，山地に居住する村人たちの生存を脅かすことになるのである。

　とりわけ，経済的貧困人口はとくに山地に居住して，焼き畑農業を営んでいる。かれらは森との共存関係に基づく生業構造をもつ。東［2016：7］によると，「農村人口の25％にあたる15万世帯が焼き畑に従事しており，休閑地も含めれば，農業に使われる土壌（ママ）の80％以上が焼き畑に使われている」。

（2）ボーダー・トレードと中国・ベトナムからの農業投資

　ラオスは，中国，ベトナム，カンボジア，タイ，ミャンマーに囲まれた内陸国である。この立地条件は海運を利用する大規模な貿易には不利に働くが，農民たちの生計維持にとっては逆に好条件となる。というのは，かなりの農民たちが国境近くに暮らしているので，国境を越えた私的な交易（ボーダー・トレード）が容易になるからである。とくに中国，ベトナム，タイはラオスよりも経済規模が大きく，ラオスの農産物や手工芸品の市場を提供し

ている。この意味では，長い間ボーダー・トレードが生計を支える手段として機能してきたといえる。

　ところが，近年ではボーダー・トレードの流れが変わり，生計を脅かす側面も散見されるようになってきた。ラオス中南部のサワンナケート県で農村開発の支援活動を行っている日本ボランティアセンターの職員への聞き取り（2015年9月1日）によると，中国やベトナムの中小アグリビジネスや農民たちが土地を求めてラオスに進出してきたからである。いずれも規模はさほど大きくないものが多い。中国発の中小規模アグリビジネスは，スイカやバナナといった食料作物をラオスで生産して，中国に輸送している。この分野では，中国の農民もラオスに進出しているようであるが，詳細はわかっていない。ベトナム発の中小アグリビジネスも生鮮野菜を主体にラオスで生産しており，中国と同様に自国に輸送している。また国境を超える農民たちも存在しているが，それは過去からのボーダー・トレードの延長として認識している可能性が高い。規模の大きなものは，プランテーション型のアグリビジネスで，ゴムやアブラヤシの生産をラオスで行っている。

　農地取得のための正式な手続きに関しては，参加型土地利用計画（PLUP）の手法を導入している。それはたいへん民主的かつ革新的だと評価できる。しかし実際にはコンセッションによるものが多く，とくに荒廃林の定義があいまいで恣意的な判定を可能にしている。この点で，モザンビークと同様に立派な制度を持っていても，その運用に大きな課題を残している。

　コンセッションや税制優遇による外国投資は，確かに年率7％以上の高度経済成長に大きく貢献してきたが，他方で焼畑民を中心とする農村住民に多大な犠牲を強いている。すでに略述したように，先進的な法体系があっても，政策的には経済発展が最優先課題に位置付けられているために，それは十分に機能していない。実際には不十分な補償額や代替地（遠隔地のこともある），それに対する抗議の抑圧といった人権侵害が報告されているし，また開発や近代農法による環境汚染も問題視され始めている［山田 2017：12-14］。

　しかし，モザンビークと違って，ラオスには多少の希望がある。権利意識に目覚めた農村住民たちの抗議が稔って，北部地域では土地コンセッションを中止した県もある［山田 2017：12-13］。地方政府も少しずつ変わってきているし，中央政府も社会開発の重要性を唱えるようになってきている。投資主体も利潤追求だけでなく，こうした動きをきちんと見極めて，社会開発の定着に貢献するような経済活動をおこなうべきだろう。

　焼畑という伝統的農業についても，かつては「2010年までに撲滅」という目標が設定されていたが，それはたいへん非現実的だという認識が政府のあいだでも共有されるようになり，論調がトーンダウンしている。2009年には，「『無秩序に毎年焼き畑地を移動する』"開拓型"の焼畑と『限られた数か所のプロットを回る』"循環型"の焼畑に分け……後者については『地方の行政当局，関連部局，村人の合意に基づいて決められた土地で行われる』」［東 2016：25-26］という理由で公認している。この過程では中央政府，地方政府，村人，国際NGOのあいだで粘り強い交渉が行われた。その結果，既存の事業を柔軟に利用することでそれぞれの面子をつぶすことなく，公的な枠組みの下で村人の望む焼畑という慣習的な土地利用システムが可能になった。この取り組みは，FDIによって単線的な農業近代化をめざすことで多くのトラブルと社会不安を生み出している多くの例にとって，非常に重要な示唆を与えてくれる。

おわりに：大規模投資よりも小農への投資を

　ランドグラブと呼ばれる大規模土地集積を引き起こしているのは，多国籍企業である[10]。日本では，食品企業によるFDIが行われてきたが，加工が中心で生産過程に直接進出する例は限定的だった。そのためか，日本ではランドグラブに対する関心が低いままに推移してきた。日本の場合には，ODA

10）表面上は現地企業であっても，多国籍企業の子会社であったり，資本関係にあったりすることが多い。

がインフラなどの先行投資の役割を果たし，それに追随する形で民間企業が
FDIに踏み切るという特徴をもっている。PPP（官民連携）の推進は，この
特徴と同じ路線上の動きであると言えよう。

　2000年代以降の動きとしては，東アジアや東南アジアに限定されていた従
来の海外農業投資をアフリカにも拡大しようとする施策が矢継ぎ早に打ち出
されてきた。政府は，PPPをその重要な手段として打ち出し，ODAを民間
資本の呼び水として位置づけている。ODAはもちろん，貿易投資促進ファ
シリティや日本信託基金には日本の税金が投入されている。だから，日本の
アグリビジネスが直接ランドグラブに関与することは少ないにしても，日本
が直接的・間接的なランドグラブの推進者になったり，ランドグラブの実行
者だと現地の住民から理解されたりする可能性は高い。その点で，日本国民
には納税者として，その使途とそのもたらす影響をチェックする責任があ
る[10]。

　たとえ，海外農業投資による大規模な土地集積が正当な手続きを踏み，対
価または代替地を小農に提供したとしても，それでよしというわけにはいか
ない。大規模な農場で生産された農産物がローカル市場や国内市場の攪乱要
因になったり，小農の数少ない販売先を奪ったりする可能性もある。さらに
大規模な海外農業投資は，いわゆる途上国の農村コミュニティに対して自由
貿易の強要，資本主義的生産様式の押し付け，国際分業と経済的隷属関係の
固定，市場と金融メカニズムによる従属関係の再生産といった経済的強制を
もたらす。大量の農林産物をグローバルなフードチェーンに流し込むことに
よって，小農のサブシステンス生産が存続できなくなる危険性も孕んでいる。
そこには，確かに「中核による周辺の支配と収奪」［西川 2009：27］が存在
している。

　加えて，大規模農業投資は「農業の近代化」を促進し，在来農法を否定し

10）日本の金融機関がランドグラブに関与しているアグリビジネスなどに融資し，
　　側面的な支援を行っている例もある。納税者と同様に，預金者としても，そ
　　の資金の行き先に関心を持つ方がよいだろう。

ようとする。その結果，小農が農業労働者に転化したり，場合によっては農地を失ったりすることもある。つまり，大規模農業投資は構造転換アプローチなのである。小農の農業労働者化は，構造転換がもたらすさまざまなコストのなかの社会的コストである。この社会的コストは，従来あまり注目されてこなかった側面である。構造転換に伴う社会的コストが大きいと，農業近代化が部分的には進んでも，そのひずみが拡大・蓄積して近代化以前よりも増幅された社会不安をもたらす危険性が大きい。社会的コストの大きい構造転換はうまくいかないというのがこれまでの経験である［フェルナンド 2012：188-189］。

　とはいえ，農業投資を一概に否定することはできない。投資が発展を促すことは経験的にも観察されている。問題は誰のための投資であり，その投資がどのような方向を向いているのかである。本章でふれたモザンビークやラオスのような国では，一点集中型の大きな投資よりも，小農の現実的な課題と要望に添う「小さな投資」を幅広く実施する方が，ずっと有効で効率的である。小農が支配的な地域に援助でトラクターが導入されても，それが更新されずに元に戻ってしまうことは，これまでに各地で何度も経験してきたことである。それよりも，土壌の保全や原生植生に適う植林，小家畜の飼育，雨水をためる手段や小さい井戸の掘削，さらには改良かまどや地元資源を使う燃料開発など，生活と生産を維持・発展させるためのちょっとした工夫に投資する方がはるかに永続的である。こうした投資であれば，多額の資金は不要だし，土地集積に伴う紛争や社会的緊張も生まれない。生活サイズに即した投資なので，社会と接合して定着する可能性が高いと考えられる。小農への投資は，国連の国際家族農業年（2014年）や国連「家族農業の10年」（2017年12月採択，2019年より実施）の趣旨にも適う。PPPもこうした方向へ舵を切り替えることができれば，途上国の安定的な発展に資することができる。

【付記】2020年7月16日に，日本とモザンビークの両政府は「『ナカラ回廊農業開発

におけるコミュニティレベル開発モデル策定プロジェクト（PEM）』の終了を
もって，プロサバンナ事業を完了することを確認した」［在モザンビーク日本国
大使館 2020］というプレス・リリースを同21日付けで発表した。日本政府と
JICAはあくまで「成功裏に完了」と主張しているが，本文中でも述べたように
プロサバンナ事業は望ましい農業開発モデルの実証プロジェクト（PEM）だけ
でなく，技術の開発と移転，マスタープランの作成の3つからなっており，もっ
とも基本に位置づけられるマスタープランが作成できていない点からだけでも
「完了」とはいえず，プロサバンナ事業は途中で中止されたと判断せざるを得な
い。

参考文献

池上甲一［2015］「モザンビーク北部における大規模農業開発事業とランドグラブ」
　『アフリカ研究』第88号.

池上甲一［2016］「土地収奪と新植民地主義――なぜアフリカの土地はねらわれる
　のか――」石川博樹・小松かおり・藤本武編『食と農のアフリカ史』昭和堂.

NHK食料危機取材班［2010］『ランドラッシュ――激化する世界農地争奪戦――』
　新潮社.

在モザンビーク日本国大使館［2020］「木村大使とニュシ大統領の会談」（https://
　www.mz.emb-japan.go.jp/itpr_ja/11_000001_00042.html　2020年7月22日参照）.

時事ドットコム［2014］「ODA，企業海外進出に活用へ＝積極的平和主義を推進
　――外務省」『時事ドットコム』2014年1月23日　（http://www.jiji.com/jc/
　zc?k=201401/2014012300925，2014年6月18日参照）.

西川長夫［2009］「いまなぜ植民地主義が問われるのか――植民地主義論を深める
　ために――」西川長夫・高橋秀寿編『グローバリゼーションと植民地主義』人
　文書院.

農林水産省大臣官房国際部［2013］「海外農業投資をめぐる状況について」農林水
　産省大臣官房国際部.

東智美［2016］『ラオス焼畑民の暮らしと土地政策――「森」と「農地」は分けら
　れるのか――』風響社.

フェルナンド・レジョ［2012］「メキシコとサハラ以南のアフリカにおける構造改
　革」藤田和子・松下冽『新自由主義に揺れるグローバル・サウス』ミネルヴァ
　書房.

細野昭雄［2012］「南南協力・三角協力とキャパシティー・ディベロップメント」
　『国際問題』第616号.

山田紀彦［2017］「第9回党大会以降の政治，経済状況」山田紀彦編『ラオス人民
　革命党第10回大会と「ビジョン2030」』アジア経済研究所.

横井誠一［2018］「ラオスの農業と新たな農業政策」公益社団法人国際農林業協働

協会.

米元健太・横田徹［2016］「ブラジルの穀物生産動向——堅調な生産と加速化が待たれる輸送インフラ整備——」『畜産の情報』2016年7月号.

ラオス国家経済特区委員会［2011］『ラオス人民共和国における特別経済区及び特定経済区の開発に関する法令集（非公式日本語訳）2011年版』ラオス国家経済特区委員会事務局.

Cohen, M. J. and Smale, M. [2012] *Globaly Food-Price Shocks and Poor People, Themes and Case Studies.* Abington: Routledge.

ETC Group [2011] *Earth Grab: Geopiracy, the New Biomassters and Capturing Climate Genes.* Pambazuka Press, An Imprint of Fahamu, Oxford.

Fairbairn, M. [2013] "Indirect Dispossession: Domestic Power Imbalances and Foreign Access to Land in Mozambique," W. Walford et al. [Eds.] *Governing Global Land Deals: The Role of the State in the Rush for Land.* West Sussex: Wiley Blackwell.

Franco, J., Levidow, L., Fig, D., Goldfarb, L., Honicke, M., and Mendonca, M. L. [2011] "Assumptions in the European Union Biofuels Policy: Frictions with Experiences in Germany, Brazil and Mozambique," Borras Jr., S., McMichael, P. and Scoones, I. [Eds.] *The Politics of Biofuels, Land and Agrarian Change.* London: Routledge.

Government's Office, Lao National Committee for Special Economic Zone [2015] *Special Economic Zones in Lao PDR.*

Hall, D. [2012] Where is Japan in the Global Land Grab Debate?　Paper Presented at the International Conference on Global Land Grabbing Ⅱ, Ithaca, NY (17-19 Oct. 2012).

Hall, D. [2013] "Land Grabs, Land Control, and Southeast Asian Crop Booms," Peluso, N. L. and Lund, C. [Eds.] *New Frontier of Land Control.* London: Routledge.

Hett, C., et al. [2015] "Land Deals in Laos: First Insights from a New Nationwide Initiative to Assess the Quality of Investments in Land," Conference Paper No.18, Land Grabbing, Conflict and Agrarian-environmental Transformations: Perspectives from East and Southeast Asia, An International Academic Conference, 5-6 June 2015, Chiang Mai University.

Ikegami, K. [2015] Corridor Development and Foreign Investment in Agriculture: Implications of the ProSAVANA Programme in Northern Mozambique, Conference Paper No.30, Land Grabbing, Conflict and Agrarian-environmental Transformations: Perspectives from East and Southeast Asia, An International Academic Conference, 5-6 June 2015, Chiang Mai University.

Investment Calling Guide Book, SEZ, Investment LAO PDR［2012］*Opportunities in Laos*. CAEXPO 2012 Edition.

Kana Roman-Alcalá Okada［2015］The Role of Japan in Overseas Agricultural Investment: Case of ProSAVANA Project in Mozambique, Conference paper No.82, Land Grabbing, Conflict and Agrarian-environmental Transformations: Perspectives from East and Southeast Asia, An International Academic Conference 5 - 6 June 2015, Chiang Mai University.

ProSAVANA P-D［2013］*Formulation of Agricultural Development Master Plan in the Nacala Corridor, CONCEPT NOTE.*

SAGCOTウェブサイト（http://sagcot.co.tz/index.php/partnership/#1510323460907-959e85b7-9147，2019年5月13日参照）.

第15章

農業労働力のグローバル化
――食料輸入大国の新展開――

岩佐　和幸

はじめに

　近年，日本の食と農の生産現場は，新たな段階を迎えている。フードシステムの川上から川下まで，外国人労働力需要が高まっているのである（第2章参照）。中でも労働力の多様化が進む農業部門では，技能実習生が貴重な戦力となっており，2019年4月からは外国人材＝労働力の本格的な受け入れも始まった[1]。つまり，日本では食料のみならず労働力までもが，海外依存の段階に突入しているのである。

　こうした状況を反映して，農業における外国人問題がクローズアップされ，様々な研究や論評が蓄積されてきた[2]。例えば，堀口健治は，実習生の存在の「重み」を強調し，実習生と農家が「ウィンウィンの関係」にあると評価している［堀口 2017］。また中には，外国人の受け入れ拡大は朗報であり，モノを扱うように「外国人労働者を使いこなそう」という主張すら表れるようになった［村田 2019］。他方で，実習制度をめぐる不正行為や人権侵害も続いており，抜本改善の声も依然根強い［指宿 2020］。その過程で，外国人

---

1 ）農業労働力の多様化については，「2019年度大会シンポジウム　農業労働市場問題の現局面」『農業市場研究』第28巻第3号，2020年を参照。
2 ）総論的なものとして堀口編［2017］，坪田［2018］がある他，茨城（堀口［2017］，安藤［2018］），長野・香川（佐藤［2012］），北海道（宮入［2018］），熊本（水野［2020］）等，各地の分析も参照。

受け入れの支援体制や官民連携の必要性も提起されてきた［佐藤 2012］。

　このように，当事者の切実な状況や政策・制度展開に視線が集中する傾向が見られるが，それでは農業に外国人労働者を受け入れることで，私たちの社会は構造的にどう変わっていくのだろうか。食料は賃金財であり，輸入を通じて安価な食料を確保するのと同様に，日本農業における外国人労働力の「輸入」は，低賃金に基づく産業存続効果と国産食料の価格抑制効果が期待される。国家が外国人政策に乗り出す背景の1つは，この点にある[3]。と同時に，外国人の受け入れとは労働力の越境移動でもあり，一方で出身地＝途上国内での生存基盤の剥奪，他方で日本国内での経営（資本）と労働の再結合という本源的蓄積過程の一環である。そのため，送り出し側には格差構造に基づく労働力「収奪」を，受け入れ側には労働市場の分断化をもたらす可能性がある。加えて，外国人労働者は単なる商品ではなく生身の人間であり，受け入れ社会にも新たな問題を突きつけることになると予想される。

　以上の問題意識を踏まえ，本章では日本農業における労働力グローバル化の現段階を明らかにしていきたい。最初に外国人労働力の浸透状況と政策展開を概観した後，現場での受け入れ実態を把握した上で，現在の到達点と課題を提示する形で締めくくりたい。

1．農業における外国人労働力の浸透と受け入れ拡大政策

（1）日本農業の構造変動と外国人労働力需要

　まず，日本農業における外国人労働力の浸透状況を確認しておこう。**図15-1**は，外国人雇用状況と農林業センサス等の常雇雇用経営体データを基

3）この点は，「農業の担い手不足が深刻な中でも野菜を今と変わらずに作ろうとすれば，『人件費の安い海外で安く作って輸入する』か『作り手として外国人に来てもらう』かだ。しかし新鮮さや安心，安全が求められる生鮮野菜は輸入には向かない。外国から技能実習生が来てくれなければ，野菜の収穫量は大きく減り，価格は大幅に上がるだろう」との安藤光義の指摘が示唆的である［NHK取材班 2019：31］。

図15-1　農業における外国人雇用の推移

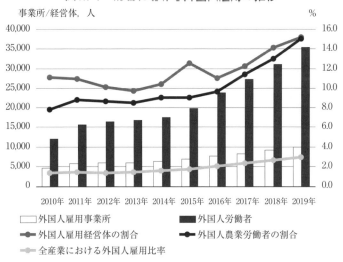

注：各年10月時点。外国人割合は、常雇用経営体に占める外国人雇用事業所と外国人労働者の割合。
　　外国人雇用事業所は、2017年までは農林業一括で捕捉されているが、その大半は農業であること
　　から、農林業データをそのまま示している。
資料：厚生労働省『外国人雇用状況の届出状況』各年版、農林水産省『農林業センサス』『農業構造
　　動態調査』各年版、総務省統計局『労働力調査』各年版より作成。

に図示したものである。2010年代に入り、外国人を雇用する経営体数は4,500
経営体から１万経営体へ倍増し、外国人雇用者数（実人数）は1.2万人から
3.6万人へ３倍も増加している。その結果、外国人を雇用する経営体の割合
は11％から15％へ、農業雇用に占める外国人比率は８％から15％へ急上昇し
ている。全産業でみた外国人雇用比率は３％にすぎず、農業における外国人
依存の大きさがうかがえる。

　では、これほど外国人に頼るようになった背景には、何があるのだろうか。
第１の要因は、農業就業者の人手不足である。表15-1は、日本農業の推移
をまとめたものであるが、販売農家や経営体は過去10年で３割以上減少し、
農業従事者は４割弱、基幹的従事者は２割の減少を示している。また、2015
年の農業就業人口の平均年齢は66.4歳と、高齢化も顕著である。人口減少や
東京一極集中を背景に、農村部では就業者の減少と高齢化が進んでいる。し

表 15-1　日本農業の構造変動

	販売農家			経営体総数	経営組織形態別	
	農家総数	農業従事者			非法人	法人
			基幹的農業従事者			
2005 年	1,963,424	5,562,030	2,240,672	2,009,380	1,989,739	19,136
2015 年	1,329,591	3,398,903	1,753,764	1,377,266	1,349,937	27,101
増減率	▲ 32.3	▲ 38.9	▲ 21.7	▲ 31.5	▲ 32.2	41.6

注：経営組織形態別では，地方公共団体・財産区の表記を省いている。
資料：農林水産省『農林業センサス』各年版より作成。

　かも，賃金水準や野外中心の作業特性等，農業の労働条件は，同じ地域の他産業よりも厳しい。そのため，農業の有効求人倍率は他産業に比べて高く，野菜や果樹，畜産等の作目では特に人員確保に苦慮するようになっている[4]。

　もう1つの理由が，雇用経営体の増加である。法人経営体はこの10年で4割増加し，5 ha以上の大規模層も12％増える等，法人化と規模拡大が進んできた。それに伴い，常雇経営体数は倍増を遂げ，常雇人数も7割増加している。またこの中には，農外資本の参入が含まれている点も注目される。

　つまり，日本農業は，総体としては縮小再生産が続く中，法人化・規模拡大にあわせて常雇経営体が増加してきたのである。その背景にあるのが，WTO体制への移行と新基本法の「効率的・安定的な担い手」への集約を柱とする新自由主義的農政改革であり，その結果，小規模家族経営から大規模雇用経営へのシフトが進んできた［関根 2016］。つまり，グローバル競争と選択／集中の農政展開の下で雇用経営体の労働力需要が高まったわけであるが，肝心の人手が現場で十分確保できず，新たな労働力を求めざるをえなくなっているのである。

　こうして，経営存続の手段として外国人労働力，とりわけ技能実習生への

4）2012～16年の有効求人倍率は，農耕作業員が1.08倍から1.63倍，養畜作業員は1.28倍から2.34倍に急増し，16年の全産業平均（1.25倍）と比べて0.38ポイント，1.09ポイント上回っていた［農業労働力支援協議会 2017］。

単位：戸，経営体，人，％

農業経営体						
経営規模別		雇用経営体				農外資本出資経営体
		常雇雇用		臨時雇雇用		
5ha 未満	5 ha 以上	経営体数	常雇人数	経営体数	臨時雇人数	
1,915,705	93,675	28,355	129,086	210,383	1,182,520	－
1,272,253	105,013	54,252	220,152	289,948	1,456,454	1,592
▲ 33.6	12.1	91.3	70.5	37.8	23.2	－

期待が高まり，法人や大規模層ほど依存度を高めていくようになった。実際，認定農業者への調査によると，実習生を雇う経営体は全体の11％であったが，法人（21％）や畜産（20％），売上1億円以上の大規模層（31％）で雇用比率が高く，今後受け入れを増やす意向の経営体も46％に達した［日本政策金融公庫 2019］。加えて，個別経営体をこえる動きも見逃せない。2016年に日本農業法人協会やJAグループ，全国農業会議所が農業労働力支援協議会を立ち上げ，翌年に外国人労働に関する提言を発表した。そこでは，労働力不足で経営維持と規模拡大に困難が生じているため，技能実習制度の改善（再入国，継続受け入れ，作目・産地を組み合わせた通年実習）と外国人材の活用（国家戦略特区の拡大，特区外での制度整備）への要望が記されている［農業労働力支援協議会 2017］。つまり，外国人の受け入れ拡大が，業界共通の課題になってきたのである。

（2）政府の外国人受け入れ拡大政策：サイドドアからフロントドアへ

　以上の業界からの要望に応える形で，政府も受け入れ政策を推進するようになっていった。

　従来，農業分野では，上述の技能実習制度が中心的な役割を果たしてきた。同制度は，途上国の若者への技能移転を目指した外国人研修制度が源流であるが，1990年代の規制緩和で中小企業団体を窓口とする団体監理型と技能実

習制度が導入されたのを機に，受け入れが拡がってきた。当初は単身で最大
3年まで滞在できたが，家族の帯同や実習先の移動は認められず，修了後は
即帰国というのが，この制度の特徴である。しかし，受け入れ拡大とともに
時給300円以下の低賃金や長時間労働，暴力・ハラスメント等の人権侵害が
横行し，強制労働であるとの批判が巻き起こったため，2010年に改正入管法
が施行され，在留資格「技能実習」への変更と初年度からの労働法適用を通
じて実習生の保護強化が図られるようになった。

　しかし，その後も法令違反は収まらず，日本弁護士連合会が2013年に制度
廃止の意見書を提出する一方，日本経団連は2012年度「規制改革要望」の中
で期間延長を提起する等，論争が続いた。このような中，安倍政権が2014年
の「日本再興戦略2014」で外国人材の活用方針を示したのを機に，政府は受
け入れ拡大へのアクセルを踏み込むようになった［万城目 2019］。

　第1に，2017年の技能実習法施行に基づく実習制度の再構築である。監理
団体の許可制や実習計画の認定制，農家・法人の届出制，違反者の罰則規定
が明記され，専門機関として外国人技能実習機構が創設された。これらの改
正は，監督強化と実習生保護が目的であるが，受け入れ業種への「介護」の
追加や優良機関の期間延長（3→5年）と人数枠拡大等の緩和策も同時に盛
り込まれた点に注意しなければならない[5]。

　第2に，2017年の国家戦略特区法改正に基づく「農業支援外国人受入事
業」の導入である。規模拡大を通じた「強い農業」実現の一環として，農業
者が派遣契約を通じて外国人を雇用できる制度で，京都府，新潟市，愛知県，
沖縄県が18年度末までに認定を受けた。これで通算3年間，就労制限なく，
途中帰国や就業場所の変更も可能になった。つまり，技能実習の制約を突破
し，労働者としての実験的導入を図るのが，同事業の狙いであった。

　第3に，2019年改正入管法に基づく在留資格「特定技能」の創設である。
人材確保が困難な産業に限り，雇用契約を通じて外国人労働者の導入を公式

5）この改正により，技能実習1号（1年目），2号（2〜3年目）に3号（4〜
　　5年目）が追加された。

に認める制度であり，上記特区事業の一般化である[6]。選ばれた14業種のうち，農業は特定技能１号に指定され[7]，５年間で最大３万6,500人の受け入れ枠が設定された。また繁閑差のある農業では派遣や関連業務も認められ，この間の農業団体が訴えてきた要望がついに実現する形となった。さらに，在留期間は通算５年で，技能実習修了者（最大５年）は10年まで延長された。しかし，定住化を阻止するため永住権の申請は認められず，あくまで労働力「輸入」目的の制度設計である点に留意しなければならない。

　このように，外国人政策は，技能実習＝サイドドアの受け入れ限定から特定技能＝フロントドアの受け入れへと急拡大するようになった。とはいえ，技能実習制度は縮小・廃止されず，特定技能との並行運用となったため，運用面で錯綜状態に陥り，現場ではしばらく様子見が続くと予想される[8]。

２．農業労働力のグローバル化の現段階

（１）農業実習生と国籍・地域別分布状況

　次に，農業労働力のグローバル化の現段階について，技能実習生に焦点を絞って検討しよう。**表15-2**は，2018年度の技能実習の業種別認定件数をまとめたものである。全体で39万件に及ぶが，農業は約４万件で１割を占め，業種別では４番目に多い。また職種別では，耕種農業（施設園芸，畑作・野菜，果樹）が第２位にランクインする他，畜産業も17位に位置しており，農業者による技能実習の積極的な活用がうかがえる。

　一方，**表15-3**は，実習生の国籍別構成を示したものである。トップはベトナム人で，以下中国人，フィリピン人の順となっている。ただし農業では

6 ）その結果，農業支援外国人受入事業も，特定技能に吸収されることになった。
7 ）特定技能１号は最長５年で，家族帯同は認められない。一方，２号は熟練技能者が対象で，滞在期間上限なし，家族帯同可であり，建設業と造船舶用工業が対象となっている。
8 ）2020年３月時点の農業における特定技能外国人数は686人と，想定の１割程度にすぎなかった［出入国在留管理庁 2020］。

表 15-2　技能実習の職種別計画認定件数（2018 年度）

単位：件数、%

		認定件数		受入方式	
			構成比	企業単独型	団体監理型
総数		389,321	100.0	2.9	97.1
業種別	機械・金属関係	72,673	18.7	4.0	96.0
	建設関係	71,299	18.3	0.9	99.1
	食品製造関係	70,401	18.1	0.2	99.8
	農業関係	**39,295**	**10.1**	**0.0**	**100.0**
	繊維・衣服関係	31,786	8.2	1.2	98.8
	漁業関係	4,208	1.1	0.0	100.0
主要20職種	惣菜製造業	32,303	8.3	0.2	99.8
	耕種農業	**31,642**	**8.1**	**0.0**	**100.0**
	溶接	26,453	6.8	6.8	93.2
	婦人子供服製造	21,981	5.6	1.1	98.9
	とび	20,702	5.3	0.2	99.8
	プラスチック成形	19,908	5.1	2.8	97.2
	機械加工	15,154	3.9	4.1	95.9
	非加熱性水産加工食品製造業	12,581	3.2	0.2	99.8
	電子機器組立て	12,367	3.2	5.5	94.5
	塗装	12,156	3.1	3.2	96.8
	金属プレス加工	10,914	2.8	1.7	98.3
	工業包装	10,500	2.7	3.7	96.3
	鉄筋施工	9,349	2.4	0.0	100.0
	型枠施工	9,131	2.3	0.0	100.0
	建設機械施工	8,580	2.2	0.9	99.1
	加熱性水産加工食品製造業	7,952	2.0	0.4	99.6
	畜産農業	**7,653**	**2.0**	**0.0**	**100.0**
	機械検査	6,195	1.6	10.3	89.7
	パン製造	4,892	1.3	0.1	99.9
	建築大工	4,695	1.2	10.2	89.8

注：1～3号の合計。
資料：外国人技能実習機構［2019］『平成30年度業務統計』より作成。

　ベトナム人の比率が相対的に低い一方，カンボジアや「その他」の割合が高く，供給源の多様化傾向が推察される。また，日本との賃金格差は，中国は4分の1，ベトナムとフィリピンは10分の1，ミャンマーとカンボジアは20分の1であり，国際的な賃金格差構造が間違いなく実習生の吸引力となっている。

　最後に，**表15-4**は，実習場所の地域別構成を示したものである。トータルでは茨城県，熊本県，北海道を中心に上位10県で7割弱を占めており，関東圏や北海道・長野等の寒冷地，九州の遠隔産地が上位に名を連ねている。さらに，各県内の技能実習に占める農業シェアでは，熊本，茨城，高知の上

表 15-3　農業技能実習生の国籍別構成（2018 年度）

単位：件数，％

| | 実数 | | 構成比 | | 主要都市の賃金水準と日本との格差 | | |
	全産業数	農業関係	全産業数	農業関係	月額賃金（一般工，米ドル）		格差（日本＝100）
計	389,321	39,295	100.0	100.0			
ベトナム	196,732	15,123	50.5	38.5	ホーチミン	242	8.5
中国	89,918	11,153	23.1	28.4	上海	662	23.4
フィリピン	35,515	4,319	9.1	11.0	マニラ	234	8.3
インドネシア	31,900	3,465	8.2	8.8	ジャカルタ	308	10.9
タイ	11,403	1,466	2.9	3.7	バンコク	413	14.6
ミャンマー	10,715	635	2.8	1.6	ヤンゴン	162	5.7
カンボジア	8,822	2,336	2.3	5.9	プノンペン	201	7.1
モンゴル	1,880	214	0.5	0.5	ウランバートル	443	14.0
その他	2,436	584	0.6	1.5	―	―	―

注：実習生は計画認定件数で，1〜3号の合計。
　　賃金データは，ジェトロ［2018］『2018 年度アジア・オセアニア進出日系企業実態調査』に基づく。
資料：外国人技能実習機構［2019］『平成 30 年度業務統計』，三菱 UFJ 銀行国際業務部［2019］『アジア・オセアニア各国の賃金比較（2019 年 5 月）』より作成。

表 15-4　農業技能実習生の地域別構成（2018 年度）

単位：件数，％

| | 農業計 | | 耕種農業 | | | 畜産農業 | | | 技能実習計画に占める農業シェア | |
	県名	件数	構成比	県名	件数	構成比	県名	件数	構成比	県名	県内シェア
全国計	39,295	100.0	全国計	31,642	100.0	全国計	7,653	100.0	全国計	10.1
茨城県	7,438	18.9	茨城県	6,784	21.4	北海道	1,973	25.8	熊本県	45.6
熊本県	3,759	9.6	熊本県	3,535	11.2	千葉県	698	9.1	茨城県	43.6
北海道	3,602	9.2	長野県	1,973	6.2	茨城県	654	8.5	高知県	40.2
千葉県	2,506	6.4	千葉県	1,808	5.7	愛知県	378	4.9	長崎県	27.5
長野県	2,052	5.2	愛知県	1,650	5.2	群馬県	317	4.1	宮崎県	25.4
愛知県	2,028	5.2	北海道	1,629	5.1	鹿児島県	296	3.9	北海道	25.1
群馬県	1,699	4.3	福岡県	1,391	4.4	栃木県	290	3.8	鹿児島県	25.0
福岡県	1,554	4.0	群馬県	1,382	4.4	熊本県	224	2.9	長野県	24.5
鹿児島県	1,476	3.8	鹿児島県	1,180	3.7	三重県	213	2.8	青森県	23.9
宮崎県	927	2.4	大分県	802	2.5	香川県	167	2.2	徳島県	21.6

（上位10県）

注：1〜3号の合計。
資料：外国人技能実習機構［2019］『平成 30 年度業務統計』より作成。

位 3 県で 4 割をこえている。茨城ならびに遠隔産地では，農業実習生の存在感がいかに大きいかがうかがえる。

（2）農業実習生受け入れの論理：高知県の監理団体の事例を中心に

　では，実際の現場では，どのような形で導入が進められているのだろうか。以下では，農業実習依存度が全国３位の高知県のケースを取り上げ，実習生と経営体とをつなぐ監理団体へのヒアリングを基に，受け入れ側の論理の実態を浮き彫りにしてみよう。

　最初に，県西部・須崎市に拠点を置く監理団体・K協同組合からみていこう[9]。Kは，1997年の立ち上げ以来，23年の歴史を持ち，実習生受け入れ規模では県内最大の組合である。きっかけは，農業従事者の人手不足であり，県と姉妹交流関係にあるフィリピン・ベンゲット州からの受け入れに関わったのが始まりであった。当初は地元JAの橋渡し役にすぎなかったが，2004年にJAから事業を継承し，06年には高知市のT協同組合を傘下に収める等，受入事業の拡大を進めてきた。

　現在，Kの加盟農家は100件に上り，須崎市や東部の香美市，香南市を中心に８市町に及ぶ。施設園芸と果樹の生産者で構成されており，特にミョウガとニラは全国一の産地であるため，一種の「社会インフラ」の意識で活動している。農家の平均受け入れ人数は１戸あたり２～３名であり，最低賃金水準（2019年10月より時給790円）で雇用している。受け入れに１人45万円ほどかかるが，経費上昇と販売単価低迷の中，実習生は人件費の面でも欠かせない存在となっている。

　こうして，組合員の加入増にあわせて実習生も増加し，今では累計808名に上る（**図15-2**）。いずれもフィリピン・ベンゲット州出身で，送り出しは同州が責任を有する一方，Kは実習生の受け皿として各農家に割り振っている。実習生は高卒以上の22～29歳，２年以上の農業経験者で占められ，作業量と妊娠リスクの理由から男性優先で受け入れている。滞在中は就労を通じて母国に送金しており，代表理事曰く「実習生にとっては夢の３年間で，

9）ここでは，K協同組合ヒアリング（2019年10月８日）に基づく。

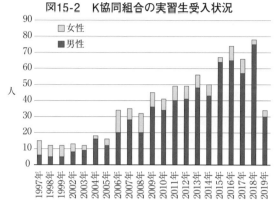

図15-2　K協同組合の実習生受入状況

注：1・2期は1年間，その後は3年間の受け入れ。2007年
　　より高知市内の組合を傘下に収めている。2019年は年度
　　途中の数値である。
資料：K協同組合資料より作成。

ウィンウインの関係」と評している。一方，生活面では，Kと農家が住居を
用意するが，周辺住民の反対で作業場近くに構えられないこともあり，未だ
に借家確保には苦労するそうだ。帰国後は7割は就農するが，最近は低下傾
向にあり，再度海外出稼ぎに向かう者も現れている。

　実習生の受け入れ効果としては，人手不足解消に加えて，経営規模の倍増
や世代交代の実現が挙げられた。一方，わずかに失踪が見られる他，病気等
による途中帰国が多く，3年間を満了する者は少ない点が課題として指摘さ
れた。今後，滞在期間延長に伴う実習生の流動化の恐れや，フィリピン人か
らの安定確保への不安感があり，フィリピン以外で新たな給源を探りつつあ
る点も最後に語られた。

　もう1つの事例を紹介しよう[10]。高知市にあるA協同組合は，2005年設立
の新興の監理団体である。組合員数は39名で，県西端の宿毛市から東部の芸
西村までの5市町村にわたり，ミョウガやニラ，柑橘，花卉等の栽培を行っ
ている。施設40a以上，露地1ha以上の県内中・大規模経営が主体である。

10）ここでは，A協同組合ヒアリング（2019年10月28日）に基づく。

実習生受け入れのきっかけは，人手不足と高齢化であり，受け入れ経費は50万円ほどかかるが，パート高齢者が集まらない中，実習生は欠かせない存在と捉えている。

　Aの実習生事業は中国・山東省からの受け入れで始まったが，中国国内の賃金上昇で人員確保が困難に陥り，2016年に派遣元をカンボジアにシフトした。ベトナム人は失踪が多いとの関係者情報が決め手であったが，その後カンボジア人の仕事ぶりへの不満と失踪の多さから，わずか3年でベトナムにも給源を拡げるようになった。その際，送り出し機関を2社構え，うち1社は日本語教育の充実した機関を選択するという入念な準備を行っている。

　2019年現在，受け入れ総数は54人である（カンボジア人35人，ベトナム人19人）。カンボジア人は18～30歳の中卒，実家は零細な稲作農家が中心である。またAでも，宿舎の都合と妊娠リスクの理由で，受け入れは男性中心である。来日費用は，ベトナム人は1人当たり3,600ドル（日本円で40万円弱），カンボジア人は50万円に上る。一方，報酬は最賃水準（時給790円）であるが，低すぎると失踪の恐れがあるため，残業を含めて月収15万円を下回らないよう配慮している。こうして実習生は3年で300～500万円貯蓄し，帰国後は屋台等の起業や家の新築に充てることが多いそうだ。一方，宿舎については，家主の拒否でアパートが借りられず，不動産経営も行う専務理事が寮を提供したり，農家の納屋を改造する形で対処している。

　代表理事によると，実習生を雇う農家には後継者がおり，受け入れを通じて生産増や規模拡大が進んだ点を指摘している。また，一度実習生を導入すれば，もはや雇わずにはいられなくなるとも語った。確かにコストはかさむが，作業は問題なく，暑さにも慣れているため，1人で日本人2人分以上の仕事をこなせると評価している。ただし，言葉が課題であり，カンボジア人とは筆談での意思疎通ができないため，スマホを見せながら指示している。

　今後については，技能実習だと3年の縛りがあるため安心して雇用できるが，「特定技能」は本人の意思で離職できる点に不安を感じていた。また，今後も外国人需要の増加が予想されるが，カンボジアが供給困難に陥る可能

性も踏まえ，代替地としてラオスでの視察を終えたとのことである。将来を見越して新規開拓を進めるAの戦略がうかがえる。

3．外国人労働力の構造化のインパクト

（1）労働市場分断化・居住分化の形成と不均等発展の矛盾

　このように，全国の農村ではアジア各地から様々な外国人労働者が導入され，農業生産の内部に構造化されている。そして，上記調査結果が示すように，雇う側では深刻な労働力不足の解決手段となり，生産増や世代交代の実現といった経営拡大効果を生み出している。さらに「一度実習生を導入すれば，もはや雇わずにはいられなくなる」くらい，高い労働生産性や人件費抑制等の日本人雇用代替効果も表れるようになっている。

　他方で，雇われる側に視線を移すと，経営側が外国人労働力への依存を高めるにつれて，日本人労働者は農業をますます敬遠し，農業雇用がジェンダーバイアスの入り交じった外国人専用職種へ固定化するおそれが出てきている。実際，農業の労働環境は，他産業に比べて厳しい。2017年の実習生の月額賃金を確認すると，農業は繊維・衣服と並ぶ最低の13.2万円で，全職種平均より7,000円も低かった［国際研修協力機構編 2017］¹¹⁾。また，2019・20年には賃金支払や安全基準，労働条件明示等，監督実習場の70.8%で法令違反が指摘されており，労働環境面でも不備が目立っている［厚生労働省 2020］。

　加えて，産地間でも，地域差が著しい。実習生の賃金は最賃レベルに据え置かれているが，2020年の最賃格差は全国最高の東京（1,013円）と最低ランクの高知等（792円）との間で221円，農業県同士の茨城（851円）と高知等との間でも59円と大きな差が開いている［厚生労働省 2020：2］。

　最後に，生活面での厳しさも，見逃すことはできない。借家難に見られる

11）ここでの賃金は，技能実習2号（企業単独型と団体監理型双方を含む）が対象で，雇用条件書に記載の1ヵ月当たりの支払予定賃金である。

第Ⅲ部　食べ物の源流を追って

表 15-5　技能実習生の職種別失踪者状況（2017 年）

単位：人，%

	実数	構成比
計	7,089	100.0
耕種農業	**1,038**	**14.6**
とび	894	12.6
婦人子供服製造	578	8.2
型枠施工	408	5.8
鉄筋施工	328	4.6
熔接	290	4.1
非加熱性水産加工食品製造業	272	3.8
建設機械施工	251	3.5
塗装	209	2.9
プラスチック成形	186	2.6
その他	2,635	37.2

資料：国際研修協力機構［2018］『2018 年版 JITCO 白書』より
　　　作成（原資料は法務省資料）。

　地域住民の差別的なまなざしは根強く，実習生は地域社会から隔離された生活を，単身で 3 年間過ごさざるをえないからである。つまり，外国人労働力の構造化は，実習生には作業場と宿舎を往復するだけの囲い込まれた労働・生活を，地域社会には労働市場の分断化と居住分化を刻印することになる。

　しかし，このような状況では，経営側にとっても，中長期的には安泰ではない。恵まれない労働・生活条件と地域格差に対する「抵抗」として，実習生の失踪が起きており，**表15-5**が示すように，2017年には耕種農業が職種別で最多を記録しているからである。彼らの多くは，知人等のつてを頼って地方からより賃金水準の高い地域へ移動するが，失踪後は「不法就労」と見なされ，無権利状態に置かれることになる。**図15-3**は「不法就労」の動向を示したものであるが，農業従事者が近年急増するとともに，東京を抑えて茨城と千葉が就労地域のトップに浮上している［出入国在留管理庁 2019：53-56］。労働力不足で悩む農業経営者と無権利状態の外国人双方の追い詰められた姿を示唆している。

　確かに，最賃水準の低い地方遠隔産地では，3 年間は移動できない技能実習を望む声が強いものの，そのような産地ほど失踪のリスクを常に抱え込む

270

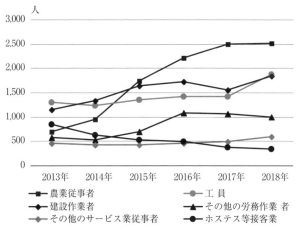

図15-3　「不法就労」の就労内容別推移

注：退去強制手続を執った入管法違反者のうち，「不法就労」していたことが
　　認められた者。
資料：法務省入国管理局『出入国管理』各年版，出入国在留管理庁編［2019］
　　『2019年版出入国在留管理』より作成。

ことになる。他方で，移動の自由が認められる特定技能や技能実習3号（4
〜5年目）の場合，労働者の定着は一層困難であることが予想される。した
がって，外国人労働力の導入は，短期的効果はあるにしても，産業的・地域
的不均等発展が続く以上，中長期的には課題解決には至らないと考えられる。

（2）労働力給源の外延的拡大とその限界

　他方で，外国人の導入は，送り出し側の状況にも左右される。**表15-6**は，
1990年代以降の外国人農業就業者の推移を表したものである。現在は，**表
15-3**で示したベトナムが最多であるが，1990年までは韓国・朝鮮が約半数
を占め，業主・家族従業者が雇用者よりも優勢であった[12]。ところが，1990

12）農村部において在日コリアンが存在するようになる歴史的背景は，いうまで
　　もなく戦前期の植民地支配と帝国内農業・農政の矛盾である。1920年代より
　　農業労働者（年雇）として導入が開始され，戦時期の小作農化，戦後の帰還・
　　農地改革を経て，日本農村に定着していった過程は，今日の問題を考える上
　　で示唆的である［安岡 2014：第1章］。

表 15-6　日本農業における外国人就業構造の変化

単位：人、%

		実数・構成比				増減率		
		1990 年	2000 年	2010 年	2015 年	1990〜2000 年	2000〜10 年	2010〜15 年
全産業計		437,310	684,916	759,363	807,996	56.6	10.9	6.4
農業		1,512	4,678	17,645	20,950	209.4	277.2	18.7
	男	60.0	48.0	43.8	41.2	147.5	244.1	11.6
	女	40.0	52.0	56.2	58.8	302.1	307.7	24.3
	韓国，朝鮮	49.4	15.2	4.5	3.9	▲4.6	10.9	2.5
	中国	15.7	35.4	67.4	42.6	599.2	618.2	▲25.0
	フィリピン	7.7	14.7	12.7	16.1	488.9	224.4	50.6
	ブラジル	0.0	10.2	2.7	2.0	−	1.9	▲12.6
	タイ	0.0	6.6	3.5	5.1	−	97.1	73.8
	インドネシア	0.0	0.0	2.9	6.1	−	−	144.0
	ベトナム	0.0	0.0	1.6	16.6	−	−	1167.6
	役員	2.2	0.7	0.5	0.5	0.0	145.5	25.9
	業主	25.7	6.8	2.3	2.1	▲17.7	25.3	11.7
	家族従業者	27.6	23.7	9.5	8.1	165.3	51.6	0.8
	雇用者	44.4	68.7	87.7	89.0	378.8	381.5	20.6

資料：総務省統計局『国勢調査報告』各年版より作成。

年代以降は雇用者が激増し，国籍別では中国が首位になるとともに，2010年には3分の2を占めるに至った。さらに，それ以降は中国が減少に転じる一方，新たにベトナムが激増しているのが読み取れる。

　このように，外国人農業就業者は，オールドカマーの家族経営からニューカマーの中国，ベトナムの雇用者へと大きくシフトし，国籍自体も多様化してきた。つまり，外国人労働力の調達は，まるで日系企業が賃金格差を前提とする労働力の利ざや稼ぎを狙ってアジアに工場進出するのと同じ論理で展開してきたわけである。その背景には，実習生の増大を軸とする労働力給源の拡大とともに，現地経済発展に伴う供給力の枯渇が挙げられる。2012年の中国との賃金格差は7分の1であったが［JETRO 2013］，表15-3が示すように，6年後には4分の1まで圧縮しており，急激な賃金上昇によって中国からの供給力が低下し，新たな給源として中国よりも経済格差の大きいベトナムが浮上してきたのである。

　しかし，近い将来，ベトナムも経済発展によって賃金格差が縮小する可能

性がある。そこで，それを見越して監理団体は新たな給源を求めてカンボジアやラオス，ミャンマー等への新規開拓を進めている。このように，労働力のグローバル化とは，労働力再生産費用を外部化し，出入国管理を通じて調整できる産業予備軍の外延的拡大であると同時に［Delgado Wise and Veltmeyer 2016：90-91］，国際的経済格差を前提とする給源フロンティアの拡大なのである。そしてそれは，単身来日する労働者の家族との別離に伴う心理的負担や，若年労働力の吸引に伴う地域経済の空洞化と社会的コストを同時に惹起していることにも思いを馳せる必要があろう［Delgado Wise and Veltmeyer 2016：110-114］。

　加えて，こうした外国人依存には，常にリスクが伴う点にも目を向ける必要がある。その典型例が，2020年の新型コロナウイルスの感染拡大に伴う外国人労働者の入国停止である。実際，同年4月時点で2,400人が来日できない事態に陥り，作付や収穫等で外国人依存を深めてきた経営が，軒並み経営困難に陥ってしまったのである[13]。その後，出入国在留管理庁は，異業種間の転職を特例で認める支援策や，実習修了後に帰国困難な実習生の再就職，入国制限の緩和策を打ち出したが，感染の波が起きる度に混乱が生じる等，問題解消には至っていない。これまで食料の海外依存に伴う食料安全保障リスクが懸念されてきたが，今では労働力の海外依存が国内農業の生産にブレーキを掛け，食料安全保障に大きなリスクをもたらす可能性が生まれているのである。

おわりに

　本章では，日本農業に浸透する外国人労働力にフォーカスし，食料輸入大国における労働力のグローバル化の現段階について検討を進めてきた。最後に，全体をまとめておこう。

---

13)「［新型コロナ］実習生ら2400人来日できず　農相　代替人材確保を支援」『日本農業新聞』2020年4月29日付。

　現在日本では，多くの産業で労働力不足が叫ばれているが，農業はその典型部門であり，1990年代より技能実習制度を軸に受け入れが進んだ結果，外国人労働者が日本農業を下支えする役割を果たそうとしている。これは，グローバル化や農政改革に伴う日本農業の厳しい現実の反映であり，最近は農業就業者の減少と雇用経営体の労働力需要の高まりの中，業界全体で受け入れ拡充を要望するようになってきた。そして，それに呼応する形で，政府は技能実習から国家戦略特区，さらには特定技能へと受け入れ拡充策を次々と打ち出してきたのである。もはや日本の食卓は，海外の食料だけでなく，海外の労働力にも依存する段階に達している。

　こうした農業労働力のグローバル化は，社会的に様々なインパクトをもたらしている。その1つが，国内における労働市場の分断化と居住分化の形成である。確かに，外国人労働力の導入は，経営側の視点からは切迫した労働力不足の解決手段となり，規模拡大や後継者確保につながる経営拡大効果や，日本人ではなしえない生産性と経費抑制をもたらす日本人雇用代替効果も表れるようになった。しかし，たびたび言及される経営者と労働者の「ウィンウィンの関係」の裏側で，外国人労働者の受け入れは，実習生には囲い込まれた労働・生活を，地域社会には外国人に固定化された分断的労働市場と地域社会から隔離された生活空間を構造化するようになっている。そして，日常の労働・生活条件への不満と最賃格差を典型とする地域格差への「抵抗」として，実習生の失踪が発生しているのであり，技能実習3号や特定技能資格の労働者ではこうした流動化が一層強まる可能性がある。結局，地域社会の住民として受け入れるのではなく，定住化を拒否し労働力商品の消費を主眼とする外国人導入政策は，人手不足を規定する労働・生活条件の脆弱な構造と国内における産業的・地域的不均等発展が続く限り，中長期的な労働力不足解決策としては大きな限界があると考えられる。

　他方で，労働力の海外依存のリスクも想定しておかなければならない。日本の外国人農業就業者は，オールドカマーの家族経営からニューカマーの中国人，次いでベトナム人の「労働者」へと大きくシフトし，労働力構成の多

様化が進んできた。しかし，2000年代まで主力であった中国が経済発展によって供給力が衰えたように，現在のベトナムも，近い将来供給力が低下することが予想される。つまり，グローバルな産業予備軍としての外国人労働力の輸入は，国際的経済格差がなければ実現しない法則を有しており，絶えず労働力給源を外延的に拡大していかざるをえないのである。また，日本農業の論理に従って労働力が国境を越えて「収奪」され，現地の労働者家族や地域経済の再生産の攪乱をもたらすことにも，思いを馳せなければならない。しかも，2020年のコロナショックが象徴するように，現地の自然的・政治的異変によって労働者の来日が寸断され，必要な労働力が満たされずに食料安全保障が脅かされる事態も，予想しておかなければならないだろう。

　このように，食料輸入大国における労働力のグローバル化路線は，中長期的な日本農業・農村の行方に暗い影を投げかけている。既存の構造を不問にしたまま，人手不足の穴埋めとしての労働力商品の受け入れか。それとも，同じ場で生活を営み，対等に交流し，共に地域をつくる主体としての住民の受け入れか。日本農業・農村は大きな岐路にさしかかっているといえよう。

参考文献

安藤光義［2018］「日本の農業と外国人労働者の現状――家族経営を支える技能実習生の増加――」駒井洋監修・津崎克彦編『産業構造の変化と外国人労働者――労働現場の実態と歴史的視点――』明石書店.

指宿昭一［2020］『使い捨て外国人――人権なき移民国家，日本――』朝陽会.

NHK取材班［2019］『データでよみとく外国人 "依存" ニッポン』光文社.

厚生労働省［2020］「技能実習生の実習実施者に対する監督指導，送検等の状況（平成31・令和元年）」（https://www.mhlw.go.jp/content/11202000/000680646.pdf，2021年7月1日参照）.

厚生労働省［2020］「地域別最低賃金の全国一覧」（https://www.mhlw.go.jp/stf/seisakunitsuite/bunya/koyou_roudou/roudoukijun/minimumichiran/，2021年7月1日参照）.

国際研修協力機構編［2017］『外国人技能実習・研修事業実施状況報告（JITCO白書）』同機構.

佐藤忍［2012］「日本の園芸農業と外国人労働者」『大原社会問題研究所雑誌』2012年7月号.

出入国在留管理庁［2020］「特定技能外国人数（令和 2 年 3 月末現在）」（http://www.moj.go.jp/content/001320632.pdf，2020年 8 月22日参照）.

JETRO［2013］『第23回アジア・オセアニア主要都市・地域の投資関連コスト比較』JETRO.

出入国在留管理庁編［2019］『2019年版出入国在留管理』同庁.

関根佳恵［2016］「多国籍アグリビジネスの事業展開と日本農業の変化──新自由主義的制度改革とレジスタンス──」北原克宣・安藤光義編『多国籍アグリビジネスと農業・食料支配』明石書店.

坪田邦夫［2018］「農業の外国人材受入れの課題（1）」『農業研究』第31号.

日本政策金融公庫［2019］『農業景況調査：外国人技能実習生（平成31年1月調査)』同公庫，2019年 4 月.

農業労働力支援協議会［2017］『農業労働力支援協議会におけるこれまでの取り組みと今後に向けた提言』同協議会，2017年12月.

堀口健治［2017］「農業に見る技能実習生の役割とその拡大──熟練を獲得しながら経営の質的充実に貢献する外国人労働力──」堀口健治編『日本の労働市場開放の現況と課題──農業における外国人技能実習生の重み──』筑波書房.

堀口健治編［2017］『日本の労働市場開放の現況と課題──農業における外国人技能実習生の重み──』筑波書房.

万城目正雄［2019］「外国人技能実習制度の活用状況と今後の展開」小﨑敏男・佐藤龍三郎編『移民・外国人と日本社会』原書房.

水野敦子［2020］「日本の農業分野における外国人技能実習生の受入れ─熊本県阿蘇の事例を中心に─」『韓国経済研究』第17号.

宮入隆［2018］「北海道農業における外国人技能実習生の受入状況の変化と課題──制度改正を目前に控えた2016年までの分析結果──」『開発論集』第101号.

村田泰夫［2019］「外国人労働者を使いこなそう」農政ジャーナリストの会編『外国人労働力で救われるか，日本農業』農文協.

安岡健一［2014］『「他者」たちの農業史──在日朝鮮人・疎開者・開拓農民・海外移民──』京都大学学術出版会.

Delgado Wise, R. and Veltmeyer, H.［2016］*Agrarian Change, Migration and Development.* Winnipeg: Fernwood Publishing.

終 章

食と農のオルタナティブを目指して

冬木　勝仁・岩佐　和幸・関根　佳恵

　以上，本書では，「アグリビジネスと現代社会」をテーマに，「食料輸入大国」日本の視座から，現代の食と農の最前線を多角的に検討してきた。第Ⅰ部では，消費者や外食・中食産業，国際貿易・協定，地産地消をテーマに，食卓をとりまく全体像と直面する課題を明示した。続く第Ⅱ部では，穀物や野菜，肉類，飲料，油脂の中から代表的な品目を取り上げ，アグリビジネスが作り出す食と農の見えないつながりを浮き彫りにした。最後に，第Ⅲ部では，種子，資材，土地，労働という農業生産に欠かせない基本要素を取り上げ，アグリビジネスが食の源流に触手を伸ばすことで，農業を起点に食のあり方を大きく変えつつあることを提示した。最後に，本書全体を通して明らかになった内容を総括しておこう。

　第1に，日本は食料の6割以上を海外に依存し，「食料輸入大国」と称されて久しいが，こうした食のグローバル化がアグリビジネス主導で進められ，世界各地の生産者とモノを通じた関係を一層深めてきたきたことである。**表終-1**は，現在の食料輸入の主要品目を並べたものである。トップの豚肉・牛肉等の肉類を筆頭に，サケ・マス類やカツオ・マグロ類等の水産物，穀類，野菜，果汁，熱帯産品等，多岐の品目にわたっている。また，鶏肉調製品や冷凍野菜，水産缶詰のような加工品，さらにはワインやウイスキー，菓子類，ペットフード等，最終製品も上位に登場する。輸入元も，北米や豪州からは土地利用型作物，アジアからは生鮮品や調製・加工品，北欧・ロシア・ラテンアメリカからはサケ・マス類，第9章で扱ったワインはチリをはじめ欧州

表16-1 日本の食料輸入上位30品目（2019年）

順位	品目名	輸入額（億円）	構成比（%）	輸入相手国（%） 1位		2位		3位	
	農林水産物計	95,197.6	100.0	米国	17.3	中国	12.5	カナダ	6.0
1	豚肉（くず肉含む）	5,050.8	5.3	米国	25.9	カナダ	24.1	スペイン	12.8
2	牛肉（くず肉含む）	3,851.2	4.0	オーストラリア	47.6	米国	40.5	カナダ	5.5
3	とうもろこし	3,841.1	4.0	米国	69.3	ブラジル	28.2	アルゼンチン	1.4
4	鶏肉調製品	2,637.7	2.8	米国	64.5	中国	34.5	ベトナム	0.4
5	さけ・ます（生・蔵・凍）	2,218.2	2.3	チリ	61.6	ノルウェー	21.2	ロシア	10.0
6	冷凍野菜	2,014.7	2.1	中国	46.4	米国	24.8	タイ	6.6
7	ぶどう酒	1,957.3	2.1	フランス	56.6	イタリア	11.9	チリ	10.2
8	かつお・まぐろ類（生・蔵・凍）	1,909.1	2.0	台湾	18.9	中国	12.7	マルタ	10.8
9	えび（活・生・蔵・凍）	1,827.7	1.9	ベトナム	20.4	インド	19.3	インドネシア	15.7
10	大豆	1,673.2	1.8	米国	70.6	ブラジル	14.0	カナダ	13.7
11	小麦	1,605.9	1.7	米国	45.9	カナダ	34.8	オーストラリア	17.7
12	ナチュラルチーズ	1,385.4	1.5	オーストラリア	27.0	ニュージーランド	22.1	米国	12.9
13	鶏肉	1,356.7	1.4	ブラジル	69.7	タイ	27.3	米国	2.3
14	コーヒー生豆	1,252.9	1.3	ブラジル	34.5	コロンビア	16.7	ベトナム	12.4
15	菓子類	1,174.3	1.2	シンガポール	13.5	中国	12.3	ベルギー	9.7
16	菜種（採油用）	1,125.3	1.2	カナダ	94.5	オーストラリア	5.5	中国	0.0
17	バナナ（生鮮）	1,043.6	1.1	フィリピン	81.0	エクアドル	10.4	メキシコ	5.0
18	牛の臓器・舌	993.4	1.0	米国	62.4	オーストラリア	20.8	カナダ	8.8
19	ペットフード	951.8	1.0	タイ	32.5	オーストラリア	14.8	フランス	10.8
20	生鮮・冷蔵野菜	885.9	0.9	中国	42.4	韓国	14.3	メキシコ	10.8
21	大豆油粕（調製）	758.1	0.8	中国	31.5	ブラジル	27.9	米国	23.3
22	えび（調製）	743.9	0.8	タイ	42.0	ベトナム	35.5	インドネシア	11.2
23	かに（活・生・蔵・凍）	648.8	0.7	ロシア	59.8	カナダ	21.9	米国	9.8
24	果汁	630.7	0.7	ブラジル	19.1	米国	12.4	イスラエル	11.5
25	たら（生・蔵・凍・すり身）	610.6	0.6	米国	79.4	ニュージーランド	8.0	アルゼンチン	5.3
26	でん粉等・イヌリン	563.4	0.6	タイ	57.2	米国	7.4	中国	4.8
27	コメ	533.8	0.6	中国	62.0	米国	25.1	中国	9.0
28	いか（もんごう除く）	528.6	0.6	ペルー	54.8	ペルー	7.3	ペルー	5.8
29	ウイスキー	526.8	0.6	イギリス	66.3	米国	30.5	カナダ	1.6
30	水産缶詰等	487.3	0.5	タイ	43.9	インドネシア	22.4	中国	19.4

注：各品目については、木材等、非食料を除いている。輸入相手国の数値は、各項目のシェアを示している。
資料：農林水産省［2020］『農林水産物輸出入概況（2019年）』より作成。

や北米・豪州から調達している。こうした多種多様な食料輸入に関与しているのが，穀物メジャーや総合商社，各部門の食品メーカー，卸売・小売業者等の内外のアグリビジネスであり，有望な食料を求めてグローバルにリーチを拡げている。しかも，食料調達だけでなく，人口減少で伸び悩む日本市場をこえて，第6・11章で紹介したように中国市場をはじめ成長過程のアジアで地歩を固めようとする動きも目が離せなくなっている。

　第2に，輸入されるのは食料のみならず，海外の様々な資源に及ぶ点である。海外産の食料は，海外の土地・水資源が商品に体化されたモノであり，「仮想水」に象徴される海外の資源を一方向的に輸入することになる。また，食料調達を目指した海外投資は，食品メーカーや流通業者だけではない。近年の食料価格高騰を受けて，海外農業投資の名の下にアジア・アフリカ等へ土地囲い込みのための投資が国際金融機関やODA，PPPを介して行われるようになり，新植民地主義的ランドクラブ（農地収奪）として国際世論の反発を呼んでいる（第14章）。他方で，国内農業に眼を向けると，少子高齢化で農村部では労働力不足が深刻化し，最後の頼みの綱としてアジアから外国人実習生の導入が雇用型経営で進み，2019年には「特定技能」による外国人労働者の正式受入も開始された（第15章）。今や食料品の輸入のみならず，農業開発も越境化し，労働力も商品としての輸入依存が高まる等，人間と自然との物質代謝関係のグローバル化が，かつてないレベルに達しているのである。

　第3に，グローバル化を推進するアグリビジネスを支えるのが，IT・デジタル技術やバイオテクノロジー等の技術革新であり，それが業界内部の集積・集中を加速させるとともに，商品連鎖の川上から川下までの業界区分の境界すら曖昧にしている（第12・13章）。世界的には，ヘッジファンドやインデックスファンドが，農産物の先物市場をターゲットに投機資金の流出入を繰り返し，川上から川下まで金融資本の影響力が広範に及ぶようになっている（第3章）。日本国内でも，第2章で取り上げた外食・中食産業では，業界のアクターとして投資ファンドがM&Aを繰り広げ，農業・食料の金融

化を促進するとともに，ウーバー・イーツやAmazon.com等のネット通販に見られるプラットフォームビジネスがフードシステムの随所に浸透し，業界内部を席巻するようになっている。農業生産においても，第8章で取り上げた植物工場や，第12章で論じた遺伝子組換え技術，第13章で示したIT・デジタル化を軸とする工業的スマート農業等，新技術のビジネスへの応用が急速に展開されるようになっている。そして，それがテコとなって，新たなビッグビジネスによる市場独占や農外資本の参入に伴う激しい市場競争が繰り広げられている。

第4に，グローバル化やイノベーションの波をバックアップする国家の新自由主義政策である。第4章で論じたように，アグリビジネスの多国籍展開をシームレスに展開するための制度設計として，近年ではメガFTAがブームとなっており，関税障壁の撤廃という国境の壁だけでなく，貿易関連の名の下に行われる国内の制度・規制の壁の大幅緩和と締結国間での均質化が急速に進められつつある。さらにメガFTA等の国際協定に基づく国内での構造改革も無視できない。食料政策では，健康食品市場の拡大に寄与する食品表示（第1章）や除草剤「グリホサート」の基準緩和が懸念されている（第7・12章）。一方，農政面では安倍政権の「攻めの農林水産業」と称する農林水産業の成長産業化路線の下で規制緩和が推進され（第6章），企業の農業参入（第8章），「Society5.0」とハイテク技術の農業への応用（第13章），農協・農業委員会改革や漁業法改正と並行して行われた種子法廃止・種苗法改正（第12章），グローバル・フードバリューチェーン戦略等（第14章），アグリビジネスや農外資本に新たなビジネスチャンスを創出し，資本の論理に沿って公共財を市場化する方向性で貫かれている。

第5に，アグリビジネス資本の勢力拡大と新自由主義政策がもたらす社会経済的・環境的矛盾である。本章で取り上げたコメ（第6章），小麦（第7章），野菜（第8章），ワイン（第9章），鶏肉（第10章）の国内生産の現場では，海外産の安価な食料とのグローバル競争が常態化するとともに，ブロイラーや野菜に見られる企業的農業や契約生産の新たな普及も進んでおり，

大規模法人化の勢力増大とは対照的に，小規模家族農業が退場を迫られる事態が起きている。他方で，グローバル化とともに日本国内でも食の量的・質的貧困に喘ぐ人々が増え，欠食や発達格差等の子どもの危機が進行するとともに（第1章），グローバルサウスでも依然として栄養失調人口が8億人以上に上るだけでなく，過体重・肥満問題も深刻化する等「飢餓と飽食」が併存している（第3章）。アグリビジネス資本の発展の裏側で，フードシステムの川上から川下に至るまで，外食・中食業界（第2章），野菜工場（第8章），チリ・ワイン農園に至るまで（第9章），国内外問わずワーキングプアが拡がっている。経済的貧困だけではない。農業特有の物質代謝が，輸入小麦（第7章）や遺伝子操作作物・食品（第12章）の健康・安全，生態系へのリスクをもたらすのみならず，大豆・パーム油の乱開発や（第11章）海外土地資源の収奪（第14章）に象徴されるように，大規模開発が地元住民との土地紛争や人権侵害を続発させ，グローバルな気候変動へ導いている。しかも，第3章が警告するように，バイオ燃料の需要増大や新興国の食料輸入大国化が，投機資金の流入を契機に「アグフレーション」と称される食料価格の乱高下を引き起こし，世界的な食料危機の周期的発生と食料安全保障の脆弱化につながっている点も無視できない。最後に，2020年に発生した新型コロナウイルスをはじめ，感染症が周期的に蔓延し，利潤最優先のグローバルな開発へのエコロジー的反作用も生じている。つまり，物質代謝のグローバル化が，国内外での土地自然と人間自然の膨大な攪乱をもたらしている。

　このような食と農の内外での危機に対して，一体どのように立ち向かえばよいのだろうか。本書では，各章において，ローカルかつグローバルなオルタナティブの萌芽を描いてきた。グローバル化と新自由主義がもたらす食の貧困に抗して，第1章で取り上げた学校給食・食育や子ども食堂の広がり等，福祉の後退をカバーするようなケアの実践が生じているし，フードシステムの労働の貧困に抵抗する労働組合のネットワークも広がりを見せている（第2章）。グローバルな食と農の危機に対しては，地域内の協同組合を軸とする「代替的農業・食料ネットワーク」（AFN）「市民による食料ネットワー

ク（CFN）」が形成され，大きな社会経済効果を生み出しているのも見逃せない（第5章）。日本農業でも，協同組合の復権が切望されている他（第6章），小麦の移出産地・北海道十勝におけるローカルな農商工連携が活発化し（第7章），アグリビジネス主導のブロイラー生産とは一線を画し，動物福祉を意識した持続可能な鶏肉生産も根付こうとしている（第10章）。世界的にも，農民団体・ビアカンペシーナの「食料主権」や，国連人権理事会での「食料への権利」，農業の工業化に代わるアグロエコロジー，さらには国連「家族農業の10年」から「小農の権利宣言」へと，アグリビジネス主導のグローバル化への異議申立と新たなビジョンが提示されるようになってきている（第3・12・13章）。問題を助長する国際協定や金融化，デジタル化に歯止めをかけ，ナショナルミニマムに基づく公的保障を実現するためには，国内外で無秩序な自由化と規制緩和に歯止めをかけ，当事者のための公共政策に転換することが不可欠である。そして，食の正義と経済民主主義を実現するために，市民が政策・制度に深く関与し，社会的に公正で持続可能な食と農の再構築へ向けた意思表明と行動を示すことが，ローカルかつグローバルに求められている。

　今日，私たちの食と農は，アグリビジネスの影響力をますます受けるようになっている。本書では，こうした見えないつながりを，様々な視点からトータルに可視化し，システムの構造と矛盾を明らかにしてきた。これからは読者の皆さんの出番である。具体的な課題を知った皆さんが，食と農の様々な危機を乗り越えるために，無意識の当事者から意識的な主権者として考え，社会の構造を変える一歩を踏み出し，持続可能な食と農の再構築を共同で進めていくことが，今後はますます求められているのである。

あとがき

　トレンド・グルメやダイエット，健康食をはじめ，私たちは食にまつわるたくさんの情報に接しながら暮らしている。テレビの情報番組では「行列のできる店」やヒット商品が紹介され，ネット上では「インスタ映え」がもてはやされる時代となった。ブランド食品から節約志向に至るまで，食の世界は差異化が著しく，生きる糧というよりも，まるでおいしさやヘルシー，安心・安全という「記号」を日々消費しているかのようである。

　しかし，こうした一見華やかなイメージとは裏腹に，食と農の現場は，年々厳しさを増している。グローバル化と気候変動の中で自然と人間の関係は大きくかき乱され，食料安全保障は年々不安定さを増している。大量生産・大量消費・大量廃棄を基調とする食と農の工業化は，私たちの自由な選択を狭め，大きな資本が誘導する方向へ向かわせている。市場と競争を社会の隅々まで押し広げようとする新自由主義政策は，先進国・途上国双方で貧困や飢餓状態を拡げると同時に，小さな家族農業を中心とする農業・農村をますます疲弊させている。

　食料は，人間が生きていく上で欠かせない基礎的生活手段であるが，その由来はますます見えにくくなり，生産者も消費者も自己決定権からますます遠ざけられているのではないか。本書は，こうした問題意識を出発点に，食と農をめぐる様々な問題に多大な影響を及ぼす「アグリビジネス」にフォーカスし，現代社会における食と農の全体像を政治経済学の視点から迫ったものである。その際，最近話題のIT・デジタル技術やバイオテクノロジーといった最新技術の浸透をはじめ，投機手段と化した農業の金融化や先進国・新興国資本によるグローバルサウスでの農地収奪，技能実習生・特定技能資格の外国人労働者を含む国境を越えるモノ・カネ・ヒトの流動化，さらには学校給食や子ども食堂，市民によるフードネットワーク，6次産業化・農商工連携，アグロエコロジー，国連「小農の権利宣言」等，問題解決に果敢に

取り組むローカル／グローバルな取り組みを随所に盛り込んでいる。また本書は，食と農の問題を多角的に捉えた研究書であると同時に，食と農の現状を理解し，現状を変えたいと願う多くの人々の手に届くよう，できるだけコンパクトで分かりやすい記述を心がけたつもりである。ぜひ大学等での授業や市民同士の学習会の場でテキストとして取り上げていただき，よりよい社会／世界に向けた行動のガイドとして活用いただければ，編者としては望外の喜びである。

　なお，今回の出版企画は2018年5月に始動し，できるだけ早い刊行を目指していたものの，編者が勤務校での管理業務等に追われた関係で，出版スケジュールが大幅に遅れてしまった。この3年で新たな動きも生じており，できる限りアップデートを図ったものの，十分フォローしきれていない箇所も散見されるかもしれない。ひとえに編者の責任であり，早々に原稿を提出してくださった執筆者の方々にはお詫び申し上げたい。

　さて，本書は，京都大学経済学研究科の中野一新・岡田知弘両ゼミナール出身者をコアメンバーとし，池上甲一先生と後藤拓也先生のお力添えを得ながら，アグリビジネス研究の最前線に立つ14名の研究者が結集して編み出した共同作品である。中野・岡田ゼミナールでは，農業経済学やアグリビジネス論を専門とする研究者が集まり，日頃のゼミに加えて，村田武先生（九州大学名誉教授）等の先輩研究者を交えた「現代農政研究会」の場において，理論や歴史，農政の国際比較研究を行う等，互いに研鑽を重ねてきた。同研究会では，これまでに『アグリビジネス論』（中野一新編，有斐閣，1998年），『現代の食とアグリビジネス』（大塚茂・松原豊彦編，有斐閣，2004年）を上梓してきたが，世紀転換期以降の急速な社会変化に対応した新たな研究が待たれていた。このような中，中野ゼミの第2世代（冬木），第3世代（岩佐），第4世代（関根）の中堅・若手研究者で新たな構想を練り，2010年代以降の最新成果を盛り込む形で出版にこぎつけたものである。上記の先生方が求める高い学問的水準からすれば，まだまだ修行が足りないと感じられるかもしれないが，ささやかながら先生方に対する学恩の一書に加えていただければ

284

幸いである。

　加えて，執筆者に関しても，ひとこと付記しておきたい。実は，当初のプランでは，佐藤亮子先生（元・愛媛大学准教授）が執筆メンバーに含まれていた。佐藤先生は，『地域の味がまちをつくる——米国ファーマーズマーケットの挑戦——』（岩波書店，2006年）をはじめ，米国ローカルフード研究の第一人者であるとともに，愛媛県松山市を拠点に活動するローカルフード運動の実践家でもあった。本書でもローカルフード運動の最前線についての寄稿を期待していたが，その途上で病に倒れ，2019年に帰らぬ人となってしまった。病床でも日々パソコンに向かい，少しずつ前に書き進めていたものの，残念ながら原稿は未完に終わってしまった。佐藤先生は，ローカルフードが本書に掲載されることの社会的意義を強く感じていたことから，私たちは先生の遺志を受け継ぐ形で完成に向けて取り組んできた。

　その最中である2020年，新型コロナウイルス感染症が世界中を翻弄する事態に直面した。コロナ・パンデミックは，単なる感染症の脅威にとどまらず，資本主義的グローバル化の脆弱性を露呈し，自然と人間を犠牲にしながら利潤を追求するアグリビジネスの限界を浮き彫りにしたといえる。ポスト・コロナを展望する時代とは，まさに佐藤先生の目指した理想がいよいよ現実化すべき時代であり，そこに本書を出版する意義があると感じている。同じ志を持つ世界各地の人々とグローバルに連帯し，ローカルな場を拠点に真の豊かさを追い求める力に，本書が役立てられることを願っている。

　最後になったが，本書刊行にあたっては，日本農業市場学会の研究叢書刊行助成をいただくことができた。本書出版の学術的・社会的意義を評価し，貴重な機会を与えてくださった会員の皆さんに，心より感謝したい。また，出版事情の厳しい折，本書の出版を快く引き受けてくださった筑波書房の鶴見治彦さんに，この場を借りて御礼申し上げたい。

　2021年6月30日

編者を代表して

岩佐　和幸

執筆者紹介

編者　序章，第6章，終章
冬木　勝仁（ふゆき　かつひと）
東北大学大学院農学研究科　教授

編者　序章，第2章，第15章，終章
岩佐　和幸（いわさ　かずゆき）
高知大学人文社会科学部　教授

編者　序章，第13章，終章
関根　佳恵（せきね　かえ）
愛知学院大学経済学部　准教授

第1章
村上　良一（むらかみ　りょういち）
拓殖大学北海道短期大学　准教授

第3章
藤本　晴久（ふじもと　はるひさ）
島根大学法文学部　准教授

第4章
渡邉　英俊（わたなべ　ひでとし）
島根大学法文学部　准教授

第5章
池島　祥文（いけじま　よしふみ）
横浜国立大学大学院国際社会科学研究院　准教授

第7章
大貝　健二（おおがい　けんじ）
北海学園大学経済学部　准教授

第8章
後藤　拓也（ごとう　たくや）
広島大学大学院文学研究科　准教授

第9章
中西　三紀（なかにし　みき）
高知大学人文社会科学部　准教授

第10章
中野　謙（なかの　けん）
沖縄国際大学産業情報学部　教授

第11章
平賀　緑（ひらが　みどり）
京都橘大学経済学部　准教授

第12章
久野　秀二（ひさの　しゅうじ）
京都大学大学院経済学研究科　教授

第14章
池上　甲一（いけがみ　こういち）
近畿大学　名誉教授

編者紹介

冬木　勝仁（ふゆき　かつひと）
1962年京都府生まれ，京都大学大学院経済学研究科博士前期課程修了，博士（農学）。
東北大学大学院農学研究科教授。専門は農業経済学・農業市場学。
主著『グローバリゼーション下のコメ・ビジネス——流通の再編方向を探る——』（単著）日本経済評論社，2003年。

岩佐　和幸（いわさ　かずゆき）
1968年兵庫県生まれ，京都大学大学院経済学研究科博士後期課程修了，博士（経済学）。
高知大学人文社会科学部教授，教育研究部人文社会科学系人文社会科学部門長。
専門は農業・食料経済論，アジア経済論，地域経済論。
主著『マレーシアにおける農業開発とアグリビジネス——輸出指向型開発の光と影——』（単著）法律文化社，2005年。

関根　佳恵（せきね　かえ）
1980年神奈川県生まれ，京都大学大学院経済学研究科博士後期課程修了，博士（経済学）。
愛知学院大学経済学部准教授。専門は農業経済学・農村社会学・農と食の政治経済学。
主著『13歳からの食と農——家族農業が世界を変える——』（単著）かもがわ出版，2020年。

アグリビジネスと現代社会

2021年9月1日　第1版第1刷発行

編　者	冬木　勝仁・岩佐　和幸・関根　佳恵
発行者	鶴見　治彦
発行所	筑波書房

東京都新宿区神楽坂2－19 銀鈴会館
〒162－0825
電話03（3267）8599
郵便振替00150－3－39715
http：//www.tsukuba-shobo.co.jp

定価はカバーに示してあります

印刷／製本　平河工業社
©2021 Printed in Japan
ISBN978-4-8119-0596-9 C3033